JN113956

大学物理入門編

初めから学べる
力　学

■ キャンパス・ゼミ ■

大学物理を楽しく短期間で学べます！

馬場敬之

マセマ出版社

◆ はじめに ◆

みなさん，こんにちは。マセマの**馬場敬之(ばばけいし)**です。これまで発刊した**大学物理『キャンパス・ゼミ』シリーズ(力学，熱力学，電磁気学など)**は多くの方々にご愛読頂き，大学物理学習の新たなスタンダードとして定着してきたようで，嬉しく思っています。

しかし，度重なる大学入試制度の変更により，**理系**の方でも，**推薦入試**や**共通テスト**のみで，本格的な大学受験問題の洗礼を受けることなく進学した皆さんにとって，**大学の物理の敷居は相当に高く**感じるはずです。また，高校で物理をかなり勉強した方でも，大学で物理学を学ぼうとすると，**"微分積分"**や**"ベクトル"**や**"行列と1次変換"**など…の知識が必要となるので，これらを習熟していない皆さんにとって，**大学の物理の壁は想像以上に大きい**と思います。

しかし，いずれにせよ大学の物理を難しいと感じる理由，それは，
「大学の物理を学習するのに必要な基礎力が欠けている」からなのです。

これまでマセマには，「高校レベルの物理から大学の物理へスムーズに橋渡しをする，分かりやすい参考書を是非マセマから出版してほしい」という読者の皆様からの声が，連日寄せられて参りました。確かに，**「欠けているものは，満たせば解決する」**わけですから，この読者の皆様のご要望にお応えするべく，この**『初めから学べる 力学キャンパス・ゼミ』**を書き上げました。

本書は，大学の**力学(古典力学)**に入る前の基礎として，高校で学習する**"放物運動"**や**"運動量と力積"**や**"円運動と単振動"**などから，大学で学ぶ基礎的な力学まで，明解にそして親切に解き明かした参考書なのです。もちろん，大学の力学の基礎ですから，物理的な思考力や応用力だけでなく，数学的にも相当な基礎学力が必要です。本書は，**短期間でこの力学の基礎学力が身に付く**ように工夫して作られています。

さらに，**“位置，速度，加速度の極座標表示”**や**“空気抵抗が働く場合の放物運動”**や**“減衰振動”**，それに**“回転座標系とコリオリの力”**や**“2質点系の力学”**など，高校で習っていない内容のものでも，これから必要となるものは，**その基本を丁寧に解説**しました。ですから，本書を一通り学習して頂ければ，**大学の物理へも違和感なくスムーズに入っていける**はずです。

この『**初めから学べる 力学キャンパス・ゼミ**』は，全体が**7**章から構成されており，各章をさらにそれぞれ**10**ページ程度のテーマに分けていますので，非常に読みやすいはずです。大学の物理を難しいと感じたら，**本書をまず1回流し読みする**ことをお勧めします。初めは公式の証明などは飛ばしても構いません。小説を読むように本文を読み，図に目を通して頂ければ，**初めから学べる 力学の全体像**をとらえることができます。この**通し読みだけなら，おそらく1週間もあれば十分**だと思います。

1回通し読みが終わりましたら，後は各テーマの詳しい解説文を**精読**して，例題も**実際に自力で解きながら**，勉強を進めていきましょう。

そして，この精読が終わりましたら，大学の**力学(古典力学)**の講義を受講できる力が十分に付いているはずですから，自信を持って，講義に臨んで下さい。その際に，『**力学 キャンパス・ゼミ**』が大いに役に立つはずですから，是非利用して下さい。

それでも，講義の途中で**行き詰まった箇所**があり，上記の推薦図書でも理解できないものがあれば，**基礎力が欠けている証拠**ですから，またこの『**初めから学べる 力学キャンパス・ゼミ**』に戻って，所定のテーマを再読して，**疑問を解決**すればいいのです。読者の皆様が，本書により大学の物理に開眼され，さらに楽しみながら強くなって行かれることを願ってやみません。

マセマ代表 馬場 敬之(けいし)

本書はこれまで出版されていた，「大学基礎物理 力学キャンパス・ゼミ」をより親しみをもって頂けるように「初めから学べる 力学キャンパス・ゼミ」とタイトルを変更したものです。本書では新たに，**Appendix**(付録)としてベクトルの外積の計算問題を追加しました。

◆ 目次 ◆

講義1 ベクトルと行列

§1. ベクトルの基本と極座標 …… 8
§2. 行列と1次変換 …… 18
● ベクトルと行列 公式エッセンス …… 30

講義2 位置，速度，加速度

§1. 位置，速度，加速度の基本 …… 32
§2. 加速度の応用 …… 52
● 位置，速度，加速度 公式エッセンス …… 62

講義3 運動の法則

§1. 運動の第1，第2法則 …… 64
§2. 運動の第3法則 …… 76
● 運動の法則 公式エッセンス …… 90

講義4 仕事とエネルギー

§1. 仕事と運動エネルギー …… 92
§2. 保存力とポテンシャル …… 100
● 仕事とエネルギー 公式エッセンス …… 116

講義5 さまざまな運動
§1. 放物運動 …… 118
§2. 円運動 …… 128
§3. 単振動と減衰振動 …… 134
● さまざまな運動 公式エッセンス …… 146

講義6 運動座標系
§1. 平行運動する座標系(ガリレイ変換) …… 148
§2. 回転座標系 …… 156
● 運動座標系 公式エッセンス …… 168

講義7 2質点系の力学
§1. 2質点系の力学の基本 …… 170
§2. 重心 G に対する相対運動 …… 186
● 2質点系の力学 公式エッセンス …… 199

◆ ***Appendix***（付録） …… 200

◆ ***Term・Index***（索引） …… 202

講　義
Lecture
1

ベクトルと行列

テーマ

▶ ベクトルの基本と極座標

$$\left(\begin{array}{l}\boldsymbol{a}\cdot\boldsymbol{b}=x_1x_2+y_1y_2+z_1z_2\\ \boldsymbol{a}\times\boldsymbol{b}=[y_1z_2-z_1y_2,\ z_1x_2-x_1z_2,\ x_1y_2-y_1x_2]\end{array}\right)$$

▶ 行列と 1 次変換

$$\left(\begin{bmatrix}x_1'\\ y_1'\end{bmatrix}=\begin{bmatrix}\cos\theta & -\sin\theta\\ \sin\theta & \cos\theta\end{bmatrix}\begin{bmatrix}x_1\\ y_1\end{bmatrix}\right)$$

▶ オイラーの公式

$$(e^{i\theta}=\cos\theta+i\sin\theta)$$

§1. ベクトルの基本と極座標

さァ，これから“**力学**”の講義を始めよう。力学とは，「ある座標系において，物体に働く力と，その運動の関係を調べる学問」ということができる。

そして，力学の基本問題については，高校でも既に学習している方も多いと思う。

しかし，大学で勉強する力学では，ベクトルや行列，それに微分・積分など，数学を駆使して，より詳しく厳密に調べていくことになるんだね。したがって，ここでは，力学を学ぶ上で必要不可欠な数学として，“**平面ベクトル**”と“**極座標**”，“**空間ベクトル**”，特に“**外積**”について教えよう。そして，次の節では，“**行列**”と“**1次変換**”について，その基本をシッカリ練習しよう。まず，数学的な基礎を身に付けることが，力学を本当にマスターするための決め手になるんだね。

それでは，早速講義を始めよう！ 皆さん準備はいい？

● まず，平面ベクトルから始めよう！

力学で学ぶ上で出てくる変数について，それが“**スカラー**”なのか“**ベクトル**”であるのかを区別する習慣を身に付けよう。スカラーとは，3 や $-\sqrt{2}$ のように，正・負の変化はあるんだけれど，“**大きさ**”のみの量のことなんだ。これに対して，ベクトルとは，“**大きさ**”だけでなく，“**向き**”も持った量のことで，これは $\boldsymbol{a}$ や $\boldsymbol{r}$ など，太字の小文字のアルファベットで表すことが多い。

図1に示すように，ベクトル $\boldsymbol{a}$ は，“**向き**”は矢線の向きで，“**大きさ**”は矢線の長さで示す。従って，この向きと大きさが等しければ，すべて同じ $\boldsymbol{a}$ になるんだね。ここで，$\boldsymbol{a}$ が平面上のベクトル，すなわち“**平面ベクトル**”のとき，図1に示すように，xy 座標平面を設けて，この原点 O と $\boldsymbol{a}$ の始点を一致させると終点の位置が決まる。この終点の座標が $(x_1,\ y_1)$ であるとき，

図1 平面ベクトル $\boldsymbol{a}$ の成分表示

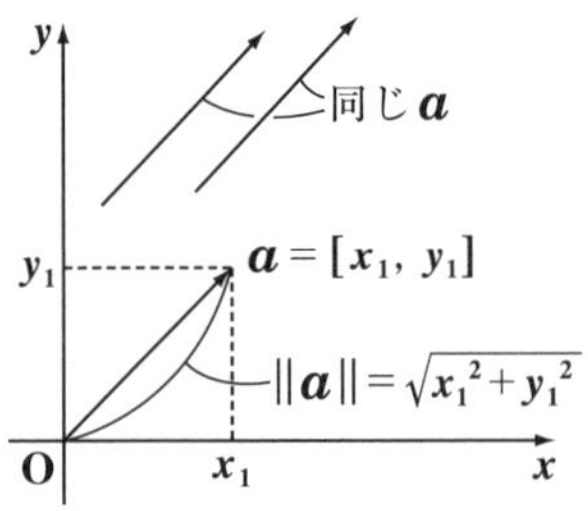

これを $\boldsymbol{a}$ の成分表示として，

$\boldsymbol{a}=[x_1,\ y_1]$ と表すことができるんだね。

そして，$\boldsymbol{a}$ の大きさを $\|\boldsymbol{a}\|$ で表すと，三平方の定理から

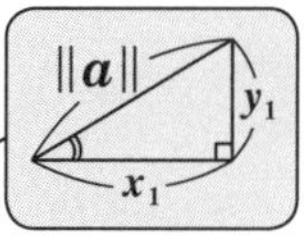

（これを"$\boldsymbol{a}$ のノルム"ともいう。）

$\|\boldsymbol{a}\|=\sqrt{x_1{}^2+y_1{}^2}$ となるのも大丈夫だね。

（これは，ある値になるのでスカラーだ！）

したがって，$\|\boldsymbol{a}\|\neq 0$ のとき，$\boldsymbol{a}$ を $\|\boldsymbol{a}\|$ で割ったものを $\boldsymbol{e}$ とおくと，

図2　$\boldsymbol{a}$ と同じ向きの単位ベクトル $\boldsymbol{e}$

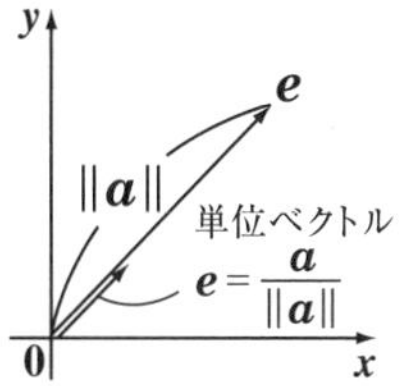

$\boldsymbol{e}=\dfrac{\boldsymbol{a}}{\|\boldsymbol{a}\|}$ は，図2に示すように，$\boldsymbol{a}$ と同じ向きをもった"**単位ベクトル**"になる。物理学では，大きさ(ノルム)を

（大きさ(ノルム)が1のベクトルのこと）

1にすることを"**規格化**"ということも覚えておこう。では，何故大きさを1

（数学では，"**正規化**"という。同じことなんだね。）

にするのかって？ それは，これは色でいうと白に相当するからなんだね。キミ達は白い画用紙の上に赤や青など様々な好きな色を塗ることができるだろう。それと同様に一担大きさを1にしてしまえば，これに好きな値をかけて，任意の大きさのベクトルを作ることができるからなんだね。納得いった？

では例題で練習しておこう。

例題1　$\boldsymbol{a}=[2,\ -1]$ と同じ向きを持った大きさ5のベクトル $\boldsymbol{b}$ を求めよう。

$\boldsymbol{a}=[2,\ -1]$ のノルム(大きさ) $\|\boldsymbol{a}\|$ は，

$\|\boldsymbol{a}\|=\sqrt{2^2+(-1)^2}=\sqrt{5}$ より，$\boldsymbol{a}$ と同じ向きの単位ベクトル $\boldsymbol{e}$ は，

$\boldsymbol{e}=\dfrac{1}{\|\boldsymbol{a}\|}\boldsymbol{a}=\dfrac{1}{\sqrt{5}}[2,\ -1]$ となる。 ←（これに，指定されたノルム(大きさ)5をかければ，$\boldsymbol{b}$ になる。）

よって，求める $\boldsymbol{b}$ は，

$\boldsymbol{b}=5\boldsymbol{e}=5\cdot\dfrac{1}{\sqrt{5}}[2,\ -1]=\sqrt{5}[2,\ -1]=[2\sqrt{5},\ -\sqrt{5}]$ となるんだね。

大丈夫？

次に，2つの平面ベクトル $\boldsymbol{a}$ と $\boldsymbol{b}$ の内積を次のように定義する。

ベクトルの内積

2つのベクトル $\boldsymbol{a}$ と $\boldsymbol{b}$ の内積は $\boldsymbol{a}\cdot\boldsymbol{b}$ で表し，次のように定義する。

（これは，スカラー）

$$\boldsymbol{a}\cdot\boldsymbol{b}=\|\boldsymbol{a}\|\|\boldsymbol{b}\|\cos\theta$$

(θ：$\boldsymbol{a}$ と $\boldsymbol{b}$ のなす角)

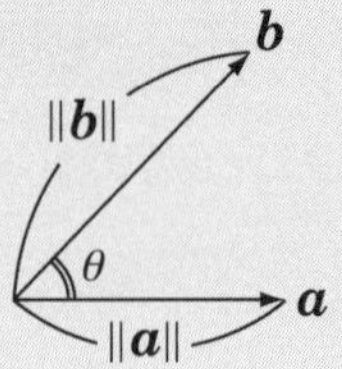

$\boldsymbol{a}\perp\boldsymbol{b}$ (垂直) のとき，$\theta=\dfrac{\pi}{2}(=90^\circ)$，$\cos\theta=0$ より，$\boldsymbol{a}\cdot\boldsymbol{b}=0$ となる。

さらに，ベクトルの内積と正射影の関係についても解説しよう。図3に示すように，$\boldsymbol{a}$ と $\boldsymbol{b}$ が与えられたとき $\boldsymbol{a}$ を地面，$\boldsymbol{b}$ を斜めにささった棒と考えよう。このとき，$\boldsymbol{a}$ に垂直に真上から光が射したとき，$\boldsymbol{b}$ が $\boldsymbol{a}$ に落とす影を“**正射影**(せいしゃえい)”といい，この長さは，$\dfrac{\boldsymbol{a}\cdot\boldsymbol{b}}{\|\boldsymbol{a}\|}$ と表すことができる。なぜなら，

$$\frac{\boldsymbol{a}\cdot\boldsymbol{b}}{\|\boldsymbol{a}\|}=\frac{\|\boldsymbol{a}\|\|\boldsymbol{b}\|\cos\theta}{\|\boldsymbol{a}\|}=\|\boldsymbol{b}\|\cos\theta$$

となるからなんだね。

図3　内積と正射影

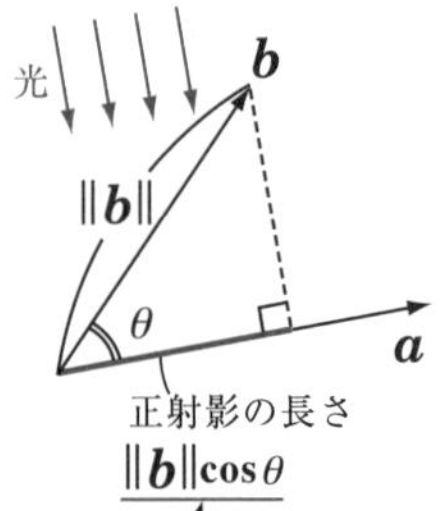

ただし，$\dfrac{\pi}{2}<\theta<\pi$ $(90^\circ<\theta<180^\circ)$ のとき，これは⊖となる。

さらに，$\boldsymbol{a}$ と $\boldsymbol{b}$ が成分表示されるとき，これらの内積は次のように表せる。

平面ベクトルの内積の成分表示

$\boldsymbol{a}=[x_1,\ y_1]$，$\boldsymbol{b}=[x_2,\ y_2]$ のとき，

内積 $\boldsymbol{a}\cdot\boldsymbol{b}=x_1x_2+y_1y_2$ となる。

また，$\|\boldsymbol{a}\|=\sqrt{x_1^2+y_1^2}$，$\|\boldsymbol{b}\|=\sqrt{x_2^2+y_2^2}$ より，$\|\boldsymbol{a}\|\neq 0$，$\|\boldsymbol{b}\|\neq 0$ のとき

$$\cos\theta=\frac{\boldsymbol{a}\cdot\boldsymbol{b}}{\|\boldsymbol{a}\|\|\boldsymbol{b}\|}=\frac{x_1x_2+y_1y_2}{\sqrt{x_1^2+y_1^2}\sqrt{x_2^2+y_2^2}}$$

となる。(θ：$\boldsymbol{a}$ と $\boldsymbol{b}$ のなす角)

では，例題で，実際に正射影の長さを求めてみよう。

> 例題 2　$\boldsymbol{a}=[2,\ -1]$，$\boldsymbol{b}=[4,\ 2]$ のとき，$\boldsymbol{a}$ に対する $\boldsymbol{b}$ の正射影の長さを求めてみよう。

$\|\boldsymbol{a}\|=\sqrt{2^2+(-1)^2}=\sqrt{5}$，$\|\boldsymbol{b}\|=\sqrt{4^2+2^2}=\sqrt{20}=2\sqrt{5}$ である。

内積 $\boldsymbol{a}\cdot\boldsymbol{b}=2\cdot4+(-1)\cdot2=6$ より，$\boldsymbol{a}$ と $\boldsymbol{b}$ のなす角を $\theta\ (0\leqq\theta\leqq\pi)$ とおくと，

$$\cos\theta=\frac{\boldsymbol{a}\cdot\boldsymbol{b}}{\|\boldsymbol{a}\|\|\boldsymbol{b}\|}=\frac{6}{\sqrt{5}\cdot2\sqrt{5}}=\frac{6}{2\cdot5}=\frac{3}{5}$$ となる。

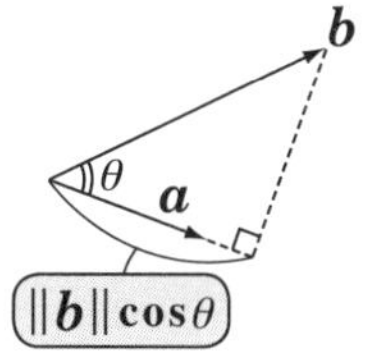

よって，$\boldsymbol{a}$ に対する $\boldsymbol{b}$ の正射影の長さ $\|\boldsymbol{b}\|\cos\theta$ は，

$$\|\boldsymbol{b}\|\cos\theta=2\sqrt{5}\times\frac{3}{5}=\frac{6\sqrt{5}}{5}$$ となる。大丈夫だった？

● 平面ベクトルは極座標でも表せる！

平面ベクトル $\boldsymbol{a}$ は，図4(i)に示すように，これまでは"xy 直交座標(ちょっこうざひょう)"で，

$\boldsymbol{a}=[x,\ y]$ ……①

と表してきた。

これに対して，図3(ii)に示すような"極座標(きょくざひょう)"で，位置ベクトル $\boldsymbol{a}$ を

図4　2つの2次元座標

(i) xy 直交座標　　(ii) 極座標

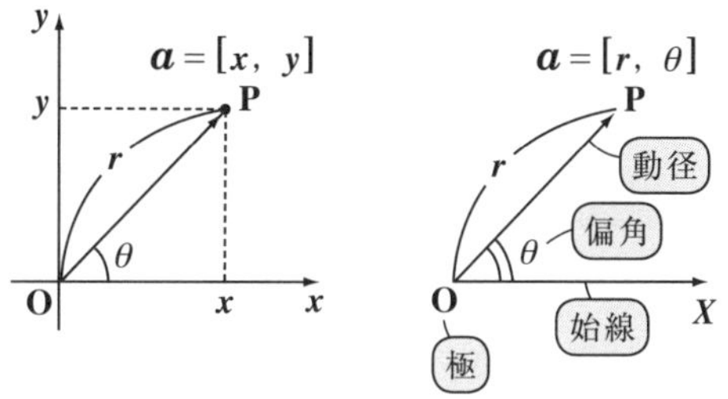

$\boldsymbol{a}=[r,\ \theta]$ ……②　と表すこともできる。極座標では，O（原点のこと）を"極(きょく)"，半直線 OX（x 軸のこと）を"始線(しせん)"，OP を"動径(どうけい)"，そして θ を"偏角(へんかく)"と呼ぶ。始線 OX から偏角 θ をとり，極 O からの距離 r を指定すれば，点 P の位置，すなわち位置ベクトル $\boldsymbol{a}$ が②で示すように定められるんだね。

一般に r は正・負の値を取り，また θ も一般角とすると，極座標は一意(1通り)には定まらない。しかし，$r>0$，$0\leqq\theta<2\pi$ と指定すると，当然 $[r,\ \theta]$ は一意に定まるんだね。

次に，$[x,\ y]$ と $[r,\ \theta]$ の変換についても考えてみよう。

変換公式：

$$\begin{cases} x = r\cos\theta & \cdots\cdots③ \\ y = r\sin\theta & \cdots\cdots④ \end{cases}$$ より，

図5　xy座標と極座標の変換公式

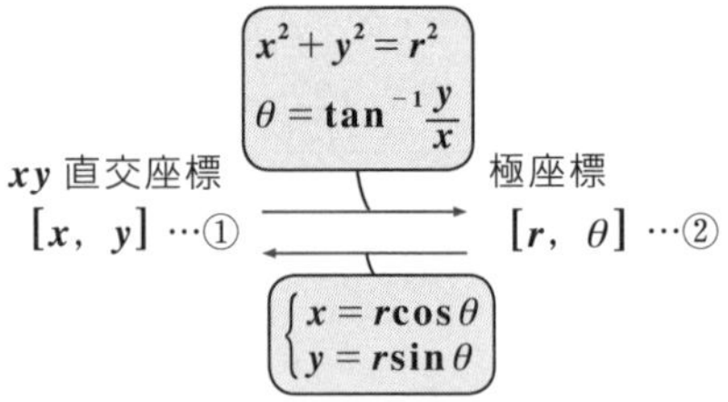

$③^2+④^2$ から，

$$x^2+y^2=r^2(\underbrace{\cos^2\theta+\sin^2\theta}_{1})=r^2 \quad \cdots\cdots⑤$$

また，$x \neq 0$ として，④÷③から，

$$\frac{y}{x}=\frac{\sin\theta}{\cos\theta}=\tan\theta \qquad \text{よって，}\ \theta=\tan^{-1}\frac{y}{x} \quad \cdots\cdots⑥$$ も導ける。

$\tan^{-1}$ は $\tan$ の逆関数のことで，たとえば $\tan\frac{\pi}{3}=\sqrt{3}$ は，$\tan^{-1}\sqrt{3}=\frac{\pi}{3}$ などと表せる。

以上，変換の模式図を図5に示す。

それでは次の例題を解いてみよう。

例題3　次の xy 座標で表されたベクトルを，極座標で表してみよう。
ただし，t は正の変数とし，$r>0$ とする。

(1) $\boldsymbol{a}(t)=[x,\ y]=[t,\ 2t^2]$

(2) $\boldsymbol{b}(t)=[x,\ y]=[4\cos 2t,\ 4\sin 2t]$

$\boldsymbol{a}$, $\boldsymbol{b}$ は共に t の関数となっているので，$\boldsymbol{a}(t)$，$\boldsymbol{b}(t)$ と表した。

(1) xy 座標→極座標への変換公式を利用すると，

・$r^2=x^2+y^2=t^2+(2t^2)^2=t^2+4t^4=t^2(1+4t^2) \quad (t>0)$ より，

$\therefore r=\sqrt{t^2(1+4t^2)}=t\sqrt{1+4t^2} \quad (\because r>0)$ となり，

・$x=t>0$ より，$\frac{y}{x}=\frac{2t^2}{t}=2t(=\tan\theta)$ より，

$\therefore \theta=\tan^{-1}2t$ となる。

以上より，$r>0$，$0 \leqq \theta < 2\pi$ として，$\boldsymbol{a}(t)$ を極座標で表すと，

$\boldsymbol{a}(t)=[r,\ \theta]=\left[t\sqrt{1+4t^2},\ \tan^{-1}2t\right]$ となる。

(2)も，xy 座標→極座標への変換公式を用いると，

・$r^2=x^2+y^2=(4\cos 2t)^2+(4\sin 2t)^2=16(\underbrace{\cos^2 2t+\sin^2 2t}_{1})=16$

公式：$\cos^2\theta+\sin^2\theta=1$

$\therefore r=\sqrt{16}=4 \quad (\because r>0)$ となり，

・$x = 4\cos 2t \neq 0$ として，

$\frac{y}{x} = \frac{\cancel{4}\sin 2t}{\cancel{4}\cos 2t} = \tan 2t (= \tan\theta)$ より，$\theta = 2t$ となる。

以上より，$r>0$ として，$\boldsymbol{b}(t)$ を極座標で表すと，

$\boldsymbol{b}(t) = [r,\ \theta] = [4,\ 2t]$ とシンプルに表現できるんだね。

● 空間ベクトルは外積までマスターしよう！

図6に示すように，空間ベクトルも，平面ベクトルと同様に成分表示できる。

$\boldsymbol{a} = [x_1,\ y_1,\ z_1]$

また，$\boldsymbol{a}$ のノルム $\|\boldsymbol{a}\|$ も

$\|\boldsymbol{a}\| = \sqrt{x_1^2 + y_1^2 + z_1^2}$ と表される。

図6　空間ベクトルの成分表示

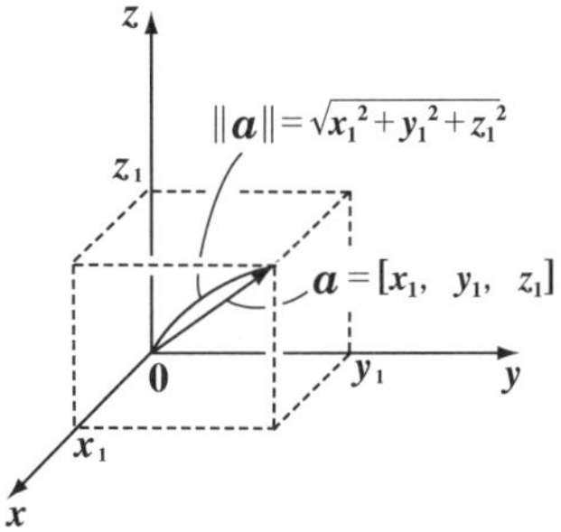

さらに，2つの空間ベクトルの内積やなす角の余弦も，次のように成分で表示することができる。

空間ベクトルの内積の成分表示

$\boldsymbol{a} = [x_1,\ y_1,\ z_1]$，$\boldsymbol{b} = [x_2,\ y_2,\ z_2]$ のとき，

内積 $\boldsymbol{a}\cdot\boldsymbol{b} = x_1x_2 + y_1y_2 + z_1z_2$ となる。

また，$\|\boldsymbol{a}\| = \sqrt{x_1^2 + y_1^2 + z_1^2}$，$\|\boldsymbol{b}\| = \sqrt{x_2^2 + y_2^2 + z_2^2}$ より，

$\|\boldsymbol{a}\| \neq 0$，$\|\boldsymbol{b}\| \neq 0$ のとき

$$\cos\theta = \frac{\boldsymbol{a}\cdot\boldsymbol{b}}{\|\boldsymbol{a}\|\|\boldsymbol{b}\|} = \frac{x_1x_2 + y_1y_2 + z_1z_2}{\sqrt{x_1^2 + y_1^2 + z_1^2}\sqrt{x_2^2 + y_2^2 + z_2^2}}$$ となる。

(θ：$\boldsymbol{a}$ と $\boldsymbol{b}$ のなす角)

(ex1) $\boldsymbol{a} = [2,\ \sqrt{2},\ -\sqrt{2}]$，$\boldsymbol{b} = [1,\ 0,\ 2\sqrt{2}]$ のとき，$\|\boldsymbol{a}\| = \sqrt{4+2+2} = 2\sqrt{2}$，

$\|\boldsymbol{b}\| = \sqrt{1+8} = 3$，$\boldsymbol{a}\cdot\boldsymbol{b} = 2\cdot 1 + \cancel{\sqrt{2}\cdot 0} + (-\sqrt{2})\cdot 2\sqrt{2} = -2$ より，

$\boldsymbol{a}$ と $\boldsymbol{b}$ のなす角を θ とおいて，$\cos\theta$ を求めると，

$$\cos\theta = \frac{\boldsymbol{a}\cdot\boldsymbol{b}}{\|\boldsymbol{a}\|\|\boldsymbol{b}\|} = \frac{-2}{2\sqrt{2}\cdot 3} = -\frac{2}{6\sqrt{2}} = -\frac{\sqrt{2}}{6}$$ となるんだね。

さらに，2つの空間ベクトル $\boldsymbol{a}$ と $\boldsymbol{b}$ の“**外積**” $\boldsymbol{a}\times\boldsymbol{b}$ の公式とその性質についても解説しよう。内積 $\boldsymbol{a}\cdot\boldsymbol{b}$ はスカラーだけれど，外積 $\boldsymbol{a}\times\boldsymbol{b}$ はベクトルなんだね。

空間ベクトルの外積の成分表示とその性質

$\boldsymbol{a}=[x_1,\ y_1,\ z_1]$，$\boldsymbol{b}=[x_2,\ y_2,\ z_2]$ の外積 $\boldsymbol{a}\times\boldsymbol{b}$ は，

$\boldsymbol{a}\times\boldsymbol{b}=[y_1z_2-z_1y_2,\ z_1x_2-x_1z_2,\ x_1y_2-y_1x_2]$ ……① と表される。

①のように，$\boldsymbol{a}\times\boldsymbol{b}$ はベクトルなので，$\boldsymbol{a}\times\boldsymbol{b}=\boldsymbol{c}$ とおくと，

外積 $\boldsymbol{c}$ は右図のように，

(i) $\boldsymbol{a}$ と $\boldsymbol{b}$ の両方に直交し，その向きは，$\boldsymbol{a}$ から $\boldsymbol{b}$ に向かうように回転するとき，右ネジが進む向きと一致する。

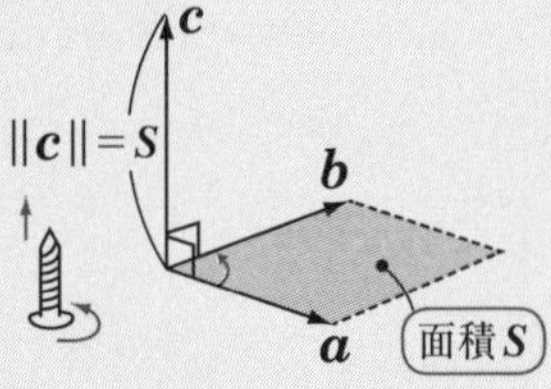

(ii) また，その大きさ（ノルム）$\|\boldsymbol{c}\|$ は，$\boldsymbol{a}$ と $\boldsymbol{b}$ を2辺にもつ平行四辺形の面積 S に等しい。

これから，外積 $\boldsymbol{a}\times\boldsymbol{b}$ に変換法則は成り立たない。外積 $\boldsymbol{b}\times\boldsymbol{a}$ は，$\boldsymbol{b}$ から $\boldsymbol{a}$ に向かうように回転するときの右ネジの進む向きに一致するので，$\boldsymbol{c}\ (=\boldsymbol{a}\times\boldsymbol{b})$ の逆ベクトルになる。よって，$\boldsymbol{a}\times\boldsymbol{b}=-\boldsymbol{b}\times\boldsymbol{a}$ となることに気を付けよう。

それでは，外積の具体的な求め方について解説しよう。2つのベクトル $\boldsymbol{a}=[x_1,\ y_1,\ z_1]$，$\boldsymbol{b}=[x_2,\ y_2,\ z_2]$ の外積 $\boldsymbol{a}\times\boldsymbol{b}$ は，次の図7のように求めることができる。

図7　外積 $\boldsymbol{a}\times\boldsymbol{b}$ の求め方

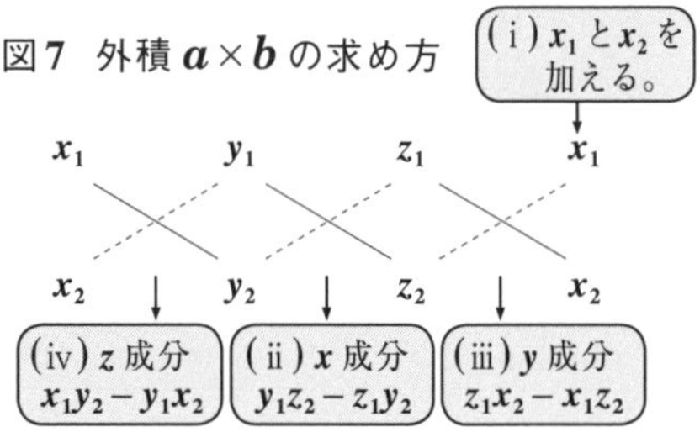

(i) まず，$\boldsymbol{a}$ と $\boldsymbol{b}$ の成分を上下に並べて書き，最後に，x_1 と x_2 をもう1度付け加える。

(ii) 真ん中の $\begin{matrix} y_1 & z_1 \\ y_2 & z_2 \end{matrix}$ をたすきがけに計算した $y_1z_2-z_1y_2$ を外積の x 成分とする。

(iii) 右の $\begin{matrix} z_1 & x_1 \\ z_2 & x_2 \end{matrix}$ をたすきがけに計算した $z_1x_2-x_1z_2$ を外積の y 成分とする。

(iv) 左の $\begin{matrix} x_1 & & y_1 \\ & \times & \\ x_2 & & y_2 \end{matrix}$ をたすきがけに計算した $x_1y_2-y_1x_2$ を外積の z 成分とする。

以上より，外積 $\boldsymbol{a}\times\boldsymbol{b}=[y_1z_2-z_1y_2,\ z_1x_2-x_1z_2,\ x_1y_2-y_1x_2]$ が求まるんだね。

また，$\boldsymbol{a}$ と $\boldsymbol{b}$ の内積 $\boldsymbol{a}\cdot\boldsymbol{b}$ と外積 $\boldsymbol{a}\times\boldsymbol{b}$ により，$\boldsymbol{a}$ と $\boldsymbol{b}$ の直交条件と平行条件が，次のように導けることも頭に入れておこう。

(i) $\boldsymbol{a}$ と $\boldsymbol{b}$ が直交するとき，$\cos\theta=\cos\dfrac{\pi}{2}=0$ より，

$\boldsymbol{a}\perp\boldsymbol{b}\iff\boldsymbol{a}\cdot\boldsymbol{b}=0$ $(\boldsymbol{a}\neq\boldsymbol{0},\ \boldsymbol{b}\neq\boldsymbol{0})$ が成り立つ。

(ii) $\boldsymbol{a}$ と $\boldsymbol{b}$ が平行のとき，$\boldsymbol{a}$ と $\boldsymbol{b}$ を2辺にもつ平行四辺形の面積は0となるので，

$\boldsymbol{a}\,/\!/\,\boldsymbol{b}\iff\boldsymbol{a}\times\boldsymbol{b}=\boldsymbol{0}$ が成り立つんだね。

では，次の例題を解いてみよう。

例題4 $\boldsymbol{a}=[1,\ -3,\ 2]$ と $\boldsymbol{b}=[2,\ 0,\ -1]$ について，(i) 内積 $\boldsymbol{a}\cdot\boldsymbol{b}$ と (ii) 外積 $\boldsymbol{a}\times\boldsymbol{b}$ を求めてみよう。

(i) 内積 $\boldsymbol{a}\cdot\boldsymbol{b}$ は，

$$\boldsymbol{a}\cdot\boldsymbol{b}=[1,\ -3,\ 2]\cdot[2,\ 0,\ -1]$$
$$=1\cdot2+\cancel{(-3)\cdot0}+2\cdot(-1)=2-2=0$$

$\boldsymbol{a}=[x_1,\ y_1,\ z_1]$ と $\boldsymbol{b}=[x_2,\ y_2,\ z_2]$ の内積は，$\boldsymbol{a}\cdot\boldsymbol{b}=x_1x_2+y_1y_2+z_1z_2$

よって，$\boldsymbol{a}\perp\boldsymbol{b}$ (直交) であることが分かったんだね。

(ii) 次に，外積 $\boldsymbol{a}\times\boldsymbol{b}$ は，

$$\boldsymbol{a}\times\boldsymbol{b}=[1,\ -3,\ 2]\times[2,\ 0,\ -1]$$
$$=[3-0,\ 4-(-1),\ 0-(-6)]$$
$$=[3,\ 5,\ 6]\ となる。$$

外積の計算

$\begin{matrix} 1 & & -3 & & 2 & & 1 \\ & \times & & \times & & \times & \\ 2 & & 0 & & -1 & & 2 \end{matrix}$

$\underbrace{0+6}_{z成分}]\,[\underbrace{3-0}_{x成分},\ \underbrace{4+1}_{y成分},$

参考

ここで，外積 $\boldsymbol{a}\times\boldsymbol{b}$ のノルム(大きさ)は，$\|\boldsymbol{a}\times\boldsymbol{b}\|=\sqrt{3^2+5^2+6^2}=\sqrt{9+25+36}=\sqrt{70}$ となり，これは $\boldsymbol{a}$ と $\boldsymbol{b}$ を2辺とする平行四辺形(この場合 $\boldsymbol{a}\perp\boldsymbol{b}$ より，長方形)の面積 S と等しいことを確認しておこう。

$$\begin{cases}\|\boldsymbol{a}\|=\sqrt{1^2+(-3)^2+2^2}=\sqrt{1+9+4}=\sqrt{14}\\ \|\boldsymbol{b}\|=\sqrt{2^2+0^2+(-1)^2}=\sqrt{4+1}=\sqrt{5}\end{cases}$$

より，$\boldsymbol{a}$ と $\boldsymbol{b}$ を2辺とする長方形の面積 S は，$S=\|\boldsymbol{a}\|\cdot\|\boldsymbol{b}\|=\sqrt{14}\cdot\sqrt{5}=\sqrt{70}$ となって，ナルホド $\|\boldsymbol{a}\times\boldsymbol{b}\|$ と一致することが確認できたんだね。面白かった？

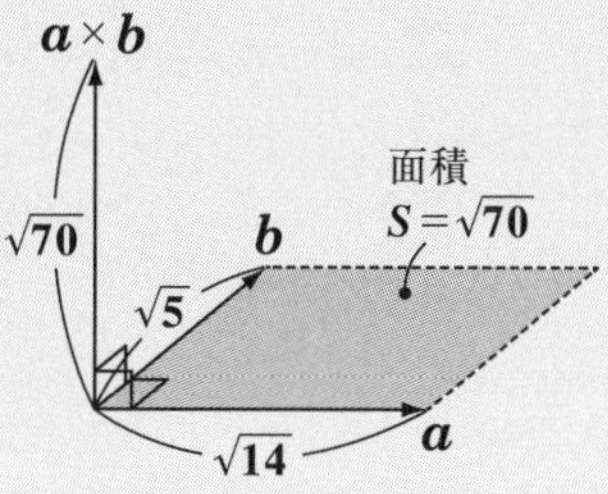

演習問題 1　● 空間ベクトルの外積の計算 ●

2つの空間ベクトル $\boldsymbol{a}=[2,\ -1,\ -1]$ と $\boldsymbol{b}=[\alpha,\ 2,\ -1]$ $(\alpha>0)$ のなす角を θ とおくと，$\cos\theta=\dfrac{1}{\sqrt{6}}$ である。このとき，次の各問いに答えよ。

(1) α の値を求めよ。

(2) $\boldsymbol{a}$ と $\boldsymbol{b}$ を2辺とする平行四辺形の面積を求めよ。

(3) $\boldsymbol{a}$ と $\boldsymbol{b}$ の両方に直交する単位ベクトルを求めよ。

ヒント！ (1)は公式 $\boldsymbol{a}\cdot\boldsymbol{b}=\|\boldsymbol{a}\|\cdot\|\boldsymbol{b}\|\cos\theta$ を用いて，α の2次方程式を作ればいい。(2)では，外積 $\boldsymbol{a}\times\boldsymbol{b}$ のノルム $\|\boldsymbol{a}\times\boldsymbol{b}\|$ が $\boldsymbol{a}$ と $\boldsymbol{b}$ を2辺とする平行四辺形の面積になることを利用して解いていこう。(3)では，$\boldsymbol{c}=\boldsymbol{a}\times\boldsymbol{b}$ とおくと，$\boldsymbol{c}\perp\boldsymbol{a}$ かつ $\boldsymbol{c}\perp\boldsymbol{b}$ より，求める単位ベクトルは $\pm\dfrac{\boldsymbol{c}}{\|\boldsymbol{c}\|}$ となるんだね。頑張ろう！

解答＆解説

(1) $\boldsymbol{a}=[2,\ -1,\ -1]$，$\boldsymbol{b}=[\alpha,\ 2,\ -1]$ $(\alpha>0)$ より，

$\|\boldsymbol{a}\|=\sqrt{2^2+(-1)^2+(-1)^2}=\sqrt{6}$，$\|\boldsymbol{b}\|=\sqrt{\alpha^2+2^2+(-1)^2}=\sqrt{\alpha^2+5}$

$\boldsymbol{a}\cdot\boldsymbol{b}=2\cdot\alpha+(-1)\cdot 2+(-1)^2=2\alpha-1$ となる。

よって，$\boldsymbol{a}$ と $\boldsymbol{b}$ のなす角を θ とおくと，$\cos\theta=\dfrac{1}{\sqrt{6}}$ より，これらを内積の公式 $\underbrace{\boldsymbol{a}\cdot\boldsymbol{b}}_{2\alpha-1}=\underbrace{\|\boldsymbol{a}\|}_{\sqrt{6}}\cdot\underbrace{\|\boldsymbol{b}\|}_{\sqrt{\alpha^2+5}}\underbrace{\cos\theta}_{\frac{1}{\sqrt{6}}}$ に代入して，

$2\alpha-1=\sqrt{6}\cdot\sqrt{\alpha^2+5}\cdot\dfrac{1}{\sqrt{6}}$　両辺を2乗して，

$(2\alpha-1)^2=\alpha^2+5$，$4\alpha^2-4\alpha+1=\alpha^2+5$

$3\alpha^2-4\alpha-4=0$，$(3\alpha+2)(\alpha-2)=0$

3 ╲╱ 2
1 ╱╲ -2

ここで，$\alpha>0$ より，$\alpha=2$ である。 ……………………(答)

(2) $\boldsymbol{a} = [2,\ -1,\ -1]$ と $\boldsymbol{b} = [\underset{\alpha}{2},\ 2,\ -1]$

を 2 辺とする平行四辺形の面積 S は，右図に示すように，$\boldsymbol{a}$ と $\boldsymbol{b}$ の外積のノルム $\|\boldsymbol{a}\times\boldsymbol{b}\|$ と等しい。よって，外積 $\boldsymbol{a}\times\boldsymbol{b}$ を求めると，

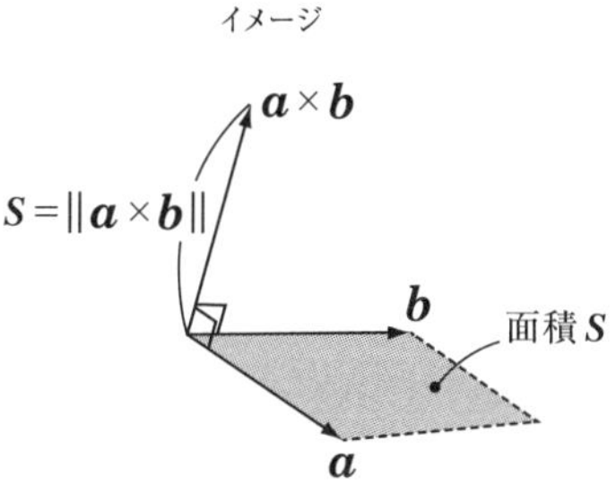

$\boldsymbol{a}\times\boldsymbol{b} = [1+2,\ -2+2,\ 4+2]$

$= [3,\ 0,\ 6]$

$= 3[1,\ 0,\ 2]$ となる。

外積 $\boldsymbol{a}\times\boldsymbol{b}$ の計算

$\begin{matrix} 2 & & -1 & & -1 & & 2 \\ & \times & & \times & & \times & \\ 2 & & 2 & & -1 & & 2 \end{matrix}$

$4+2\,][1+2,\ -2+2,$

よって，このノルムを求めることにより，平行四辺形の面積 S を求めると，

$S = \|\boldsymbol{a}\times\boldsymbol{b}\| = 3\sqrt{1^2+0^2+2^2} = 3\sqrt{5}$ である。 ……………………………(答)

(これは，$\sqrt{3^2+0^2+6^2}$ と等しい。)

これは，$\sin\theta = \sqrt{1-\cos^2\theta} = \sqrt{1-\frac{1}{6}} = \frac{\sqrt{5}}{\sqrt{6}}$

より，この平行四辺形の面積 S を

$S = \|\boldsymbol{a}\|\cdot\|\boldsymbol{b}\|\cdot\sin\theta = \sqrt{6}\times 3\times\frac{\sqrt{5}}{\sqrt{6}}$

$= 3\sqrt{5}$ と求めても，もちろんいいよ。

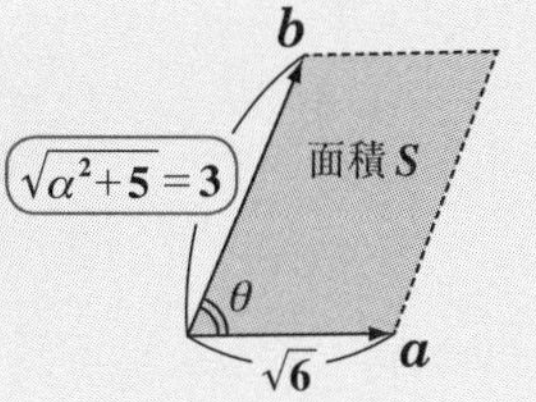

(3) $\boldsymbol{c} = \boldsymbol{a}\times\boldsymbol{b}$ とおくと，

$\boldsymbol{c}\perp\boldsymbol{a}$ かつ $\boldsymbol{c}\perp\boldsymbol{b}$ となる。よって，右図より，$\boldsymbol{a}$ と $\boldsymbol{b}$ の両方に直交する単位ベクトルは，$\boldsymbol{e} = \frac{\boldsymbol{c}}{\|\boldsymbol{c}\|}$ とおくと，$\pm\boldsymbol{e}$ となる。

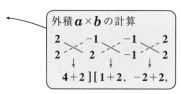

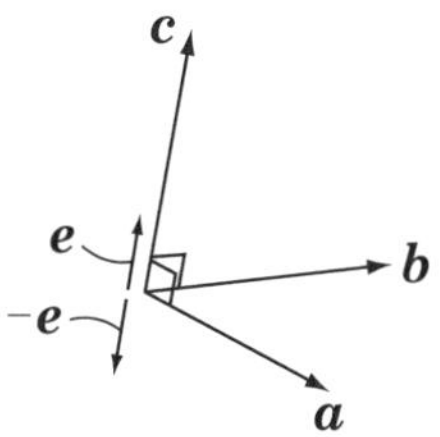

$\therefore\ \pm\boldsymbol{e} = \pm\frac{1}{\|\boldsymbol{c}\|}\boldsymbol{c} = \pm\frac{1}{3\sqrt{5}}[3,\ 0,\ 6]$

$= \pm\left[\frac{1}{\sqrt{5}},\ 0,\ \frac{2}{\sqrt{5}}\right] = \pm\left[\frac{\sqrt{5}}{5},\ 0,\ \frac{2\sqrt{5}}{5}\right]$ である。 ……………(答)

§2. 行列と1次変換

力学を学ぶ上で，"**行列**"と"**1次変換**"の知識は欠かせないんだね。行列については，最も基本的な"**2次の正方行列**"について，"**行列式**"や"**単位行列**"や"**逆行列**"などについて解説しよう。また，1次変換については，"**回転変換**"を中心に教えよう。さらに，行列とは異なるけれど，回転と関連して，"**単振動**"などの微分方程式を解く上で重要な"**オイラーの公式**"についても解説するつもりだ。

● 行列は，行と列から出来ている！

行列とは，数や文字をたて･横長方形状にキレイに並べたものをカギカッコでくくったものなんだ。いくつか行列の例を下に示そう。

(i) 2行2列の行列

$$\begin{bmatrix} 2 & b \\ c & -3 \end{bmatrix}$$

（第1行，第2行；第1列，第2列）

(ii) 3行1列の行列

$$\begin{bmatrix} a \\ -1 \\ 4 \end{bmatrix}$$

（第1行，第2行，第3行；第1列）

(iii) 3行2列の行列

$$\begin{bmatrix} x & 5 \\ -3 & y \\ 4 & 2 \end{bmatrix}$$

（第1行，第2行，第3行；第1列，第2列）

カッコ内の1つ1つの数や文字を，行列の"**成分**"または"**要素**"と呼ぶ。また，行列の横の並びを"**行**"，たての並びを"**列**"といい，m個の行とn個の列から成る行列を，**m行n列の行列**，または**$m \times n$行列**と呼ぶ。そして，第i行(上からi番目の行)，第j列(左からj番目の列)の位置にある成分のことを，**(i, j)成分**と呼ぶことも覚えておこう。

また，$1 \times n$行列のことを**n次の行ベクトル**(横にn個の成分の並んだベクトルのこと)と呼び，$m \times 1$行列のことを**m次の列ベクトル**(たてにm個の成分の並んだベクトルのこと)ともいう。だから，(ii)は3次の列ベクトルといってもいいんだね。

さらに，$m = n$のとき，**m次の正方行列**ともいう。よって，(i)は2次の正方行列なんだね。この2次の正方行列が最も基本的な行列で，力学を学ぶ上で2次の正方行列は必要不可欠なので，これを中心にこれから解説しよう。

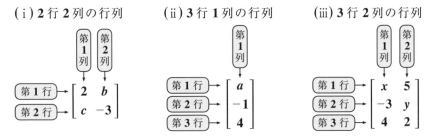

● 行列同士の和・差・積をマスターしよう！

　一般に，行列は A，B，X，……　など，大文字のアルファベットで表す。そして，行列が等しい，すなわち $A = B$ といった場合，行列の型が同じで，かつ行列の対応する成分がそれぞれ同じでないといけないんだね。

これって，成分表示されたベクトルと一緒だね。同様に，行列を**実数 (スカラー) 倍**したり，行列同士の**和・差**の計算も，ベクトルの成分表示のときにやったものと同様に行えるんだ。このことを，例題で示そう。

$A = \begin{bmatrix} 1 & -1 \\ 2 & 1 \end{bmatrix}$, $B = \begin{bmatrix} 3 & 1 \\ -1 & 2 \end{bmatrix}$ について， ← （A, B は共に 2 次の正方行列だね。）

(1) $4A = 4\begin{bmatrix} 1 & -1 \\ 2 & 1 \end{bmatrix} = \begin{bmatrix} 4\times 1 & 4\times(-1) \\ 4\times 2 & 4\times 1 \end{bmatrix} = \begin{bmatrix} 4 & -4 \\ 8 & 4 \end{bmatrix}$ ← （各成分に 4 をかける）

(2) $A + B = \begin{bmatrix} 1 & -1 \\ 2 & 1 \end{bmatrix} + \begin{bmatrix} 3 & 1 \\ -1 & 2 \end{bmatrix} = \begin{bmatrix} 1+3 & -1+1 \\ 2-1 & 1+2 \end{bmatrix} = \begin{bmatrix} 4 & 0 \\ 1 & 3 \end{bmatrix}$ ← （各成分同士をたす）

(3) $A - B = \begin{bmatrix} 1 & -1 \\ 2 & 1 \end{bmatrix} - \begin{bmatrix} 3 & 1 \\ -1 & 2 \end{bmatrix} = \begin{bmatrix} 1-3 & -1-1 \\ 2-(-1) & 1-2 \end{bmatrix} = \begin{bmatrix} -2 & -2 \\ 3 & -1 \end{bmatrix}$ ← （各成分同士を引く）

(4) $2A - 3B = 2\begin{bmatrix} 1 & -1 \\ 2 & 1 \end{bmatrix} - 3\begin{bmatrix} 3 & 1 \\ -1 & 2 \end{bmatrix} = \begin{bmatrix} 2 & -2 \\ 4 & 2 \end{bmatrix} - \begin{bmatrix} 9 & 3 \\ -3 & 6 \end{bmatrix}$

$= \begin{bmatrix} 2-9 & -2-3 \\ 4-(-3) & 2-6 \end{bmatrix} = \begin{bmatrix} -7 & -5 \\ 7 & -4 \end{bmatrix}$ となる。

以上の計算は，成分表示されたベクトルの計算とまったく同じだから，違和感はなかったと思う。

　それでは次，2 つの行列の積 (かけ算) について解説しよう。

2 つの 2 次の正方行列 $A = \begin{bmatrix} a & b \\ c & d \end{bmatrix}$ と $B = \begin{bmatrix} p & q \\ r & s \end{bmatrix}$ の積 AB は次のように行う。

$AB = \begin{bmatrix} a & b \\ c & d \end{bmatrix}\begin{bmatrix} p & q \\ r & s \end{bmatrix} = \begin{bmatrix} ap+br & aq+bs \\ cp+dr & cq+ds \end{bmatrix}$

(1, 1) 成分　(1, 2) 成分　(2, 1) 成分　(2, 2) 成分

それぞれ 4 つの成分の計算の仕方をていねいに書くと，次の通りだ。

(i) **(1, 1)** 成分について，

1列　(1, 1) 成分

1行 → $\begin{bmatrix} a & b \\ * & * \end{bmatrix}\begin{bmatrix} p & * \\ r & * \end{bmatrix}=\begin{bmatrix} ap+br & * \\ * & * \end{bmatrix}$

(ii) **(1, 2)** 成分について，

2列　(1, 2) 成分

1行 → $\begin{bmatrix} a & b \\ * & * \end{bmatrix}\begin{bmatrix} * & q \\ * & s \end{bmatrix}=\begin{bmatrix} * & aq+bs \\ * & * \end{bmatrix}$

(iii) **(2, 1)** 成分について，

1列

2行 → $\begin{bmatrix} * & * \\ c & d \end{bmatrix}\begin{bmatrix} p & * \\ r & * \end{bmatrix}=\begin{bmatrix} * & * \\ cp+dr & * \end{bmatrix}$

(2, 1) 成分

(iv) **(2, 2)** 成分について，

2列

2行 → $\begin{bmatrix} * & * \\ c & d \end{bmatrix}\begin{bmatrix} * & q \\ * & s \end{bmatrix}=\begin{bmatrix} * & * \\ * & cq+ds \end{bmatrix}$

(2, 2) 成分

どう？　要領は分かった？　早速練習してみよう。

$\boldsymbol{A}=\begin{bmatrix} 1 & -1 \\ 2 & 1 \end{bmatrix}$，$\boldsymbol{B}=\begin{bmatrix} 3 & 1 \\ -1 & 2 \end{bmatrix}$ について，

$$(5)\ \boldsymbol{AB}=\begin{bmatrix} 1 & -1 \\ 2 & 1 \end{bmatrix}\begin{bmatrix} 3 & 1 \\ -1 & 2 \end{bmatrix}=\begin{bmatrix} 1\times3+(-1)^2 & 1^2+(-1)\times2 \\ 2\times3+1\times(-1) & 2\times1+1\times2 \end{bmatrix}$$

$$=\begin{bmatrix} 4 & -1 \\ 5 & 4 \end{bmatrix}$$ となり，

$$(6)\ \boldsymbol{BA}=\begin{bmatrix} 3 & 1 \\ -1 & 2 \end{bmatrix}\begin{bmatrix} 1 & -1 \\ 2 & 1 \end{bmatrix}=\begin{bmatrix} 3\times1+1\times2 & 3\times(-1)+1^2 \\ -1\times1+2^2 & (-1)^2+2\times1 \end{bmatrix}$$

$$=\begin{bmatrix} 5 & -2 \\ 3 & 3 \end{bmatrix}$$ となるので，$\boldsymbol{AB}\neq\boldsymbol{BA}$ だね。一般に行列の積では交換法則は成り立たないので，$\boldsymbol{AB}\neq\boldsymbol{BA}$ であることを覚えておこう。

よって，行列では，整式のときに使った乗法公式は成り立たないので，

(1) $(\boldsymbol{A}+\boldsymbol{B})^2\neq\boldsymbol{A}^2+2\boldsymbol{AB}+\boldsymbol{B}^2$

(2) $(\boldsymbol{A}+\boldsymbol{B})(\boldsymbol{A}-\boldsymbol{B})\neq\boldsymbol{A}^2-\boldsymbol{B}^2$　であることも要注意だ。

これらを，それぞれキチンと示せば，次の通りだ。

(1) $(\boldsymbol{A}+\boldsymbol{B})^2=(\boldsymbol{A}+\boldsymbol{B})(\boldsymbol{A}+\boldsymbol{B})=\boldsymbol{A}^2+\boldsymbol{AB}+\boldsymbol{BA}+\boldsymbol{B}^2$

(2) $(\boldsymbol{A}+\boldsymbol{B})(\boldsymbol{A}-\boldsymbol{B})=\boldsymbol{A}^2-\boldsymbol{AB}+\boldsymbol{BA}-\boldsymbol{B}^2$

これは，$\boldsymbol{AB}$と等しいとは限らないので，このままで終了！

それでは，次の例題で行列の積の計算練習をしておこう。

> 例題 5　次の行列 X と Y について，積 XY と YX を求めよう。
>
> (1) $X=\begin{bmatrix}2 & 1\\ 3 & -2\end{bmatrix}$, $Y=\begin{bmatrix}4 & -1\\ -2 & 5\end{bmatrix}$　　(2) $X=\begin{bmatrix}2\\ -1\end{bmatrix}$, $Y=\begin{bmatrix}1 & 3\end{bmatrix}$
>
> (3) $X=\begin{bmatrix}2 & 4\\ 1 & -1\end{bmatrix}$, $Y=\begin{bmatrix}1\\ -3\end{bmatrix}$

(1) $$XY=\begin{bmatrix}2 & 1\\ 3 & -2\end{bmatrix}\begin{bmatrix}4 & -1\\ -2 & 5\end{bmatrix}$$

$$=\begin{bmatrix}2\times4+1\times(-2) & 2\times(-1)+1\times5\\ 3\times4+(-2)^2 & 3\times(-1)+(-2)\times5\end{bmatrix}=\begin{bmatrix}6 & 3\\ 16 & -13\end{bmatrix}$$

$$YX=\begin{bmatrix}4 & -1\\ -2 & 5\end{bmatrix}\begin{bmatrix}2 & 1\\ 3 & -2\end{bmatrix}$$

$$=\begin{bmatrix}4\times2+(-1)\times3 & 4\times1+(-1)\times(-2)\\ -2\times2+5\times3 & -2\times1+5\times(-2)\end{bmatrix}=\begin{bmatrix}5 & 6\\ 11 & -12\end{bmatrix}$$

（$2\times\underline{\underline{2}}$ 行列と $\underline{\underline{2}}\times2$ 行列の積は 2×2 行列になる。）

(2) $$XY=\begin{bmatrix}2\\ -1\end{bmatrix}\begin{bmatrix}1 & 3\end{bmatrix}=\begin{bmatrix}2\times1 & 2\times3\\ -1\times1 & -1\times3\end{bmatrix}=\begin{bmatrix}2 & 6\\ -1 & -3\end{bmatrix}$$

（$2\times\underline{\underline{1}}$ 行列と $\underline{\underline{1}}\times2$ 行列の積は 2×2 行列になる。）

$$YX=\begin{bmatrix}1 & 3\end{bmatrix}\begin{bmatrix}2\\ -1\end{bmatrix}=\begin{bmatrix}1\times2+3\times(-1)\end{bmatrix}=\begin{bmatrix}-1\end{bmatrix}$$

（$1\times\underline{\underline{2}}$ 行列と $\underline{\underline{2}}\times1$ 行列の積は 1×1 行列になる。）

（1×1 行列でも立派な(?)行列だ。）

(3) $$XY=\begin{bmatrix}2 & 4\\ 1 & -1\end{bmatrix}\begin{bmatrix}1\\ -3\end{bmatrix}$$

$$=\begin{bmatrix}2\times1+4\times(-3)\\ 1^2+(-1)\times(-3)\end{bmatrix}=\begin{bmatrix}-10\\ 4\end{bmatrix}$$

（$2\times\underline{\underline{2}}$ 行列と $\underline{\underline{2}}\times1$ 行列の積は 2×1 行列になる。）

$$YX=\begin{bmatrix}1\\ -3\end{bmatrix}\begin{bmatrix}2 & 4\\ 1 & -1\end{bmatrix}$$ は計算できない。

（$2\times\underline{\underline{1}}$ 行列と $\underline{\underline{2}}\times2$ 行列の積はムリ！）

（この数字が同じでなければ，行列の積の計算はできない。）

よって，解なしだね。

一般に $l\times\underline{\underline{m}}$ 行列と $\underline{\underline{m}}\times n$ 行列の積は，$l\times n$ 行列になることが分かったと思う。（この m 列と m 行が同じでないと，行列の積は実行できない。）

● 単位行列 E と零行列 $\mathbf{O}$ は、数字の 1 と 0 に似ている！

2 次の正方行列について，"**単位行列**(たんいぎょうれつ)" E と "**零行列**(ぜろぎょうれつ)" $\mathbf{O}$ の定義と公式を下に示す。

単位行列 E と零行列 $\mathbf{O}$

(Ⅰ) 単位行列 $E=\begin{bmatrix}1&0\\0&1\end{bmatrix}$ は次のような性質をもつ。

(ⅰ) $AE=EA=A$ （交換法則が成り立つ特別な場合）　　(ⅱ) $E^n=E$ (n：自然数)

(Ⅱ) 零行列 $\mathbf{O}=\begin{bmatrix}0&0\\0&0\end{bmatrix}$ は次のような性質をもつ。

(ⅰ) $A+\mathbf{O}=\mathbf{O}+A=A$　　(ⅱ) $A\mathbf{O}=\mathbf{O}A=\mathbf{O}$ （交換法則が成り立つ特別な場合）

実際に，$A=\begin{bmatrix}a&b\\c&d\end{bmatrix}$ に，単位行列 $E=\begin{bmatrix}1&0\\0&1\end{bmatrix}$ をかけてみよう。

$AE=\begin{bmatrix}a&b\\c&d\end{bmatrix}\begin{bmatrix}1&0\\0&1\end{bmatrix}=\begin{bmatrix}a\cdot1+b\cdot0&a\cdot0+b\cdot1\\c\cdot1+d\cdot0&c\cdot0+d\cdot1\end{bmatrix}=\begin{bmatrix}a&b\\c&d\end{bmatrix}=A$ となって，

なるほど E は書かなくてイーんだね。また，単位行列 E は n 回かけ合わせても，同じ E なんだ。これは，数字の **1** と同じ性質だ。

(Ⅱ) の零行列 $\mathbf{O}$ (オー) は，数字の **0** と同じ性質なのは分かるね。ここで，零行列について，面白い性質を **1** つ紹介しておこう。すなわち，「$AB=\mathbf{O}$ だからといって，$A=\mathbf{O}$ または $B=\mathbf{O}$ とは限らない！」ということなんだ。信じられないって？　いいよ。例を示そう。

$A=\begin{bmatrix}3&0\\-1&0\end{bmatrix}$，$B=\begin{bmatrix}0&0\\2&4\end{bmatrix}$ のとき，$A\neq\mathbf{O}$ かつ $B\neq\mathbf{O}$ だけれど，

$AB=\begin{bmatrix}3&0\\-1&0\end{bmatrix}\begin{bmatrix}0&0\\2&4\end{bmatrix}=\begin{bmatrix}3\times0+0\times2&3\times0+0\times4\\-1\times0+0\times2&-1\times0+0\times4\end{bmatrix}=\begin{bmatrix}0&0\\0&0\end{bmatrix}=\mathbf{O}$

となる。このように，$A\neq\mathbf{O}$ かつ $B\neq\mathbf{O}$ だけれど，$AB=\mathbf{O}$ となるような行列 A，B のことを "**零因子**(ぜろいんし)" というんだね。

● 行列式が0でなければ，逆行列は存在する！

$AB = BA = E$ をみたす行列 B を，A の"逆行列(ぎゃくぎょうれつ)"といい，A^{-1} で表す。（"Aインバース"と読む。）

したがって，$AA^{-1} = A^{-1}A = E$ となるんだね。ここで，A^{-1} と表されるからといって，$A^{-1} = \frac{1}{A}$ では断じてないよ。（これは間違い！）

$A = \begin{bmatrix} a & b \\ c & d \end{bmatrix}$ のとき，A^{-1} は，$A^{-1} = \frac{1}{ad - bc}\begin{bmatrix} d & -b \\ -c & a \end{bmatrix}$ という，2行2列の立派な行列なんだ。（a と d を入れ替えた！）（これを，行列式と呼ぶ）（b と c の符号を変えた！）

もちろん，A^{-1} の式の分母：$ad - bc \neq 0$ の条件が必要だけれどね。（これを，行列 A の正則条件という。）

この $ad - bc$ を"行列式(ぎょうれつしき)"と呼び，Δ や，$\det A$ や，$|A|$ と表したりもする。（ギリシャ文字のデルタのこと）（"ディターミナントA"と読む。）

逆行列 A^{-1}

$A = \begin{bmatrix} a & b \\ c & d \end{bmatrix}$ の行列式を $\Delta = ad - bc$ とおくと，（Δ は，スカラーだ！）

(i) $\Delta = 0$ のとき，A^{-1} は存在しない。

(ii) $\Delta \neq 0$ のとき，A^{-1} は存在して，$A^{-1} = \frac{1}{\Delta}\begin{bmatrix} d & -b \\ -c & a \end{bmatrix}$ である。

(ex) $A = \begin{bmatrix} 5 & -2 \\ -2 & 1 \end{bmatrix}$ について，$\Delta = 5 \times 1 - (-2)^2 = 5 - 4 = 1\ (\neq 0)$ より，A は正則(せいそく)である。よって，このとき，A^{-1} は存在し，

$A^{-1} = \frac{1}{\Delta}\begin{bmatrix} 1 & 2 \\ 2 & 5 \end{bmatrix} = \begin{bmatrix} 1 & 2 \\ 2 & 5 \end{bmatrix}$ となる。（Δ = 1）

A の行列式 Δ について，
(i) $\Delta \neq 0$ とき，A は正則(せいそく)であるといい，
(ii) $\Delta = 0$ とき，A は正則でないという。

このとき，$AA^{-1} = \begin{bmatrix} 5 & -2 \\ -2 & 1 \end{bmatrix}\begin{bmatrix} 1 & 2 \\ 2 & 5 \end{bmatrix} = \begin{bmatrix} 1 & 0 \\ 0 & 1 \end{bmatrix} = E$ となる。
$A^{-1}A = E$ となることも，自分で確かめてみるといいよ。

● 平面上の点は，1次変換で移動できる！

図1にそのイメージを示すように，2次の正方行列 $A=\begin{bmatrix} a & b \\ c & d \end{bmatrix}$ を使った次の式により，点 $(x_1,\ y_1)$ を点 $(x_1',\ y_1')$ に移動させることができる。

$$\begin{bmatrix} x_1' \\ y_1' \end{bmatrix}=A\begin{bmatrix} x_1 \\ y_1 \end{bmatrix}$$

$\begin{bmatrix} x_1' \\ y_1' \end{bmatrix}=\begin{bmatrix} ax_1+by_1 \\ cx_1+dy_1 \end{bmatrix}$ として，点 $(x_1',\ y_1')$ が計算できる。

図1　2次の正方行列による
1次変換のイメージ

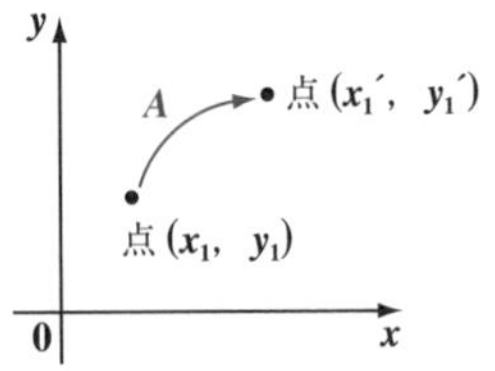

これを，2次の正方行列 A による“1次変換（いちじへんかん）”という。1つ例題を示そう。

(ex) $A=\begin{bmatrix} -2 & 0 \\ -1 & 1 \end{bmatrix}$ による1次変換 f により，

(i) 点 $(-1,\ 2)$ が移される点を $(x_1',\ y_1')$ とおくと，

$$\begin{bmatrix} x_1' \\ y_1' \end{bmatrix}=\begin{bmatrix} -2 & 0 \\ -1 & 1 \end{bmatrix}\begin{bmatrix} -1 \\ 2 \end{bmatrix}=\begin{bmatrix} 2 \\ 3 \end{bmatrix} \text{より，}$$

$(x_1',\ y_1')=(2,\ 3)$ となる。

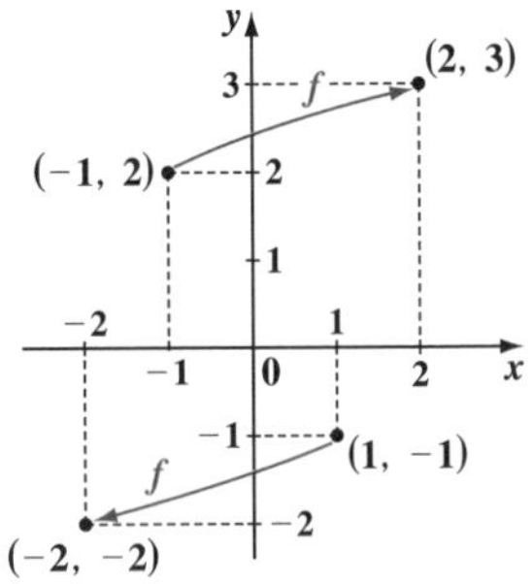

(ii) 点 $(-2,\ -2)$ に移される点を $(x_1,\ y_1)$ とおくと，

$$\begin{bmatrix} -2 \\ -2 \end{bmatrix}=\begin{bmatrix} -2 & 0 \\ -1 & 1 \end{bmatrix}\begin{bmatrix} x_1 \\ y_1 \end{bmatrix} \cdots\cdots ① \text{ となる。}$$

①の両辺に，左から $\begin{bmatrix} -2 & 0 \\ -1 & 1 \end{bmatrix}^{-1}=\dfrac{1}{-2}\begin{bmatrix} 1 & 0 \\ 1 & -2 \end{bmatrix}=\dfrac{1}{2}\begin{bmatrix} -1 & 0 \\ -1 & 2 \end{bmatrix}$ をかけて，

$$\begin{bmatrix} x_1 \\ y_1 \end{bmatrix}=\frac{1}{2}\begin{bmatrix} -1 & 0 \\ -1 & 2 \end{bmatrix}\begin{bmatrix} -2 \\ -2 \end{bmatrix}=\frac{1}{2}\begin{bmatrix} 2 \\ -2 \end{bmatrix}=\begin{bmatrix} 1 \\ -1 \end{bmatrix} \text{ より，}$$

$(x_1,\ y_1)=(1,\ -1)$ である。

$A=\begin{bmatrix} a & b \\ c & d \end{bmatrix}$ の逆行列 A^{-1} は，
$A^{-1}=\dfrac{1}{\Delta}\begin{bmatrix} d & -b \\ -c & a \end{bmatrix}$
$(\Delta=ad-bc)$

以上より，この A による1次変換により，
(i) 点 $(-1,\ 2)$ → 点 $(2,\ 3)$ に，また，
(ii) 点 $(1,\ -1)$ → 点 $(-2,\ -2)$ に移されるんだね。

● 回転の行列 $R(\theta)$ をマスターしよう！

点 $(x_1,\ y_1)$ を原点 O のまわりに θ だけ回転する行列 $R(\theta)$ を下に示す。

点を回転移動する行列 $R(\theta)$

xy 座標平面上で，点 $(x_1,\ y_1)$ を原点 O のまわりに θ だけ回転して点 $(x_1',\ y_1')$ に移動させる行列を $R(\theta)$ とおくと，

$R(\theta)=\begin{bmatrix}\cos\theta & -\sin\theta\\ \sin\theta & \cos\theta\end{bmatrix}$ である。

"*rotation*"（回転）の頭文字

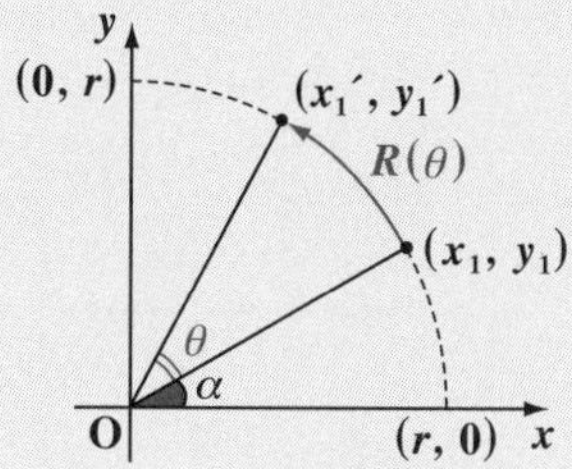

それでは，何故 $R(\theta)$ が，このような行列になるのか？ 証明してみよう。図 2 に示すように，点 $(x_1,\ y_1)$ とそれを θ だけ回転した点 $(x_1',\ y_1')$ をそれぞれ極座標で $(r,\ \alpha)$，$(r,\ \alpha+\theta)$ とおくと，xy 座標系では

$$\begin{cases}x_1=r\cos\alpha,\quad y_1=r\sin\alpha\\ x_1'=r\cos(\alpha+\theta),\quad y_1'=r\sin(\alpha+\theta)\end{cases}$$

となるのは大丈夫だね。よって，

図 2　回転移動の行列 $R(\theta)$

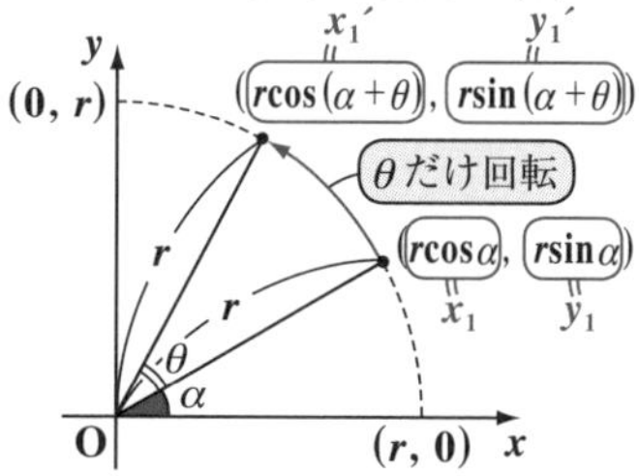

$$\begin{bmatrix}x_1'\\ y_1'\end{bmatrix}=\begin{bmatrix}r\cos(\alpha+\theta)\\ r\sin(\alpha+\theta)\end{bmatrix}=\begin{bmatrix}r(\cos\alpha\cos\theta-\sin\alpha\sin\theta)\\ r(\sin\alpha\cos\theta+\cos\alpha\sin\theta)\end{bmatrix}$$

$$=\begin{bmatrix}\underbrace{r\cos\alpha}_{x_1}\cos\theta-\underbrace{r\sin\alpha}_{y_1}\sin\theta\\ \underbrace{r\cos\alpha}_{x_1}\sin\theta+\underbrace{r\sin\alpha}_{y_1}\cos\theta\end{bmatrix}=\begin{bmatrix}x_1\cos\theta-y_1\sin\theta\\ x_1\sin\theta+y_1\cos\theta\end{bmatrix}$$

$$=\begin{bmatrix}\cos\theta & -\sin\theta\\ \sin\theta & \cos\theta\end{bmatrix}\begin{bmatrix}x_1\\ y_1\end{bmatrix}=R(\theta)\begin{bmatrix}x_1\\ y_1\end{bmatrix}$$

$\therefore$ 回転の行列 $R(\theta)=\begin{bmatrix}\cos\theta & -\sin\theta\\ \sin\theta & \cos\theta\end{bmatrix}$ が導けた！

$R(\theta)$ の逆行列 $R(\theta)^{-1}$ では，$R(\theta)$ では右上にあった⊖が，左下に移動しているだけだね。

$R(\theta)$ には，次の性質があることも覚えておこう。

（i）$R(\theta)^{-1}=R(-\theta)$　　　（ii）$R(\theta)^n=R(n\theta)$

$$\begin{bmatrix}\cos\theta & -\sin\theta\\ \sin\theta & \cos\theta\end{bmatrix}^{-1}=\begin{bmatrix}\cos(-\theta) & -\sin(-\theta)\\ \sin(-\theta) & \cos(-\theta)\end{bmatrix}=\begin{bmatrix}\cos\theta & \sin\theta\\ -\sin\theta & \cos\theta\end{bmatrix}$$

例題 6　点 $(2, 3)$ を原点 O のまわりに $\frac{3}{4}\pi$ $(=135°)$ だけ回転させた点の座標 (x_1', y_1') を求めよう。

$\cos\frac{3}{4}\pi = -\frac{1}{\sqrt{2}}$, $\sin\frac{3}{4}\pi = \frac{1}{\sqrt{2}}$ より，回転の行列 $R\left(\frac{3}{4}\pi\right)$ は，

$$R\left(\frac{3}{4}\pi\right) = \begin{bmatrix} \cos\frac{3}{4}\pi & -\sin\frac{3}{4}\pi \\ \sin\frac{3}{4}\pi & \cos\frac{3}{4}\pi \end{bmatrix} = \begin{bmatrix} -\frac{1}{\sqrt{2}} & -\frac{1}{\sqrt{2}} \\ \frac{1}{\sqrt{2}} & -\frac{1}{\sqrt{2}} \end{bmatrix} = \frac{1}{\sqrt{2}}\begin{bmatrix} -1 & -1 \\ 1 & -1 \end{bmatrix}$$ となる。

よって，$\begin{bmatrix} x_1' \\ y_1' \end{bmatrix} = R\left(\frac{3}{4}\pi\right)\begin{bmatrix} 2 \\ 3 \end{bmatrix} = \frac{1}{\sqrt{2}}\begin{bmatrix} -1 & -1 \\ 1 & -1 \end{bmatrix}\begin{bmatrix} 2 \\ 3 \end{bmatrix} = \frac{1}{\sqrt{2}}\begin{bmatrix} -5 \\ -1 \end{bmatrix}$ より，

点 $(2, 3)$ を O のまわりに $\frac{3}{4}\pi$ だけ回転移動した点の座標 (x_1', y_1') は，

$(x_1', y_1') = \left(-\frac{5}{\sqrt{2}}, -\frac{1}{\sqrt{2}}\right)$ となることが分かるんだね。大丈夫？

● オイラーの公式もマスターしよう！

行列とは関係ないが，複素数平面上の回転と関連させて，次の“**オイラーの公式**”も紹介しておこう。

オイラーの公式：$e^{i\theta} = \cos\theta + i\sin\theta$ ……(＊)　(i：虚数単位(きょすうたんい) $(i^2 = -1)$)

e は“**ネイピア数**”と呼ばれる無理数(むりすう)の定数で，$e = 2.718\cdots$ である。

> これは，極限の式：$\lim_{x \to 0}(1+x)^{\frac{1}{x}} = e$ として定義される定数で，
> 大学の数学で指数関数と言えば，$y = e^x$ のことなんだね。この指数関数 e^x は，
> $(e^x)' = e^x$, $\int e^x dx = e^x + C$ (C：積分定数) となって，微分しても積分しても
> 変化しない面白い関数なんだね。

このオイラーの公式は，実は次の複素指数関数の定義式から導かれる。
複素数 $z = x + iy$ (i：虚数単位，x, y：実数) に対して，複素指数関数 e^z は，次のように定義される。

$e^z = e^{x+iy} = e^x(\cos y + i\sin y)$ ……(＊)′

この $(*)'$ の x に 0 を，また y に θ を代入すると，

$\underbrace{e^{0+i\theta}}_{e^{i\theta}} = \underbrace{e^{0}}_{1}(\cos\theta + i\sin\theta)$ となって，$(*)$ のオイラーの公式が導けるんだね。

そして，この $e^{i\theta}$ は複素数平面上の回転を表す複素数になる。

図3に示すように，2つの複素数

$z_1 = x_1 + iy_1$ と $z_1' = x_1' + iy_1'$

$(x_1, y_1, x_1', y_1'$: 実数，i : 虚数単位$)$

について，

$z_1' = e^{i\theta}\cdot z_1$ ……① とすると，

具体的には，$x_1' + iy_1' = (\cos\theta + i\sin\theta)(x_1 + iy_1)$ のこと。

図3 複素数平面における回転

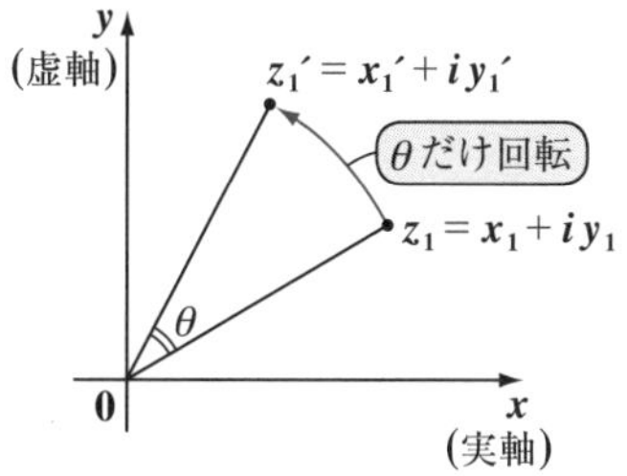

点 z_1 を原点 0 のまわりに θ だけ回転したものが，点 z_1' になる。

①は，1次変換による θ だけ回転移動する方程式：

$\begin{bmatrix} x_1' \\ y_1' \end{bmatrix} = R(\theta)\begin{bmatrix} x_1 \\ y_1 \end{bmatrix}$ ……② と，本質的に同じものなんだね。

①より，$x_1' + iy_1' = (\cos\theta + i\sin\theta)(x_1 + iy_1)$

$= x_1\cos\theta + iy_1\cos\theta + ix_1\sin\theta + \underbrace{i^2}_{(-1)} y_1\sin\theta$

$= \underbrace{x_1\cos\theta - y_1\sin\theta}_{\text{実部}} + i\underbrace{(x_1\sin\theta + y_1\cos\theta)}_{\text{虚部}}$ となるし，

②より，$\begin{bmatrix} x_1' \\ y_1' \end{bmatrix} = \begin{bmatrix} \cos\theta & -\sin\theta \\ \sin\theta & \cos\theta \end{bmatrix}\begin{bmatrix} x_1 \\ y_1 \end{bmatrix} = \begin{bmatrix} x_1\cos\theta - y_1\sin\theta \\ x_1\sin\theta + y_1\cos\theta \end{bmatrix}$ となるので，

いずれも，$x_1' = x_1\cos\theta - y_1\sin\theta$，$y_1' = x_1\sin\theta + y_1\cos\theta$ と，同じ結果が導けるんだね。面白いでしょう？

したがって，$e^{i\theta}$ についても，$R(\theta)$ の公式 (ⅰ) $R(\theta)^{-1} = R(-\theta)$ と (ⅱ) $R(\theta)^n = R(n\theta)$ と同様に，次の公式が成り立つ。

(ⅰ) $(e^{i\theta})^{-1} = e^{-i\theta} = e^{i(-\theta)} = \cos(-\theta) + i\sin(-\theta) = \cos\theta - i\sin\theta$

(ⅱ) $(e^{i\theta})^n = e^{i\cdot n\theta} = \cos n\theta + i\sin n\theta$

これは，ド・モアブルの公式：$(\cos\theta + i\sin\theta)^n = \cos n\theta + i\sin n\theta$ と同じだね。

演習問題 2	● 回転の 1 次変換 ●

公式：$R(\theta_1)\cdot R(\theta_2)=R(\theta_1+\theta_2)$ ……(＊)（ただし，$R(\theta)$ は回転移動の行列）を用いて，点 $(1,\ 3)$ を原点 O のまわりに $\dfrac{5}{12}\pi\ (=75^\circ)$ だけ回転した点の座標を求めよ。

ヒント！ ある点を原点 O のまわりに θ_2 だけ回転した後に，さらに θ_1 だけ回転すると，結局 $\theta_1+\theta_2$ だけ回転したことになる。よって，$\underbrace{R(\theta_1)}_{\text{(ii)次に，}\theta_1\text{回転}}\cdot\underbrace{R(\theta_2)}_{\text{(i)まず，}\theta_2\text{回転}}=R(\theta_1+\theta_2)$ ……(＊) が成り立つんだね。よって，$R(75^\circ)=R(45^\circ)\cdot R(30^\circ)$ として計算できる。これを利用して，解こう！

解答＆解説

点 $(x_1,\ y_1)=(1,\ 3)$ を原点 O のまわりに $75^\circ(=45^\circ+30^\circ)$ だけ回転した点の座標を $(x_1',\ y_1')$ とおくと，回転変換の公式を用いると，

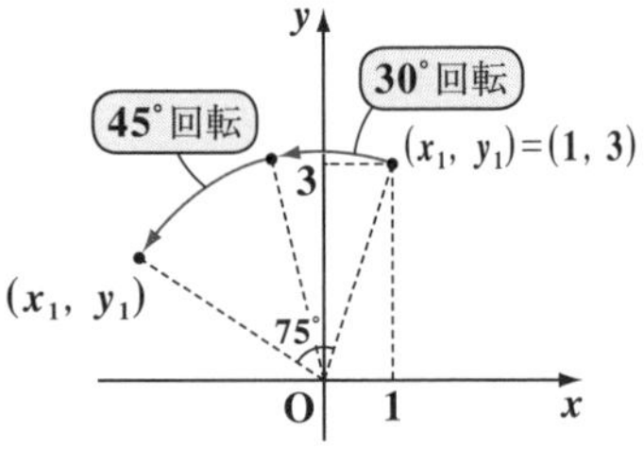

$$\begin{bmatrix}x_1'\\y_1'\end{bmatrix}=\underbrace{R(75^\circ)}_{R(45^\circ)\cdot R(30^\circ)\ ((*)\text{より})}\begin{bmatrix}1\\3\end{bmatrix}$$

$$=R(45^\circ)\cdot R(30^\circ)\begin{bmatrix}1\\3\end{bmatrix}$$

$$=\frac{1}{2\sqrt{2}}\begin{bmatrix}\sqrt{3}&-1\\1&\sqrt{3}\end{bmatrix}\begin{bmatrix}1&-1\\1&1\end{bmatrix}\begin{bmatrix}1\\3\end{bmatrix}$$

$R(\theta)=\begin{bmatrix}\cos\theta&-\sin\theta\\\sin\theta&\cos\theta\end{bmatrix}$ より，

$R(30^\circ)=\dfrac{1}{2}\begin{bmatrix}\sqrt{3}&-1\\1&\sqrt{3}\end{bmatrix}$

$R(45^\circ)=\dfrac{1}{\sqrt{2}}\begin{bmatrix}1&-1\\1&1\end{bmatrix}$

$$=\frac{1}{2\sqrt{2}}\begin{bmatrix}\sqrt{3}-1&-\sqrt{3}-1\\1+\sqrt{3}&-1+\sqrt{3}\end{bmatrix}\begin{bmatrix}1\\3\end{bmatrix}$$

$$=\frac{1}{2\sqrt{2}}\begin{bmatrix}\sqrt{3}-1-3\sqrt{3}-3\\1+\sqrt{3}-3+3\sqrt{3}\end{bmatrix}=\frac{1}{2\sqrt{2}}\begin{bmatrix}-4-2\sqrt{3}\\-2+4\sqrt{3}\end{bmatrix}=\frac{1}{\sqrt{2}}\begin{bmatrix}-2-\sqrt{3}\\-1+2\sqrt{3}\end{bmatrix}$$

$$=\frac{1}{2}\begin{bmatrix}-2\sqrt{2}-\sqrt{6}\\-\sqrt{2}+2\sqrt{6}\end{bmatrix}\ \text{となる。}$$

よって，求める点 $(x_1',\ y_1')=\left(-\dfrac{\sqrt{6}+2\sqrt{2}}{2},\ \dfrac{2\sqrt{6}-\sqrt{2}}{2}\right)$ である。………(答)

演習問題 3 ● オイラーの公式 ●

オイラーの公式 $e^{i\theta}=\cos\theta+i\sin\theta$ ……① (i：虚数単位) を用いて，
(i) $\cos\theta$，(ii) $\sin\theta$，(iii) $\tan\theta$ を $e^{i\theta}$ と $e^{-i\theta}$ で表せ。

ヒント！ ①より，$e^{-i\theta}=e^{i(-\theta)}=\underbrace{\cos(-\theta)}_{\cos\theta}+i\underbrace{\sin(-\theta)}_{-\sin\theta}=\cos\theta-i\sin\theta$ ……② となる。
①と②を利用して(i) $\cos\theta$，(ii) $\sin\theta$，(iii) $\tan\theta$ を $e^{i\theta}$ と $e^{-i\theta}$ で表すことができる。

解答＆解説

①より，$e^{-i\theta}=\cos(-\theta)+i\sin(-\theta)=\cos\theta-i\sin\theta$ ……② となる。
①と②を列記すると，

$$\begin{cases} e^{i\theta}=\cos\theta+i\sin\theta & \cdots\cdots① \\ e^{-i\theta}=\cos\theta-i\sin\theta & \cdots\cdots② \end{cases}$$
となる。よって，

(i) ①+②より，$e^{i\theta}+e^{-i\theta}=2\cos\theta$

$\therefore \cos\theta=\dfrac{e^{i\theta}+e^{-i\theta}}{2}$ ……③ となる。 ……………………………………(答)

(ii) ①−②より，$e^{i\theta}-e^{-i\theta}=2i\sin\theta$

$\therefore \sin\theta=\dfrac{e^{i\theta}-e^{-i\theta}}{2i}$ ……④ となる。 ……………………………………(答)

(iii) ④÷③より，

$$\underbrace{\frac{\sin\theta}{\cos\theta}}_{\tan\theta}=\frac{\dfrac{e^{i\theta}-e^{-i\theta}}{2i}}{\dfrac{e^{i\theta}+e^{-i\theta}}{2}}$$

$\therefore \tan\theta=\dfrac{e^{i\theta}-e^{-i\theta}}{i(e^{i\theta}+e^{-i\theta})}$ となる。 ……………(答)

参考

①と②を利用すれば，$C_1e^{i\theta}+C_2e^{-i\theta}$ (C_1，C_2：定数) は，

$C_1e^{i\theta}+C_2e^{-i\theta}=C_1(\cos\theta+i\sin\theta)+C_2(\cos\theta-i\sin\theta)$

$=\underbrace{(C_1+C_2)}_{A_1}\cos\theta+\underbrace{(C_1i-C_2i)}_{A_2}\sin\theta$

$=A_1\cos\theta+A_2\sin\theta$ (A_1，A_2：定数) と変形することもできるんだね。

講義1 ●ベクトルと行列　公式エッセンス

1. 平面ベクトルと内積の成分表示

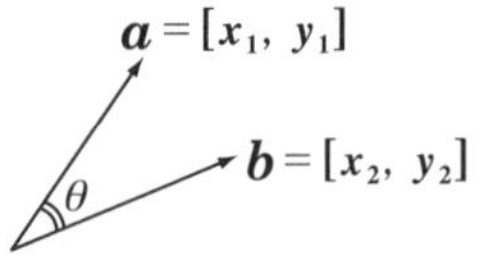

$\boldsymbol{a}=[x_1,\ y_1]$, $\boldsymbol{b}=[x_2,\ y_2]$ のとき，

内積 $\boldsymbol{a}\cdot\boldsymbol{b}=x_1x_2+y_1y_2$ となり，また，

$\boldsymbol{a}$ と $\boldsymbol{b}$ のなす角を θ とおくと，

$$\cos\theta=\frac{\boldsymbol{a}\cdot\boldsymbol{b}}{\|\boldsymbol{a}\|\|\boldsymbol{b}\|}=\frac{x_1x_2+y_1y_2}{\sqrt{x_1^2+y_1^2}\sqrt{x_2^2+y_2^2}}$$

2. 平面ベクトルの極座標表示

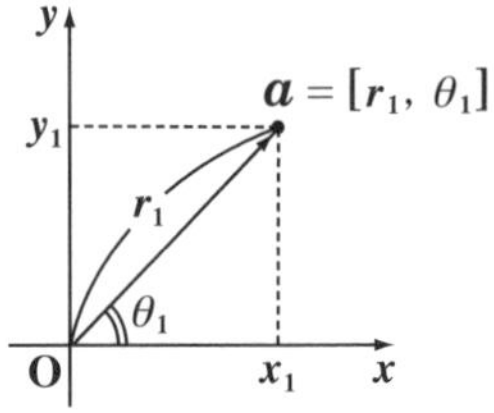

xy 座標平面上のベクトル $\boldsymbol{a}=[x_1,\ y_1]$ は，

極座標表示で $\boldsymbol{a}=[r_1,\ \theta_1]$ と表すことも

できる。(θ_1：偏角，r_1：極 O からの距離)

3. 空間ベクトルの内積と外積の成分表示

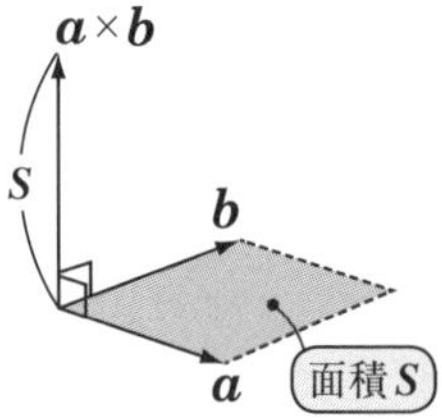

$\boldsymbol{a}=[x_1,\ y_1,\ z_1]$, $\boldsymbol{b}=[x_2,\ y_2,\ z_2]$ のとき，

内積 $\boldsymbol{a}\cdot\boldsymbol{b}=x_1x_2+y_1y_2+z_1z_2$ となり，また，

$\boldsymbol{a}$ と $\boldsymbol{b}$ のなす角を θ とおくと，

$$\cos\theta=\frac{\boldsymbol{a}\cdot\boldsymbol{b}}{\|\boldsymbol{a}\|\|\boldsymbol{b}\|}=\frac{x_1x_2+y_1y_2+z_1z_2}{\sqrt{x_1^2+y_1^2+z_1^2}\sqrt{x_2^2+y_2^2+z_2^2}}$$

外積 $\boldsymbol{a}\times\boldsymbol{b}=[y_1z_2-z_1y_2,\ z_1x_2-x_1z_2,\ x_1y_2-y_1x_2]$

$\boldsymbol{c}=\boldsymbol{a}\times\boldsymbol{b}$ とおくと，$\boldsymbol{c}\perp\boldsymbol{a}$，$\boldsymbol{c}\perp\boldsymbol{b}$ で，$\|\boldsymbol{c}\|$ は，

$\boldsymbol{a}$ と $\boldsymbol{b}$ を 2 辺とする平行四辺形の面積 S と等しい。

4. 2次の正方行列

2次の正方行列 $A=\begin{bmatrix} a & b \\ c & d \end{bmatrix}$ について，行列式 $\Delta=ad-bc\fallingdotseq 0$ のとき，

逆行列 A^{-1} が存在し，$A^{-1}=\dfrac{1}{\Delta}\begin{bmatrix} d & -b \\ -c & a \end{bmatrix}$ となる。

5. 回転の1次変換の行列 $R(\theta)$

$R(\theta)=\begin{bmatrix} \cos\theta & -\sin\theta \\ \sin\theta & \cos\theta \end{bmatrix}$ とおくと，$\begin{bmatrix} x_1' \\ y_1' \end{bmatrix}=R(\theta)\begin{bmatrix} x_1 \\ y_1 \end{bmatrix}$ により，点 $(x_1,\ y_1)$ は，

原点 O のまわりに θ だけ回転移動した点 $(x_1',\ y_1')$ に移る。

($R(\theta)$ の性質：(ⅰ) $R(\theta)^{-1}=R(-\theta)$，(ⅱ) $R(\theta)^n=R(n\theta)$)

講義
Lecture
2

位置，速度，加速度

テーマ

▶ 位置，速度，加速度の基本

(位置 $\boldsymbol{r}$，速度 $\boldsymbol{v}=\dot{\boldsymbol{r}}$，加速度 $\boldsymbol{a}=\ddot{\boldsymbol{r}}$)

▶ 座標系

(直交座標系，極座標系)

▶ 加速度ベクトルの応用

$$\left(\begin{array}{l}\boldsymbol{a}=\dfrac{dv}{dt}\boldsymbol{t}+\dfrac{v^2}{R}\boldsymbol{n}\\ \boldsymbol{a}=[a_r,\ a_\theta]=[\ddot{r}-r\dot{\theta}^2,\ 2\dot{r}\dot{\theta}+r\ddot{\theta}]\end{array}\right)$$

§1. 位置、速度、加速度の基本

力学とは「ある座標系で，物体に力が働いたとき，その物体がどんな運動をするかを調べる学問」と言えるんだけれど，ここではまず，力は考えず，また，物体も大きさのない"**質点**(しつてん)"と考えて，この質点の運動を考えてみることにしよう。

ここでは，質点の位置，速度，加速度を，**1**次元(直線上の運動)，**2**次元(平面上の運動)，そして，**3**次元(空間上の運動)に分類して，それぞれ詳しく勉強しよう。また，**2**次元の運動では"**極座標**(きょくざひょう)"による表示についても，詳しく解説しよう。

● 1次元の運動からスタートしよう！

キミが，信号機のない道路を渡ろうとするとき，向こうから車が近づいて来るのが見えたとしよう。このとき，

(i) 車が近くまで来てれば危険と思って渡るのを断念するかも知れないし，まだ遠くの方にあれば安全だと判断して渡ろうとするかも知れない。

(ii) でも，たとえ車が遠くにあっても，その近づいてくる速度(速さ)が大きければ，危険を感じて渡るのをあきらめるかも知れない。

(iii) そして，さらにたとえ，車が遠くにあって，しかも近づいてくる速度が今は小さくても，その車が加速し始めているのが分かったら，やっぱり危ないと思って渡るのをあきらめるかも知れないね。

このように，ボク達がある物体**P**(車)の運動を考えるとき，自然と，その物体の"**位置**(いち)"xと，"**速度**(そくど)"v，そして"**加速度**(かそくど)"aを調べていることに気付くはずだ。

ここではまず，対象となる物体を，質量だけをもち，大きさのない"**質点**"**P**と考えよう。そして，質点**P**はx軸上のみを動く，すなわち，最も単純な**1**次元運動をするものとしよう。このとき，

(i) まず，図**1**に示すようにx軸を設け，質点**P**がいつ，どこにあるかを示せばいいので，時刻tにおける動点**P**の位置(座標)xが分かればいいんだね。

図1 x軸上の動点$P(x(t))$

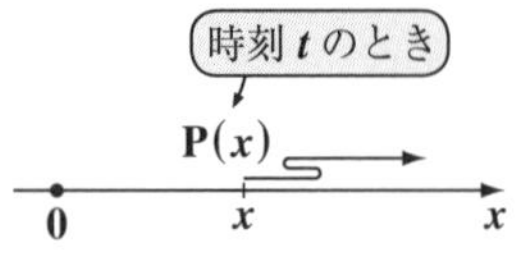

よって，x は，$x=2t-1$ や $x=t^2-2t$ や $x=2\cos t$ など…，何か時刻 t の関数で表されることになるので，一般に $x=x(t)$ とおけるんだね。

(ii) 次に，時刻 t から $t+\Delta t$ の Δt 秒間に点 P が位置 x から $x+\Delta x$ まで Δx だけ移動したとすると，この Δt 秒間の平均の速度は $\dfrac{\Delta x}{\Delta t}$ となる。ここで，$\Delta t \to 0$ の極限をとったものが，時刻 t における質点 P の速度 $v(t)$ になるんだね。

よって，速度 $v(t)=\displaystyle\lim_{\Delta t\to 0}\frac{\Delta x}{\Delta t}=\frac{dx}{dt}=\dot{x}$ (m/s) となる。

（m は“メートル”，s は“秒”を表す。）

（時刻 t での微分を，物理では“$'$”の代わりに，“$\cdot$”で表すのが慣例だ。）

(iii) 同様に時刻 t から $t+\Delta t$ の Δt 秒間に，点 P の速度が v から $v+\Delta v$ に変化したとすると，Δt 秒間の速度の変化率は $\dfrac{\Delta v}{\Delta t}$ となる。ここで $\Delta t \to 0$ の極限をとったものが，時刻 t における質点 P の加速度 $a(t)$ になる。

（これは，$\dot{v}$ と表せる。）（“$''$”の代わりに，“$\cdot\cdot$”は，t による 2 階微分を表す。）

よって，加速度 $a(t)=\displaystyle\lim_{\Delta t\to 0}\frac{\Delta v}{\Delta t}=\frac{dv}{dt}=\frac{d^2x}{dt^2}=\ddot{x}$ $(\mathrm{m/s^2})$ となる。

（$v=\dfrac{dx}{dt}$ より，$\dfrac{dv}{dt}=\dfrac{d}{dt}\left(\dfrac{dx}{dt}\right)=\dfrac{d^2x}{dt^2}$ だからね。）

以上をまとめて，下に示そう。

1 次元運動の位置、速度、加速度

x 軸上を運動する質点 $\mathrm{P}(x)$ について，位置，速度，加速度は次のように表される。

(i) 位置 $x=x(t)$　(ii) 速度 $v(t)=\dfrac{dx}{dt}=\dot{x}$　(iii) 加速度 $a(t)=\dfrac{d^2x}{dt^2}=\ddot{x}$

x を t で微分して速度 v が求まり，そして，速度 v を t で微分して加速度 a が求まるんだね。よって，図 2 に示すように，これを逆にたどると，加速度 a を t で積分すると速度

図 2　位置 x，速度 v，加速度 a

x ⇄（微分 →，← 積分）$v=\dot{x}$ ⇄（微分 →，← 積分）$a=\dot{v}=\ddot{x}$

$\boldsymbol{v}$になり，この$\boldsymbol{v}$をさらに$\boldsymbol{t}$で積分すると，位置$\boldsymbol{x}$が求まることになるんだね。このように，力学では，微分・積分を常に使うことになるんだね。

ここで，復習のため，まず微分計算の基本公式を下に示しておこう。

微分計算の8つの基本公式

(1) $(t^{\alpha})' = \alpha t^{\alpha-1}$ (2) $(\sin t)' = \cos t$

(3) $(\cos t)' = -\sin t$ (4) $(\tan t)' = \dfrac{1}{\cos^2 t}\ (=\sec^2 t)$

(5) $(e^t)' = e^t$ (6) $(a^t)' = a^t \cdot \log a$

(7) $(\log t)' = \dfrac{1}{t}\quad (t>0)$ (8) $\{\log f(t)\}' = \dfrac{f'(t)}{f(t)}\quad (f(t)>0)$

［ただし，αは実数，$a>0$ かつ $a \neq 1$ であり，$\log t$ や $\log f(t)$ は，底が e の自然対数を表す。また，この公式では微分は“・”(ドット)ではなく，“′”(ダッシュ)で表している。］

微分と積分は逆の操作なので，積分計算の**8**つの基本公式は次のようになる。

積分計算の8つの基本公式

(1) $\displaystyle\int t^{\alpha} dt = \frac{1}{\alpha+1} t^{\alpha+1} + C$ (2) $\displaystyle\int \cos t\, dt = \sin t + C$

(3) $\displaystyle\int \sin t\, dt = -\cos t + C$ (4) $\displaystyle\int \frac{1}{\cos^2 t} dt = \tan t + C$

(5) $\displaystyle\int e^t dt = e^t + C$ (6) $\displaystyle\int a^t dt = \frac{a^t}{\log a} + C$

(7) $\displaystyle\int \frac{1}{t} dt = \log|t| + C$ （$t>0$ であれば絶対値は不要） (8) $\displaystyle\int \frac{f'(t)}{f(t)} dt = \log|f(t)| + C$ （$f(t)>0$ であれば絶対値は不要）

［ただし，$\alpha \neq -1$，$a>0$ かつ $a \neq 1$，対数は自然対数(底 e の対数)であり，また，C は積分定数を表す。］

それでは，準備も整ったので，**1**次元運動の位置，速度，加速度の例題をいくつか解いて練習してみよう。

例題 7　x 軸上を運動する動点 $\mathbf{P}$ の位置 $x(t)$ が次のように与えられるとき，点 $\mathbf{P}$ の速度 v と加速度 a を求めよう。

(1) $x(t)=2t-1$　(2) $x(t)=t^2-2t$　(3) $x(t)=\log(t+1)$

(ただし，t：時刻，$t \geqq 0$ とする。)

(1) $x(t)=2t-1$ のとき，速度 v と加速度 a は，

$$\begin{cases} \text{速度}\ v=\dot{x}=(2t-1)'=2\ (\text{一定}) \\ \text{加速度}\ a=\ddot{x}=\dot{v}=2'=0\ \text{となる。} \end{cases}$$

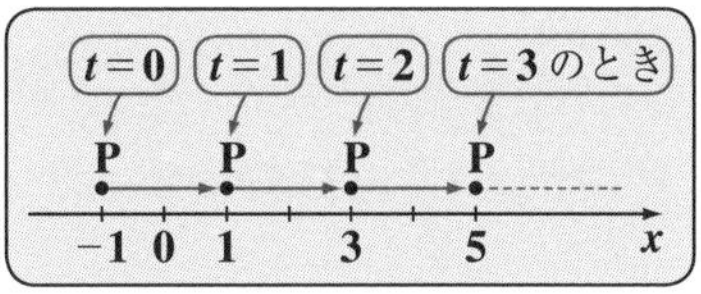

このように，速度 v が一定の運動を"等速直線運動(とうそくちょくせんうんどう)"や"等速度運動(とうそくどうんどう)"という。当然，このとき，加速も減速もしないので，加速度 $a=0$ となる。

(2) $x(t)=t^2-2t$ のとき，速度 v と加速度 a は，

$$\begin{cases} \text{速度}\ v=\dot{x}=(t^2-2t)'=2t-2 \\ \text{加速度}\ a=\ddot{x}=\dot{v}=(2t-2)'=2\ (\text{一定}) \end{cases}$$

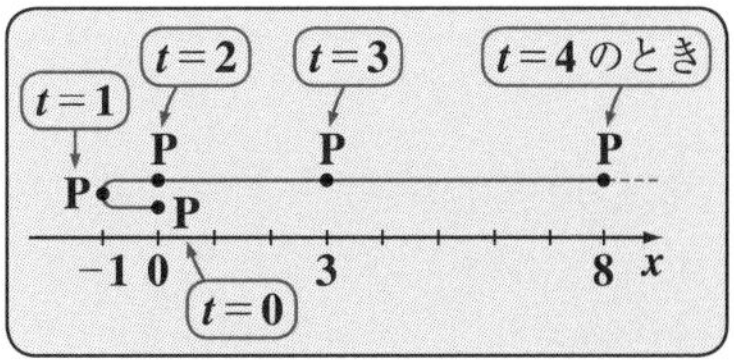

このように，加速度 a が一定の運動を"等加速度運動(とうかそくどうんどう)"ということも覚えておこう。

> $t=0$ のとき，$x=0^2-2\cdot 0=0$
> $t=1$ のとき，$x=1^2-2\cdot 1=-1$
> ……………………………

(3) $x(t)=\log(t+1)$ のとき，速度 v と加速度 a は，

$$\begin{cases} \text{速度}\ v=\dot{x}=\{\log(t+1)\}'=\dfrac{(t+1)'}{t+1}=\dfrac{1}{t+1}\ \left[=(t+1)^{-1}\right] \\ \text{加速度}\ a=\ddot{x}=\dot{v}=\{(t+1)^{-1}\}'=-(t+1)^{-2}\cdot 1=-\dfrac{1}{(t+1)^2}\ \text{となる。} \end{cases}$$

> 公式：$(\log f)'=\dfrac{f'}{f}$

> $t+1=u$ とおくと，$\dfrac{d}{dt}(t+1)^{-1}=\dfrac{du^{-1}}{du}\cdot\dfrac{du}{dt}=-u^{-2}\cdot 1=-(t+1)^{-2}\cdot 1$
> となる。これは合成関数の微分を用いた。

> $t=0$ のとき，$x=\log 1=0$　($\because e^0=1$)
> $t=1$ のとき，$x=\log 2=0.69\cdots$
> $t=2$ のとき，$x=\log 3=1.09\cdots$
> ……………………………

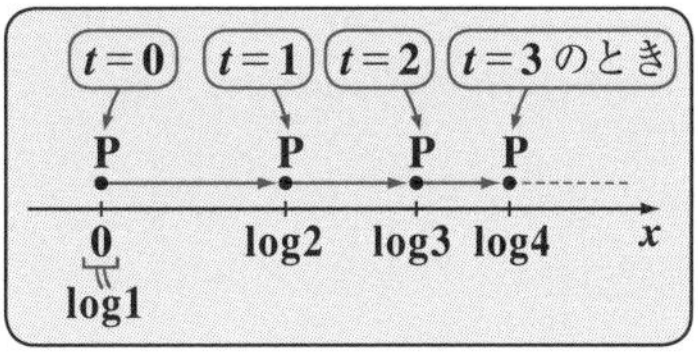

例題 8　次の各条件の下，x 軸上を運動する動点 P の位置 $x(t)$ $(t \geqq 0)$ を求めよう。

(1) $v(t)=2$　(初期条件：$x(0)=3$)

(2) $a(t)=2$　(初期条件：$v(0)=1$，$x(0)=4$)

(1) $v(t)=2$ (一定) より，動点 P は x 軸上を等速直線運動をする。

$v(t)$ を t で積分して，位置 $x(t)$ を求めると，

$$x(t)=\int v(t)dt=\int 2dt=2t+C_1 \quad \cdots\cdots ① \quad (C_1 : \text{積分定数})$$

$\dot{x}=v$ より，$x=\int v\,dt$

この積分定数は，$t=0$ のとき，位置 $x(0)=3$ の条件から求められる。

これを，初期条件という

ここで，初期条件：$x(0)=3$ より，①に $t=0$ を代入すると，

$x(0)=2\times 0+C_1=3$　　$\therefore C_1=3$　　これを①に代入して，

位置 $x(t)=2t+3$ となる。

(2) $a(t)=2$ (一定) より，動点 P は x 軸上を等加速度運動をする。まず，$a(t)$ を t で積分して，速度 $v(t)$ を求めると，

$$v(t)=\int a(t)dt=\int 2dt=2t+C_2 \quad \cdots\cdots ② \quad (C_2 : \text{積分定数})$$

・$\dot{v}=a$ より，$v=\int a\,dt$

・$\dot{x}=v$ より，$x=\int v\,dt$

初期条件：$v(0)=1$ から C_2 は決まる。

ここで，初期条件：$v(0)=1$ より，②に $t=0$ を代入すると，

$v(0)=2\times 0+C_2=1$　　$\therefore C_2=1$　　これを②に代入して，

$v(t)=2t+1$ ……③

さらに，③を t で積分して，$x(t)$ を求めると，

$$x(t)=\int v(t)dt=\int(2t+1)dt=t^2+t+C_3 \quad \cdots\cdots ④ \quad (C_3 : \text{積分定数})$$

初期条件：$x(0)=4$ から C_3 は決定できる。

ここで，初期条件：$x(0)=4$ より，④に $t=0$ を代入すると，

$x(0)=0^2+0+C_3=4$　　$\therefore C_3=4$　　これを④に代入して，

位置 $x(t)=t^2+t+4$ となる。

加速度 a ⋯→ 速度 v ⋯→ 位置 x のように順に積分して求めていく場合，その

都度積分定数が現われる。これを決定するために $t=0$ のときの初期条件が必要となるんだね。これは，この後に詳しく解説する“**微分方程式**”の解法でも出てくるので，今ここでシッカリ練習しておこう。

● 単振動の位置、速度、加速度も押さえよう！

重要な **1** 次元の運動として，“**単振動**”(または，“**調和振動**”)がある。この位置と速度と加速度の関係も調べてみよう。図 **3** に示すように，空気抵抗もなく，そして滑らかな床面に壁から自然長 L のバネの先におもり (質点または，振動子) **P** を付け，これをつり合いの位置 $(x=0)$ から A だけ引っぱって手を離すと，ビヨーンビヨーンと質点は振動するはずだね。この振動現象を水平ばね振り子による単振動という。ここで，時刻 $t=0$ のとき，初期条件として $x(0)=0$ とすると位置 $x(t)$ は，

“まさつ”がないということ。

実際には，これは大きさをもつ物体なので，その重心を質点と考えよう。

図3 1次元の運動
(単振動：$x=A\sin\omega t$)

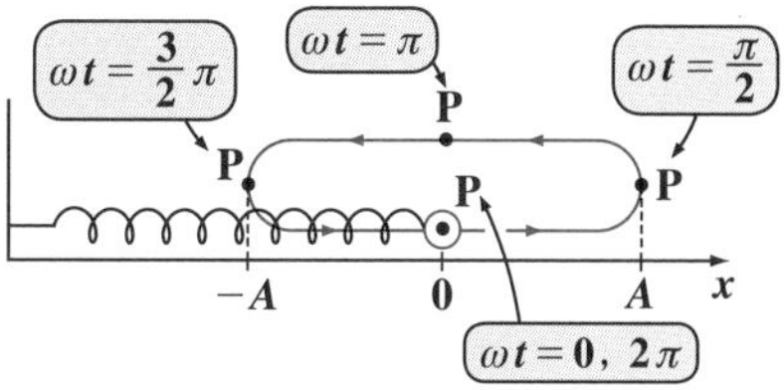

$x(t)=A\sin\omega t$ ……① と表されるんだね。A は“**振幅**”で，**P** はつり合いの位置 $x=0$ を中心に $-A\leqq x\leqq A$ の範囲で振動する。ω は“**角振動数**”で，角度 θ(ラジアン)はこれを使って，$\theta=\omega t$ ……② と表される。したがって，時刻 t が $t=0,\ 1,\ 2,\ \cdots$ (s) と変化すると，角度 θ は $\theta=0,\ \omega,\ 2\omega,\ \cdots$となるんだね。

そして，図 **3** に示すように，θ が $0\leqq\theta\leqq 2\pi$ の範囲を変化するとき，単振動の **1** サイクルが終了し，この後も同じ振動がずっと繰り返される。したがって，**1** サイクルに要する時間を“**周期**”T(s) とおくと，このとき，②の θ は 2π になるんだね。よって，②に $\theta=2\pi$，$t=T$ を代入すると，重要な次の公式が導かれる。

$\omega T=2\pi$ ……(*)　(ω：角振動数 (1/s)，T：周期 (s))

ここで，T の逆数が振動数 ν，すなわち $\nu=\frac{1}{T}$ より，(*)から，次の公式：

$\omega=2\pi\nu\left(=\frac{2\pi}{T}\right)$ ……(*)′　(ν：振動数 (1/s))　も導かれるんだね。

では，単振動の位置 $x = A\sin\omega t$ ……① を，t で順に **2** 回微分することにより，速度 v と加速度 a を求めてみよう。

$$\begin{cases} \text{速度 } v = \dot{x} = (A\sin\omega t)' \\ \quad = A\omega\cos\omega t \cdots\cdots③ \\ \text{加速度 } a = \ddot{x} = \dot{v} = (A\omega\cos\omega t)' \\ \quad = -A\omega^2\sin\omega t \cdots\cdots④ \end{cases}$$

$\omega t = \theta$ とおくと，$x = A\sin\theta$ より，
$v = \dot{x} = \dfrac{dx}{dt} = \dfrac{d\theta}{dt}\cdot\dfrac{dx}{d\theta}$
（$\dfrac{d\theta}{dt}$ は $(\omega t)' = \omega$，$\dfrac{dx}{d\theta}$ は $A\cos\theta$）
$= A\omega\cos\omega t$ となる。
（合成関数の微分）
$a = \ddot{x} = \dot{v}$ も同様だね。

単振動の場合，図 **4** に示すように，

(i) $v = A\omega\cos\omega t$ ……③ より，
$\omega t = 0,\ \pi,\ 2\pi,\ \cdots$ のとき，
$|v| = A\omega$ となる。よって，
$x = 0$（中心）で単振動の
速さ $|v|$ は最大となるんだね。

次に，

(ii) $a = -A\omega^2\sin\omega t$ ……④ より，
$\omega t = \dfrac{\pi}{2},\ \dfrac{3}{2}\pi,\ \dfrac{5}{2}\pi,\ \cdots$ のとき，
$|a| = A\omega^2$ となる。よって，$x = \pm A$（折り返し点）で単振動の加速度の大きさ $|a|$ が最大となる。この様子を図 **4** に示す。

図4　1次元の運動
（単振動：$x = A\sin\omega t$）

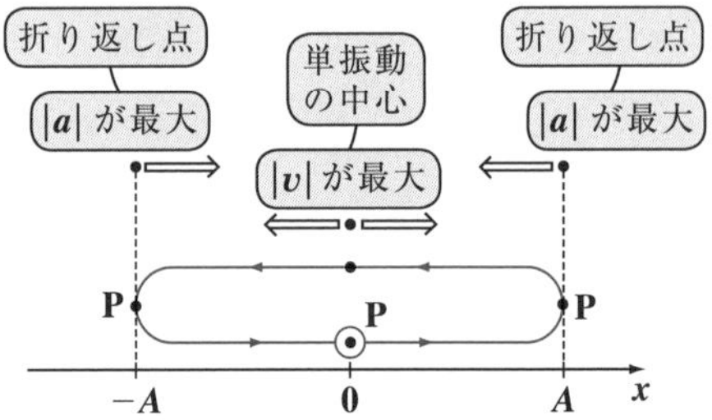

さらに，①と④から，$a = -\omega^2 x$ が導けることも覚えておこう。
（x は $A\sin\omega t$（①より））

では，単振動についても，次の例題で練習しておこう。

> 例題 9　単振動の位置 x が，$x = 5\cos\pi t$ ……ⓐ で表されている。このとき，この単振動の (i) 振幅，(ii) 角振動数，(iii) 周期，(iv) 振動数を求めてみよう。
> また，この単振動の加速度 a を位置 x で表してみよう。

単振動の位置 x は **sin** でなく，**cos** を使って
$x = A\cos\omega t$ ……(*)′ と表されることもある。
（$t = 0$ のとき，初期条件 $x(0) = A$ をみたす場合）
(A：振幅，ω：角振動数)

一般的に，単振動の位置（変位）x は，$x = A\sin(\omega t + \phi)$
（ϕ：初期位相）で表される。
後で詳しく教えよう！

ⓐと$(*)'$を比較して，この単振動の

(i) 振幅Aは，$A=5$であり，

(ii) 角振動数ωは，$\omega=\pi$ (1/s) だね。また，

(iii) 周期Tは，$T=\frac{2\pi}{\omega}=\frac{2\pi}{\pi}=2$ (s) であり，

(iv) 振動数$\nu=\frac{1}{T}=\frac{1}{2}$ (1/s) となる。

$\omega T=2\pi$より，
$T=\frac{2\pi}{\omega}$
$\nu=\frac{1}{T}=\frac{\omega}{2\pi}$

次に，ⓐをtで2回微分して，加速度を求めると，

$v=\dot{x}=(5\cos\pi t)'=5\cdot(-\pi)\sin\pi t$

$=-5\pi\cdot\sin\pi t$

$a=\ddot{x}=\dot{v}=(-5\pi\cdot\sin\pi t)'$

$=-5\pi\cdot\pi\cos\pi t=-\pi^2\cdot\underbrace{5\cos\pi t}_{x\ (ⓐより)}$

一般に公式：
$(\sin mt)'=m\cos mt$
$(\cos mt)'=-m\sin mt$
(m：定数)
と，覚えておこう。

よって，ⓐより，加速度aは，xを用いて，
$a=-\pi^2x$と表されるんだね。大丈夫？

一般に単振動では
加速度aはxにより
$a=-\omega^2x$と表される。
(今回は，$\omega=\pi$の場合だ)

● 2次元運動は平面ベクトルで表せる！

それでは次，xy座標平面上を2次元運動する質点Pのイメージを図5に示そう。時刻$t=\cdots$，t_1，t_2，t_3，$\cdots$に対応して，点Pが時々刻々運動しているので，この動点Pの"**位置ベクトル**"を$\boldsymbol{r}=[x,\ y]$とおくと，当然これはtの関数となり，次のように表せる。

図5 2次元運動のイメージ

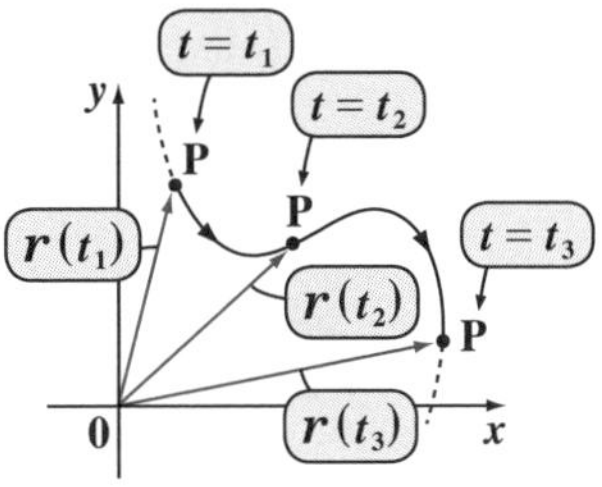

$$\boldsymbol{r}(t)=[x(t),\ y(t)]=\begin{bmatrix}x(t)\\y(t)\end{bmatrix}$$

行ベクトル　列ベクトル ← いずれで表しても構わない

ということは，速度も加速度もベクトルで表されることになり，それぞれ"**速度ベクトル**"$\boldsymbol{v}(t)$と"**加速度ベクトル**"$\boldsymbol{a}(t)$となるんだね。これらは，位置ベクトル$\boldsymbol{r}(t)$を時刻tで1回，および2回微分することにより，求められる。

ン？ベクトルを時刻tで微分するなんて，難しそうだって!? 心配は無用だよ。ベクトルの各x，y成分をそれぞれ時刻tで微分すればいいだけだからね。

下に，2次元運動の位置ベクトル$\boldsymbol{r}(t)$，速度ベクトル$\boldsymbol{v}(t)$，加速度ベクトル$\boldsymbol{a}(t)$の関係式を示そう。

2次元運動の位置，速度，加速度

xy座標平面上を運動する質点Pの時刻tにおける位置ベクトルを$\boldsymbol{r}(t)=[x(t),\ y(t)]$とおくと，時刻$t$における速度ベクトル$\boldsymbol{v}(t)$と加速度ベクトル$\boldsymbol{a}(t)$は次のように定義される。

(i) 速度ベクトル $\boldsymbol{v}(t)=\dfrac{d\boldsymbol{r}}{dt}=\dot{\boldsymbol{r}}=[\dot{x},\ \dot{y}]=\left[\dfrac{dx}{dt},\ \dfrac{dy}{dt}\right]$

(ii) 加速度ベクトル $\boldsymbol{a}(t)=\dfrac{d\boldsymbol{v}}{dt}=\dot{\boldsymbol{v}}=\dfrac{d^2\boldsymbol{r}}{dt^2}=\ddot{\boldsymbol{r}}$

$$=[\ddot{x},\ \ddot{y}]=\left[\frac{d^2x}{dt^2},\ \frac{d^2y}{dt^2}\right]$$

(i)をていねいに解説すると，時刻tと$t+\Delta t$の間のΔt秒間に位置ベクトルが$\boldsymbol{r}$から$\boldsymbol{r}+\Delta\boldsymbol{r}$に$\Delta\boldsymbol{r}$だけ変化したとすると，その平均変化率は$\dfrac{\Delta\boldsymbol{r}}{\Delta t}$となる。ここで，$\Delta t\to 0$の極限をとったものが速度ベクトル$\boldsymbol{v}(t)$になるんだね。

具体的に式で示すと，

$$\boldsymbol{r}(t)=[x(t),\ y(t)] \quad \cdots\cdots ①$$

$$\boldsymbol{r}(t+\Delta t)=[\underbrace{x(t+\Delta t)}_{x+\Delta x},\ \underbrace{y(t+\Delta t)}_{y+\Delta y\text{とおく}}]=\underbrace{[x(t),\ y(t)]}_{\boldsymbol{r}(t)}+\underbrace{[\Delta x,\ \Delta y]}_{\Delta\boldsymbol{r}} \quad \cdots\cdots ②$$

よって，tから$t+\Delta t$の間のΔt秒間の動点Pの移動を表す微小ベクトル$\Delta\boldsymbol{r}$は，②－①より

$\Delta\boldsymbol{r}=\boldsymbol{r}(t+\Delta t)-\boldsymbol{r}(t)=[\Delta x,\ \Delta y]$ となる。

この平均変化率$\dfrac{\Delta\boldsymbol{r}}{\Delta t}$について，$\Delta t\to 0$の極限をとったものが速度ベクトル$\boldsymbol{v}(t)$となる。よって，

$\boldsymbol{v}(t)=\lim_{t\to 0}\frac{\Delta\boldsymbol{r}}{\Delta t}=\frac{d\boldsymbol{r}}{dt}=\dot{\boldsymbol{r}}$ であり，$\dot{\boldsymbol{r}}$ の成分を考えると，

$\dot{\boldsymbol{r}}(t)=\lim_{t\to 0}\frac{\Delta\boldsymbol{r}}{\Delta t}=\lim_{t\to 0}\left[\frac{\Delta x}{\Delta t},\ \frac{\Delta y}{\Delta t}\right]=\left[\frac{dx}{dt},\ \frac{dy}{dt}\right]=[\dot{x},\ \dot{y}]$ となる。

$\frac{1}{\Delta t}[\Delta x,\ \Delta y]=\left[\frac{\Delta x}{\Delta t},\ \frac{\Delta y}{\Delta t}\right]$

以上より，$\boldsymbol{v}(t)=\dot{\boldsymbol{r}}=[\dot{x},\ \dot{y}]=\left[\frac{dx}{dt},\ \frac{dy}{dt}\right]$ と表すことができるんだね。大丈夫？

(ii) の $\boldsymbol{a}(t)$ についても，同様だ。

それでは，次の例題で，2 次元運動の速度，加速度を求めてみよう。

ベクトルであることは明らかなので，特に“ベクトル”を付けて表現しなくてもいいよ。

例題 10　次の各位置ベクトル $\boldsymbol{r}(t)$ で表される質点 P の運動の速度 $\boldsymbol{v}(t)$ と加速度 $\boldsymbol{a}(t)$ を求めよう。(ただし，$t\geqq 0$ とする) (1) $\boldsymbol{r}(t)=[2t,\ 1-t^2]$　　(2) $\boldsymbol{r}(t)=[-t,\ e^t]$

(1) $\boldsymbol{r}(t)=[x(t),\ y(t)]=[2t,\ 1-t^2]$ を時刻 t で順に 2 回微分すると，

$$\begin{cases}\text{速度 } \boldsymbol{v}(t)=[\dot{x},\ \dot{y}]=[(2t)',\ (1-t^2)']=[2,\ -2t] \text{ と，}\\ \text{加速度 } \boldsymbol{a}(t)=[\ddot{x},\ \ddot{y}]=[2',\ (-2t)']=[0,\ -2] \text{ が求められる。}\end{cases}$$

ここで，$\boldsymbol{v}=[v_x,\ v_y]$，$\boldsymbol{a}=[a_x,\ a_y]$ とおくと，この 2 次元運動は，

$\boldsymbol{v}$ の x 成分　y 成分　$\boldsymbol{a}$ の x 成分　y 成分　← x や y での“偏微分”の意味ではない！

・$v_x=2$ (一定) より，これは x 軸方向に等速度運動していて，

・$a_y=-2$ (一定) より，これは y 軸方向に等加速度運動していることが分かるんだね。

さらに，$x=2t$，$y=1-t^2$ より，時刻 t を媒介変数と考えて，$t=\frac{x}{2}\ (\geqq 0)$ を $y=1-t^2$ に代入して，t を消去すると，

$y=1-\left(\frac{x}{2}\right)^2=-\frac{1}{4}x^2+1\ (x\geqq 0)$ となる。そして，これが点 P の運動により描かれる xy 平面上の軌跡の曲線を表しているんだね。大丈夫？

右図に，点Pの描く軌跡の曲線を示す。さらに，

速度 $\boldsymbol{v}(t)=[2,\ -2t]$ より，

$t=0,\ 1,\ 2$ のときにおける速度は，順に

$\boldsymbol{v}(0)=[2,\ 0]$

$\boldsymbol{v}(1)=[2,\ -2]$

$\boldsymbol{v}(2)=[2,\ -4]$ となる。

これらも，右図に示した。

これから，速度ベクトル $\boldsymbol{v}(t)$ は，曲線上の点Pにおける接線方向と一致することが分かると思う。これは，$\boldsymbol{v}(t)$ が

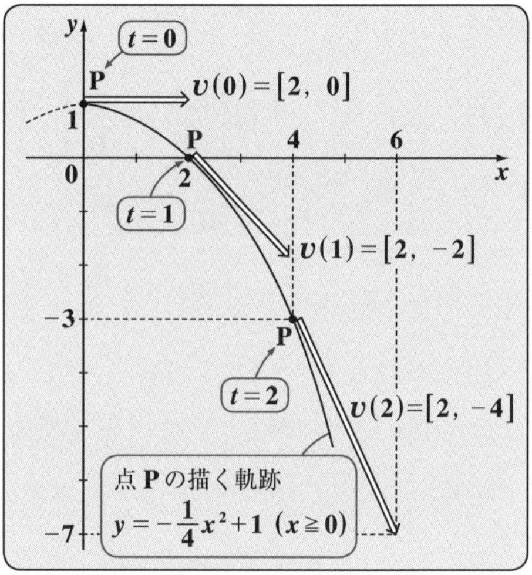

$$\boldsymbol{v}(t)=\left[\frac{dx}{dt},\ \frac{dy}{dt}\right] /\!/ [dx,\ dy] /\!/ \left[1,\ \frac{dy}{dx}\right]$$ となることから，

（"平行"を表す。）（$\frac{dy}{dx}$：接線の傾き）

一般論として，$\boldsymbol{v}(t)$ は軌跡の曲線の接線方向のベクトルであることが分かるんだね。

(2) $\boldsymbol{r}(t)=[x(t),\ y(t)]=[-t,\ e^t]$ を時刻 t で順に2回微分すると，

$$\begin{cases} \text{速度}\ \boldsymbol{v}(t)=[\dot{x},\ \dot{y}]=[\underbrace{(-t)'}_{-1},\ \underbrace{(e^t)'}_{e^t}]=[-1,\ e^t]\ \text{と，} \\ \text{加速度}\ \boldsymbol{a}(t)=[\ddot{x},\ \ddot{y}]=[\underbrace{(-1)'}_{0},\ \underbrace{(e^t)'}_{e^t}]=[0,\ e^t]\ \text{が求められる。} \end{cases}$$

（公式：$(e^t)'=e^t$）

・$v_x=-1$（一定）より，これは x 軸方向に等速度運動しているんだね。

$x=-t\ (\leqq 0)$，$y=e^t$ より，t を消去して，動点Pの軌跡の方程式を求めると，$y=e^{-x}\ (x\leqq 0)$ となる。右図に，この曲線と，$t=0,\ 1$ における点Pの位置と，そのときの速度 $\boldsymbol{v}$ を示す。速度 $\boldsymbol{v}$ が点Pにおける曲線の接線方向のベクトルであることが，分かるはずだ。

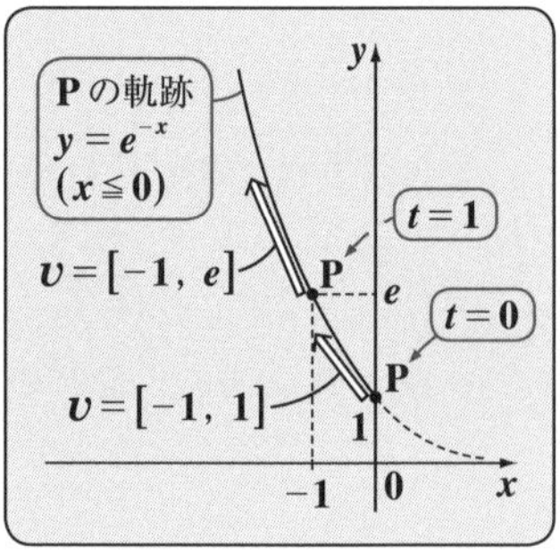

● 等速円運動では加速度に着目しよう！

典型的な **2** 次元運動として“**等速円運動**（とうそくえんうんどう）”について解説しよう。図 **6** に示すように，原点 **O** を中心とする半径 A の円周上の点 **P** は，偏角 θ を用いて，$P(A\cos\theta,\ A\sin\theta)$ と表せるのは大丈夫だね。

図 **6** 等速円運動

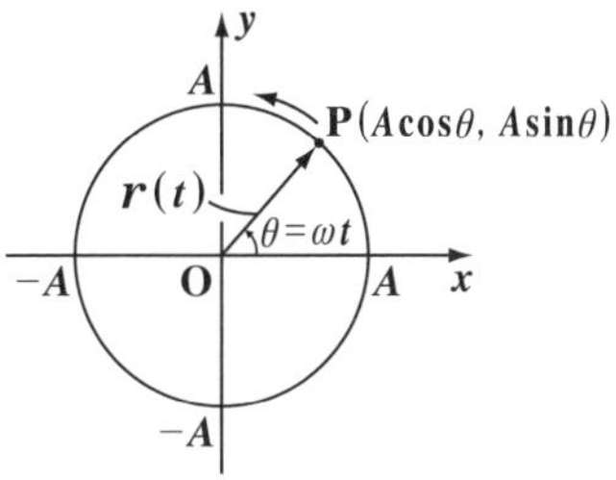

ここで，この角 θ が時刻 t と共に，一定の“**角速度**（かくそくど）” ω（オメガ） **(1/s)** で変化するとき，つまり，

$\theta = \omega t$ ……① $(t \geqq 0)$ となるとき，

点 **P** は，点 $(A,\ 0)$ を始点として，反時計まわりに同じ速さで回転することになる。この運動を“**等速円運動**”というんだね。（速さ v は，速度 $\boldsymbol{v}$ の大きさ $\|\boldsymbol{v}\|$ のこと。）

したがって，**O** から点 **P** に向かう，**P** の位置ベクトル $\boldsymbol{r}(t)$ は，①より，

$\boldsymbol{r}(t) = [x(t),\ y(t)] = [A\cos\omega t,\ A\sin\omega t]$ ……② と表される。

（点 $P(A\cos\theta,\ A\sin\theta)$ に，$\theta = \omega t$ …① を代入したものだね。）

ン？ 単振動のときに，ω を角振動数と言っていたのに名称が変わっているって !? よく勉強しているね。この ω は，単振動のときと本質的に同じものなんだけれど，等速円運動では，これを角速度と呼ぶことを覚えておこう。

動点 **P** が円を **1** 周するのに要する時間，つまり周期 T について，

公式：$\omega T = 2\pi$ ……(＊) は当然成り立つ。

それでは，②を時刻 t で順に **2** 回微分することにより，等速円運動の速度 $\boldsymbol{v}(t)$ と加速度 $\boldsymbol{a}(t)$ を求めると，

速度 $\boldsymbol{v}(t) = [v_x,\ v_y] = [\dot{x},\ \dot{y}] = [(A\cos\omega t)',\ (A\sin\omega t)']$

$= [-A\omega\sin\omega t,\ A\omega\cos\omega t]$ と，

（公式：$(\sin mt)' = m\cos mt$，$(\cos mt)' = -m\sin mt$）

加速度 $\boldsymbol{a}(t) = [a_x,\ a_y] = [\ddot{x},\ \ddot{y}] = [(-A\omega\sin\omega t)',\ (A\omega\cos\omega t)']$

$= [-A\omega^2\cos\omega t,\ -A\omega^2\sin\omega t]$ が求まる。

ここで，$x^2 + y^2 = A^2(\underbrace{\cos^2\omega t + \sin^2\omega t}_{1}) = A^2$ であり，また，（半径 A の円の方程式）

速度 $\boldsymbol{v}(t)$ の大きさを $\|\boldsymbol{v}(t)\|$ で表すと，これが速さ v のことなので，

速さ $v = \|\boldsymbol{v}(t)\| = \sqrt{v_x^2 + v_y^2} = \sqrt{A^2\omega^2(\underbrace{\sin^2\omega t + \cos^2\omega t}_{1})} = A\omega$ ……③ だね。（一定）

以上より，等速円運動の位置，速度，加速度は，

(i) 位置 $\boldsymbol{r}(t)=[x,\ y]=[A\cos\omega t,\ A\sin\omega t]$ ……… ②′

(ii) 速度 $\boldsymbol{v}(t)=[v_x,\ v_y]=[-\underbrace{A\omega}_{v}\sin\omega t,\ \underbrace{A\omega}_{v(\text{速さ})(\text{③より})}\cos\omega t]$

$=[-v\sin\omega t,\ v\cos\omega t]$ ………………… ④

(iii) 加速度 $\boldsymbol{a}(t)=[-A\omega^2\cos\omega t,\ -A\omega^2\sin\omega t]$ …… ⑤ となる。

ここで，$\boldsymbol{r}$ と $\boldsymbol{v}$ の内積 $\boldsymbol{r}\cdot\boldsymbol{v}$ を求めると，②′，④より，

$\boldsymbol{r}\cdot\boldsymbol{v}=\underbrace{[A\cos\omega t,\ A\sin\omega t]\cdot[-v\sin\omega t,\ v\cos\omega t]}_{A\cos\omega t\cdot(-v)\sin\omega t+A\sin\omega t\cdot v\cos\omega t}=0$ となる。よって，

$\boldsymbol{r}\perp\boldsymbol{v}$(垂直)となるので，右図に示すように，速度 $\boldsymbol{v}$ は常に円周上の動点Pの接線方向のベクトルになるんだね。

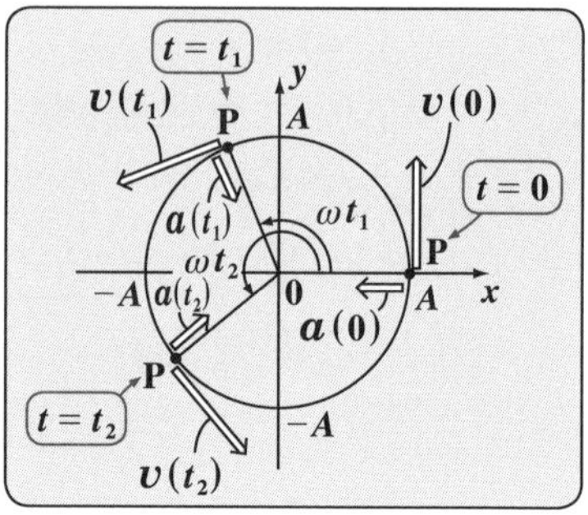

では次に，加速度 $\boldsymbol{a}(t)$ の大きさ(ノルム)と向きについても調べてみよう。⑤の各成分から $-\omega^2$ をくくり出すと，

加速度 $\boldsymbol{a}(t)=\underbrace{-\omega^2}_{-\omega^2\text{をくくり出した！}}\underbrace{[A\cos\omega t,\ A\sin\omega t]}_{\text{これは，位置ベクトル}\boldsymbol{r}=[x,\ y]\text{そのものだ！}}=-\omega^2[x,\ y]$

すなわち，$\boldsymbol{a}(t)=-\omega^2\boldsymbol{r}(t)$ となる。また，加速度の大きさは，

$\|\boldsymbol{a}(t)\|=\|-\omega^2\boldsymbol{r}(t)\|=\omega^2\|\boldsymbol{r}(t)\|=\omega^2\sqrt{A^2(\underbrace{\cos^2\omega t+\sin^2\omega t}_{1})}=\underbrace{A\omega^2}_{\text{一定}}$

となるんだね。また，$v=A\omega$ の図形的な意味は，右図に示すように，動点Pは1秒間に円周上を $A\omega$ だけ進むからなんだね。

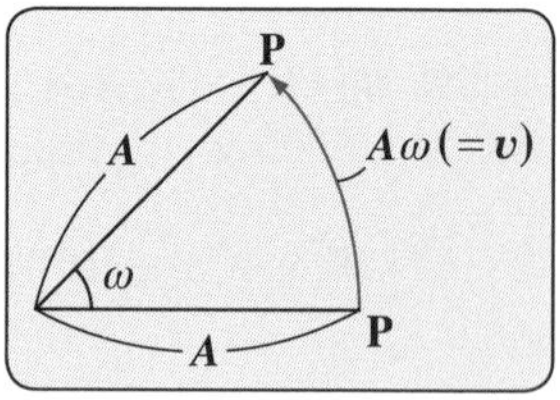

よって，$\omega=\dfrac{v}{A}$ を $\|\boldsymbol{a}(t)\|=A\omega^2$ に代入すると，

$\|\boldsymbol{a}(t)\|=A\cdot\left(\dfrac{v}{A}\right)^2=\dfrac{v^2}{A}$ と表すこともできる。

よって，加速度 $\boldsymbol{a}(t)$ の大きさは，$A\omega^2\left(=\frac{v^2}{A}\right)$ で一定で，その向きは位置ベクトル $\boldsymbol{r}(t)$ とは常に逆向き，すなわち，前の図に示すように，円の中心方向に向いていることに注意しよう。

このことは，円運動する質点には常に円の中心に向かう力，すなわち“**向心力**(こうしんりょく)”が働くことと関係している。この向心力については，後でまた詳しく解説しよう。

それでは，等速円運動と単振動との関係についても解説しておこう。

図 7(ⅰ) に示すように，角速度 ω で半径 A の円周上を等速円運動する質点 P を，新たに設けた x 軸上に正射影した点は，x 軸上を単振動することになるんだね。ここで，$t=0$ のとき $x=0$ とすると，その単振動は，

図 7(ⅰ) 等速円運動と単振動 $x=A\sin\omega t$

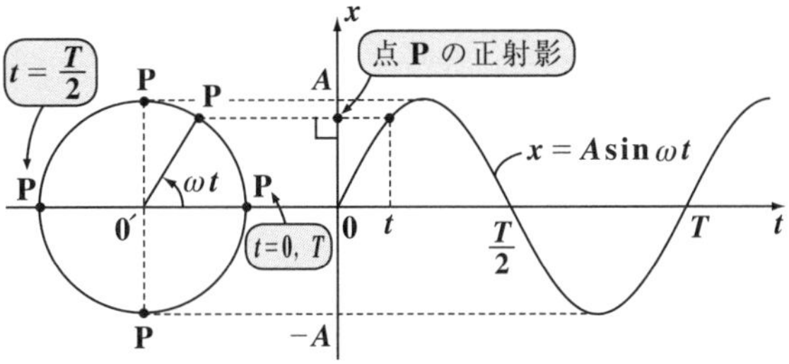

$x=A\sin\omega t$

これは，P37の①式と同じだ！

で表される。

これに対して，$t=0$ のとき，$x=A\sin\phi$ からスタートする単振動は，図 7(ⅱ) に示すように，

(ⅱ) 等速円運動と単振動 $x=A\sin(\omega t+\phi)$

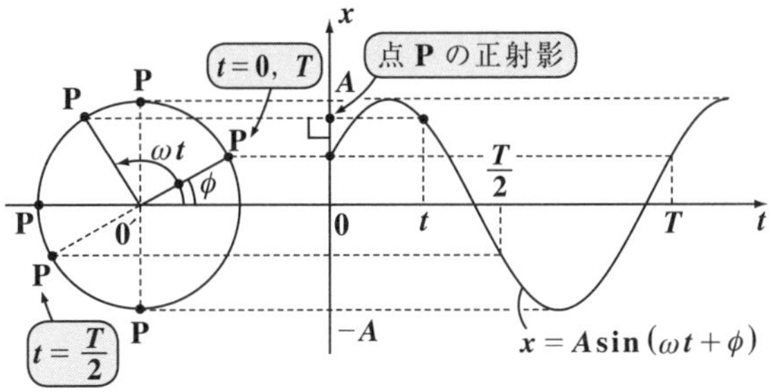

$x=A\sin(\omega t+\phi)$ で表されることになる。この角度 ϕ のことを“**初期位相**(しょきいそう)”と呼ぶ。したがって，この $x=A\sin(\omega t+\phi)$ が単振動の一般的な表現で，図 7(ⅰ) の単振動は，この初期位相 ϕ が $\phi=0$ の特殊な場合だったと考えればいいんだね。

これで，単振動と等速円運動が密接に関連していることが理解して頂けたと思う。

それでは，等速円運動の例題を解いて練習しよう。

> 例題 11　等速円運動をしている質点Pの位置ベクトル $\boldsymbol{r}(t)$ が次のように与えられているとき，(1) 速度 $\boldsymbol{v}(t)$ と速さ $v(t)$，(2) 加速度 $\boldsymbol{a}(t)$ と加速度の大きさ $a(t)$ を求めよう。
>
> (1) $\boldsymbol{r}(t)=[2\cos t,\ 2\sin t]$　　(2) $\boldsymbol{r}(t)=[5\cos\pi t,\ 5\sin\pi t]$

(1) $\boldsymbol{r}(t)=[\underbrace{2}_{A}\cos\underbrace{1}_{\omega}\cdot t,\ \underbrace{2}_{A(半径)}\sin\underbrace{1}_{\omega(角速度)}\cdot t]$ より，質点Pは原点Oを中心とする半径 $A=2$ の円周上を角速度 $\omega=1\ (1/\mathrm{s})$ で等速円運動することが分かる。

（これから，周期 T は，$\omega T=2\pi$ より，$T=\dfrac{2\pi}{1}=2\pi\ (\mathrm{s})$ となる。）

（公式：$(\sin mt)'=m\cos mt$，$(\cos mt)'=-m\sin mt$）

(i) $\boldsymbol{r}(t)$ を時刻 t で微分して，

速度 $\boldsymbol{v}(t)=\dot{\boldsymbol{r}}(t)=[\dot{x},\ \dot{y}]=[(2\cos t)',\ (2\sin t)']=[\underbrace{-2\sin t}_{v_x},\ \underbrace{2\cos t}_{v_y}]$

速さ $v(t)=\|\boldsymbol{v}(t)\|=\sqrt{(-2\sin t)^2+(2\cos t)^2}=\sqrt{4(\underbrace{\sin^2 t+\cos^2 t}_{1})}=2$

（これは，$v=A\omega=2\cdot1=2$ から求めてもいい。）

(ii) $\boldsymbol{v}(t)$ をさらに時刻 t で微分して，

加速度 $\boldsymbol{a}(t)=\ddot{\boldsymbol{r}}(t)=[\dot{v}_x,\ \dot{v}_y]=[(-2\sin t)',\ (2\cos t)']$

$=[-2\cos t,\ -2\sin t]$ ←（これは，$-\omega^2\boldsymbol{r}$ と等しい。）

加速度の大きさ $a(t)=\|\boldsymbol{a}(t)\|=\sqrt{(-2\cos t)^2+(-2\sin t)^2}$

$=\sqrt{4(\underbrace{\cos^2 t+\sin^2 t}_{1})}=2$

（これは，$a=A\omega^2=2\cdot1^2=2$ から求めても構わない。）

(2) $\boldsymbol{r}(t)=[\underbrace{5}_{A}\cos\underbrace{\pi}_{\omega} t,\ \underbrace{5}_{A}\sin\underbrace{\pi}_{\omega} t]$ より，質点Pは原点Oを中心とする半径 $A=5$ の円周上を角速度 $\omega=\pi\ (1/\mathrm{s})$ (周期 $T=2(\mathrm{s})$) で等速円運動することが分かる。

（$\omega T=2\pi$）

(i) $\boldsymbol{r}(t)$ を時刻 t で微分して,

$$\text{速度 } \boldsymbol{v}(t)=\dot{\boldsymbol{r}}(t)=[\dot{x},\ \dot{y}]=[(5\cos\pi t)',\ (5\sin\pi t)']$$

$$=[\underbrace{-5\pi\sin\pi t}_{v_x},\ \underbrace{5\pi\cos\pi t}_{v_y}]$$

$$\text{速さ } v(t)=\|\boldsymbol{v}(t)\|=\sqrt{(-5\pi\sin\pi t)^2+(5\pi\cos\pi t)^2}$$

$$=\sqrt{25\pi^2(\underbrace{\sin^2\pi t+\cos^2\pi t}_{1})}=\sqrt{25\pi^2}=5\pi$$

← これは, $v=A\omega$ $=5\cdot\pi$ から求めてもよい。

(ii) $\boldsymbol{v}(t)$ をさらに時刻 t で微分して,

$$\text{加速度 } \boldsymbol{a}(t)=\ddot{\boldsymbol{r}}(t)=[\dot{v}_x,\ \dot{v}_y]=[(-5\pi\sin\pi t)',\ (5\pi\cos\pi t)']$$

$$=[-5\pi^2\cos\pi t,\ -5\pi^2\sin\pi t]$$

← これは, $-\omega^2\boldsymbol{r}=-\pi^2\boldsymbol{r}$ と等しい。

$$\text{加速度の大きさ } a(t)=\|\boldsymbol{a}(t)\|=\sqrt{(-5\pi^2\cos\pi t)^2+(-5\pi^2\sin\pi t)^2}$$

$$=\sqrt{25\pi^4(\underbrace{\cos^2\pi t+\sin^2\pi t}_{1})}=\sqrt{25\pi^4}=5\pi^2$$

これは, $A\omega^2=5\cdot\pi^2$ と求めてもいい。

● 2次元運動を極座標で表そう！

2 次元運動する質点 **P** の位置ベクトル $\boldsymbol{r}$ を, これまで, xy 直交座標系で $\boldsymbol{r}=[x,\ y]$ と表してきたけれど, 図 **8** に示すように, これを極座標で $\boldsymbol{r}=[r,\ \theta]$ $(r>0,\ 0\leqq\theta<2\pi)$ で表すこともできる。これを, 位置ベクトルの極座標表示と呼ぶ。xy 直交座標と極座標の変換公式は, 次の通りだね。**(P11)**

図8 直交座標と極座標

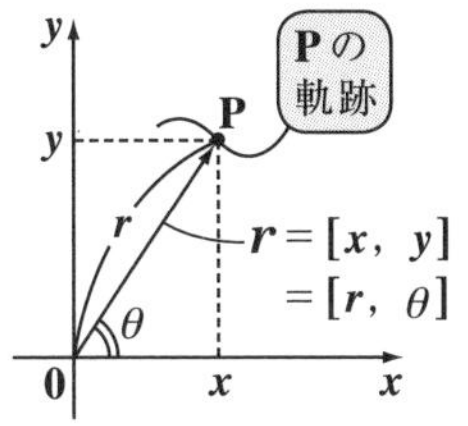

(i) $[r,\ \theta]\to[x,\ y]$ への変換

$$\begin{cases} x=r\cos\theta \\ y=r\sin\theta \end{cases}$$

(ii) $[x,\ y]\to[r,\ \theta]$ への変換

$$\begin{cases} r=\sqrt{x^2+y^2} \\ \theta=\tan^{-1}\dfrac{y}{x} \end{cases}$$

(ただし, $r>0,\ 0\leqq\theta<2\pi$)

では, ベクトルの極座標表示について, 次の例題で練習しよう。

例題 12　次の xy 座標系で表した各位置ベクトル $\boldsymbol{r}(t)$ を，極座標で表してみよう。

(1) $\boldsymbol{r}(t)=[x,\ y]=[2t,\ 1-t^2]\ \ (t>0)$

(2) $\boldsymbol{r}(t)=[x,\ y]=[5\cos\pi t,\ 5\sin\pi t]\ \ (t\geqq 0)$

(3) $\boldsymbol{r}(t)=[x,\ y]=[e^t,\ t]\ \ (t\geqq 0)$

(1) xy 座標 → 極座標の変換公式を利用しよう。

・$r^2=x^2+y^2=(2t)^2+(1-t^2)^2=4t^2+1-2t^2+t^4=t^4+2t^2+1$

$\therefore r=\sqrt{t^4+2t^2+1}=\sqrt{(t^2+1)^2}=t^2+1\ \ (>0)$

・$t>0$ より，$\dfrac{y}{x}=\dfrac{1-t^2}{2t}\ \ (=\tan\theta)\quad \therefore \theta=\tan^{-1}\dfrac{1-t^2}{2t}$

$\begin{cases} r=\sqrt{x^2+y^2} \\ \theta=\tan^{-1}\dfrac{y}{x} \end{cases}$

以上より，$r>0$，$0\leqq\theta<2\pi$ として，$\boldsymbol{r}(t)$ を極座標で表示すると，

$\boldsymbol{r}(t)=[r,\ \theta]=\left[t^2+1,\ \tan^{-1}\dfrac{1-t^2}{2t}\right]$ となる。

(2) 同様に変換公式を利用して，

・$r^2=x^2+y^2=(5\cos\pi t)^2+(5\sin\pi t)^2=25(\underbrace{\cos^2\pi t+\sin^2\pi t}_{1})=25$

$\therefore r=\sqrt{25}=5$

・$x\neq 0$ として，$\dfrac{y}{x}=\dfrac{\cancel{5}\sin\pi t}{\cancel{5}\cos\pi t}=\tan\pi t\ \ (=\tan\theta)\quad \therefore\theta=\pi t$ となる。

以上より，$\boldsymbol{r}(t)$ を極座標で表示すると，

$\boldsymbol{r}(t)=[r,\ \theta]=[5,\ \pi t]$ とシンプルに表示できる。

(3) も，同様に変換公式を用いると，

・$r^2=x^2+y^2=(e^t)^2+t^2=e^{2t}+t^2\quad \therefore r=\sqrt{e^{2t}+t^2}$

・$\dfrac{y}{x}=\dfrac{t}{e^t}\ \ (=\tan\theta)\quad \therefore\theta=\tan^{-1}\dfrac{t}{e^t}$ となる。

以上より，$\boldsymbol{r}(t)$ を極座標表示すると，

$\boldsymbol{r}(t)=[r,\ \theta]=\left[\sqrt{e^{2t}+t^2},\ \tan^{-1}\dfrac{t}{e^t}\right]$ と表せるんだね。大丈夫？

● 3次元運動にもチャレンジしよう！

それでは，いよいよ3次元運動についても解説しよう。エッ！難しそうだって？大丈夫！数学的には，3次元ベクトルになって，2次元運動に比べて，z成分が1つ増えただけだからね。気を楽に勉強しよう！

xyz座標空間内を3次元運動する質点Pのイメージを図9に示す。これから，時刻$t = \cdots$，t_1，t_2，t_3，$\cdots$に対応して，点Pが時々刻々運動する様子が分かるだろう。

図9　3次元運動のイメージ

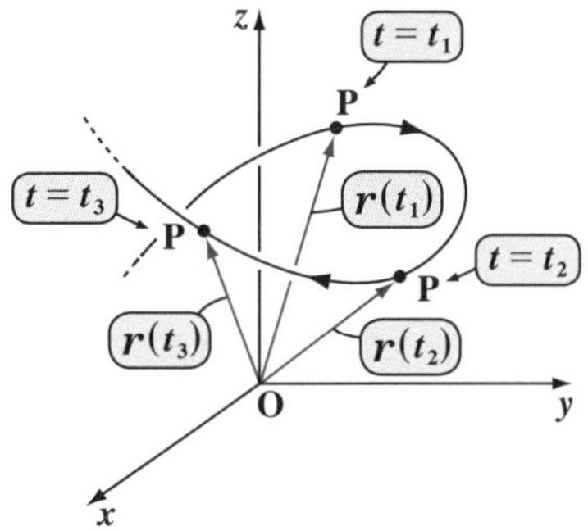

この動点Pの位置ベクトル$\boldsymbol{r}$は，3次元ベクトルのtの関数として当然，次のようになる。

$$\boldsymbol{r}(t) = [x(t),\ y(t),\ z(t)] = \begin{bmatrix} x(t) \\ y(t) \\ z(t) \end{bmatrix}$$

行ベクトル　　列ベクトル ← いずれで表しても構わない

そして，3次元運動の速度ベクトル$\boldsymbol{v}(t)$と加速度ベクトル$\boldsymbol{a}(t)$も，2次元運動のときと同様に，次のように定義されるんだね。

3次元運動の位置，速度，加速度

xyz座標空間内を運動する質点Pの時刻tにおける位置ベクトルを$\boldsymbol{r}(t) = [x(t),\ y(t),\ z(t)]$とおくと，時刻$t$における速度ベクトル$\boldsymbol{v}(t)$と加速度ベクトル$\boldsymbol{a}(t)$は次のようになる。

(i) 速度ベクトル $\boldsymbol{v}(t) = \dfrac{d\boldsymbol{r}}{dt} = \dot{\boldsymbol{r}} = [\dot{x},\ \dot{y},\ \dot{z}] = \left[\dfrac{dx}{dt},\ \dfrac{dy}{dt},\ \dfrac{dz}{dt}\right]$

(ii) 加速度ベクトル $\boldsymbol{a}(t) = \dfrac{d\boldsymbol{v}}{dt} = \ddot{\boldsymbol{r}}$

$$= [\ddot{x},\ \ddot{y},\ \ddot{z}] = \left[\frac{d^2x}{dt^2},\ \frac{d^2y}{dt^2},\ \frac{d^2z}{dt^2}\right]$$

そして，速度 $\boldsymbol{v}(t)=[\dot{x},\ \dot{y},\ \dot{z}]$ から，速さ $v(t)$ は，

$v(t)=\|\boldsymbol{v}(t)\|=\sqrt{\dot{x}^2+\dot{y}^2+\dot{z}^2}$ で求められるし，また，

加速度 $\boldsymbol{a}(t)=[\ddot{x},\ \ddot{y},\ \ddot{z}]$ の大きさ $a(t)$ は，

$a(t)=\|\boldsymbol{a}(t)\|=\sqrt{\ddot{x}^2+\ddot{y}^2+\ddot{z}^2}$ で計算できるんだね。

つまり，2次元運動と比較して，z 成分が増えるだけ計算はメンドウになるんだけれど，本質的な計算法はほとんど同じなんだ。安心した？

では，次の例題で3次元運動の速度や加速度を求めてみよう。

> 例題13　次の3次元の各位置ベクトル $\boldsymbol{r}(t)$ で表される質点Pの運動の速度 $\boldsymbol{v}(t)$ と加速度 $\boldsymbol{a}(t)$ を求めよう。(ただし，$t \geqq 0$)
>
> (1) $\boldsymbol{r}(t)=[t,\ 1-t,\ t^2]$　　(2) $\boldsymbol{r}(t)=[2\cos\pi t,\ 2\sin\pi t,\ 3t]$

(1) $\boldsymbol{r}(t)=[x(t),\ y(t),\ z(t)]=[t,\ 1-t,\ t^2]$ を時刻 t で順に2回微分して，速度 $\boldsymbol{v}(t)$ と加速度 $\boldsymbol{a}(t)$ を求めると，

速度 $\boldsymbol{v}(t)=[\dot{x},\ \dot{y},\ \dot{z}]=[t',\ (1-t)',\ (t^2)']=[1,\ -1,\ 2t]$ となり，

加速度 $\boldsymbol{a}(t)=[\ddot{x},\ \ddot{y},\ \ddot{z}]=[1',\ (-1)',\ (2t)']=[0,\ 0,\ 2]$ となる。

> これから，速さ $v(t)=\|\boldsymbol{v}(t)\|=\sqrt{1^2+(-1)^2+(2t)^2}=\sqrt{4t^2+2}$ と，
> 加速度の大きさ $a(t)=\|\boldsymbol{a}(t)\|=\sqrt{0^2+0^2+2^2}=2$ も求められる。

ここで，$\boldsymbol{v}(t)=[v_x,\ v_y,\ v_z]$，$\boldsymbol{a}(t)=[a_x,\ a_y,\ a_z]$ とおくと，動点Pは，$v_x=1$ (一定)，$v_y=-1$ (一定) より，x 軸方向と y 軸方向には等速度運動をし，$a_z=2$ より，z 軸方向には，等加速度運動していることが分かるんだね。

動点Pの軌跡を右図に示す。

また，速度 $\boldsymbol{v}(t)$ は $t=0,\ 1,\ 2$ のときを調べると，

$\boldsymbol{v}(0)=[1,\ -1,\ 0]$

$\boldsymbol{v}(1)=[1,\ -1,\ 2]$

$\boldsymbol{v}(2)=[1,\ -1,\ 4]$ となるので，

これらも右図に示した。

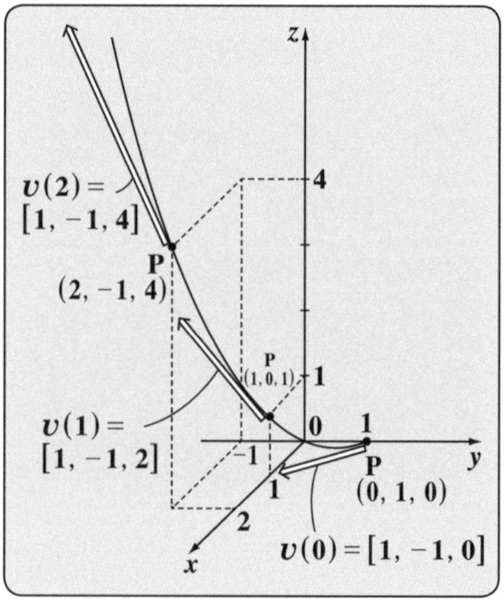

(2) $\boldsymbol{r}(t)=[x(t),\ y(t),\ z(t)]=[\underbrace{2}_{A}\cos\underbrace{\pi}_{\omega}t,\ \underbrace{2}_{A}\sin\underbrace{\pi}_{\omega}t,\ 3t]$ を時刻 t で順に2回微分すると，

$$\begin{cases}\text{速度 } \boldsymbol{v}(t)=[\dot{x},\ \dot{y},\ \dot{z}]=[(2\cos\pi t)',\ (2\sin\pi t)',\ (3t)'] \\ \qquad =[-2\pi\sin\pi t,\ 2\pi\cos\pi t,\ 3] \text{ と，} \\ \text{加速度 } \boldsymbol{a}(t)=[\ddot{x},\ \ddot{y},\ \ddot{z}]=[(-2\pi\sin\pi t)',\ (2\pi\cos\pi t)',\ 3'] \\ \qquad =[-2\pi^2\cos\pi t,\ -2\pi^2\sin\pi t,\ 0] \text{ が求まるんだね。}\end{cases}$$

これらは，"**円柱**(えんちゅう)**らせん**"と呼ばれる曲線で，たとえば，$0 \leqq \pi t \leqq 2\pi$，すなわち，$0 \leqq t \leqq 2$ の範囲で t が変化するとき，点 P は，

$\begin{cases} x = 2\cos\pi t \\ y = 2\sin\pi t \end{cases}$ によって，半径 2 の円を描きながら，$z=3t$ により，z 軸の正の向きに $z=6$ まで，らせん階段のように巻き上がっていくことになるんだね。

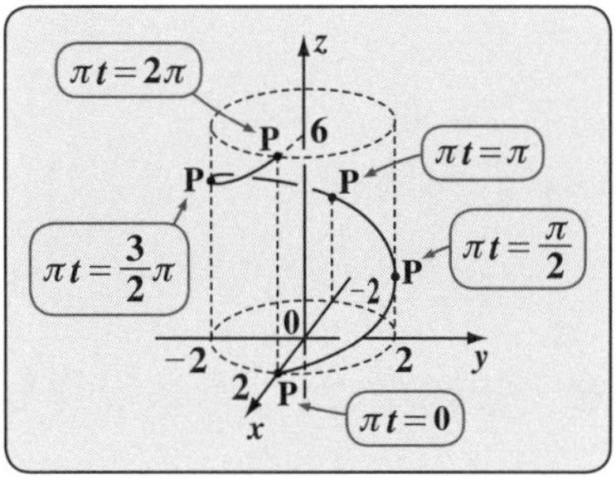

その様子を右図に示した。

加速度 $\boldsymbol{a}(t)$ の大きさ（ノルム）$a(t)$ は，

$$a(t)=\|\boldsymbol{a}(t)\|=\sqrt{(-2\pi^2\cos\pi t)^2+(-2\pi^2\sin\pi t)^2+0^2}$$

$$=\sqrt{4\pi^4\underbrace{(\cos^2\pi t+\sin^2\pi t)}_{1}}=2\pi^2$$ となって，$A\omega^2=2\cdot\pi^2$ と等しいことが分かるんだね。$\boldsymbol{a}(t)=-2\pi^2[\cos\pi t,\ \sin\pi t,\ 0]$ となるので，これは常に円柱の中心軸に向かっていることも分かるんだね。

今回は，例題で十分に練習したので，演習問題は特に設けない。
例題を繰り返し解いて，よく反復練習しよう！

§2. 加速度の応用

前回の講義で，**2**次元または**3**次元の運動で，速度$\boldsymbol{v}(t)$の向きは常に質点**P**の描く曲線の接線方向と一致することを解説した。しかし，加速度$\boldsymbol{a}(t)$は接線方向だけでなく，これと直交する主法線(しゅほうせん)方向にも成分をもつんだね。加速度は，この後に解説するように力と密接に関係しているので，ここで"**曲率半径**(きょくりつはんけい)"も含めて，加速度をより詳しく調べてみることにしよう。

さらに，**2**次元運動で，その位置ベクトル$\boldsymbol{r}(t)$が極座標表示されている場合，その速度$\boldsymbol{v}(t)$と加速度$\boldsymbol{a}(t)$がrとθでどのように表されるかについても解説しよう。その際に，回転の**1**次変換の行列$\boldsymbol{R}(\theta)$が重要な役割を演じることになるんだね。

大学の力学を学ぶ上で，最初に頭を悩ますテーマだけれど，実践的に分かりやすく教えるつもりだ。

● 加速度$\boldsymbol{a}(t)$をより詳しく調べよう！

2次元運動を拡張したものが**3**次元運動なので，これを理解すれば**2**次元運動も同様に分かる。よって，ここでは質点**P**の$\boldsymbol{r}(t)=[x(t),\ y(t),\ z(t)]$による**3**次元運動の速度$\boldsymbol{v}(t)$と加速度$\boldsymbol{a}(t)$について深めてみることにしよう。

速度 $\boldsymbol{v}(t)=\dfrac{d\boldsymbol{r}}{dt}=\dot{\boldsymbol{r}}=[\dot{x},\ \dot{y},\ \dot{z}]=\left[\dfrac{dx}{dt},\ \dfrac{dy}{dt},\ \dfrac{dz}{dt}\right]/\!/\,[dx,\ dy,\ dz]$

より，速度ベクトル$\boldsymbol{v}(t)$の向きは，常に点**P**の描く曲線上の点における接線方向と一致する。よって，この$\boldsymbol{v}$を速さ$v=\|\boldsymbol{v}\|=\sqrt{\dot{x}^2+\dot{y}^2+\dot{z}^2}$で割って，大きさ(ノルム)**1**の単位ベクトルにしたものを"**単位接線ベクトル**"$\boldsymbol{t}$とおくと，

図1 速度 $\boldsymbol{v}=v\boldsymbol{t}$

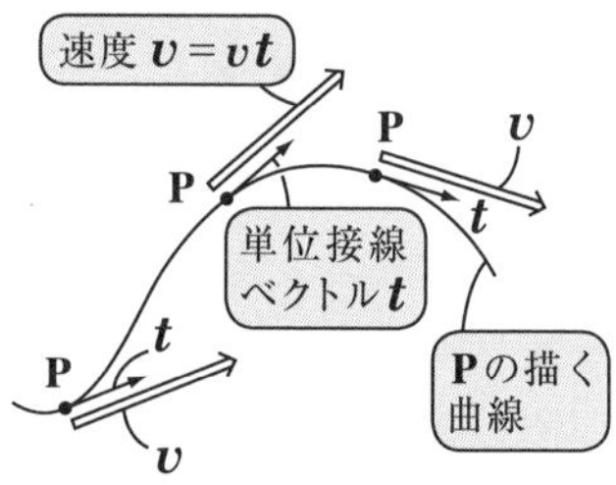

$\boldsymbol{t}=\dfrac{\boldsymbol{v}}{v}$ ……① となる。

($\boldsymbol{v}$を自分自身の大きさvで割ったので，当然これは接線方向の単位ベクトルになる。)

よって，①より，$\boldsymbol{v}=v\boldsymbol{t}$ ……② と表せる。

この②を時刻 t で微分したものが加速度 $\boldsymbol{a}(t)$ になるんだね。このとき，図1に示すように，単位接線ベクトル $\boldsymbol{t}$ も時刻と共に向きが変化すること，つまり，$\boldsymbol{t}=\boldsymbol{t}(t)$ であることに注意して，微分すると，

$$\boldsymbol{a}(t)=\dot{\boldsymbol{v}}=(v\boldsymbol{t})'=\dot{v}\boldsymbol{t}+v\dot{\boldsymbol{t}}=\frac{dv}{dt}\boldsymbol{t}+\underline{v\dot{\boldsymbol{t}}} \quad \cdots\cdots③$$

公式：
$(fg)'=f'\cdot g+f\cdot g'$ を用いた。

この③式で $\dot{\boldsymbol{t}}$ がどうなるかがポイントになる。まず，$\dot{\boldsymbol{t}}\perp\boldsymbol{t}$ (垂直) となることを示そう。$\boldsymbol{t}$ は単位ベクトルより，$\|\boldsymbol{t}\|=1$ より，

$\|\boldsymbol{t}\|^2=1$，すなわち $\boldsymbol{t}\cdot\boldsymbol{t}=1$ ……④ となる。④の両辺を t で微分すると，

$$(\boldsymbol{t}\cdot\boldsymbol{t})'=\underbrace{1'}_{0} \qquad \dot{\boldsymbol{t}}\cdot\boldsymbol{t}+\underbrace{\boldsymbol{t}\cdot\dot{\boldsymbol{t}}}_{\dot{\boldsymbol{t}}\cdot\boldsymbol{t}\ (\text{交換法則})}=0$$

$\boldsymbol{a}$ と $\boldsymbol{b}$ の内積の微分は，
$(\boldsymbol{a}\cdot\boldsymbol{b})'=\boldsymbol{a}'\cdot\boldsymbol{b}+\boldsymbol{a}\cdot\boldsymbol{b}'$ が成り立つ。
これは，$(fg)'=f'\cdot g+f\cdot g'$ と同様だ。

よって，$2\dot{\boldsymbol{t}}\cdot\boldsymbol{t}=0 \quad \therefore \dot{\boldsymbol{t}}\cdot\boldsymbol{t}=0$ となるので，

$\dot{\boldsymbol{t}}\perp\boldsymbol{t}$ (垂直) となる。よって，$\dot{\boldsymbol{t}}$ は $\boldsymbol{t}$ と直交するベクトルなので，$\boldsymbol{t}$ と直交する単位ベクトル，すなわち**単位主法線ベクトル $\boldsymbol{n}$** を用いて，

$\dot{\boldsymbol{t}}=k\boldsymbol{n}$ ……⑤ (k：定数) とおける。

図2 曲率半径 R

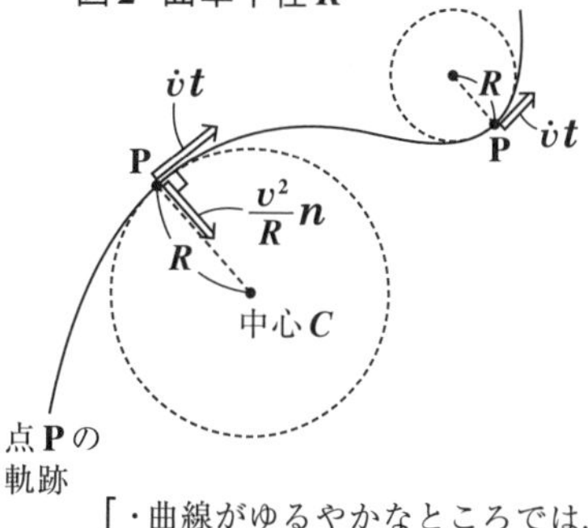

・曲線がゆるやかなところでは，R は大きく
・曲線が急に曲がるところでは，R は小さくなる。

では，⑤の係数 k はどうなるのか？図2の動点Pの描く軌跡を考えると，この曲線上の各点Pは，それぞれにおいてある中心 C，半径 R の円周上の点と考えることができる。この半径 R のことを "**曲率半径**(きょくりつはんけい)" という。そして，Pが円を描くときには必ず中心 C に向かって大きさ $\frac{v^2}{R}$ の加速度が働くんだね。これから⑤の係数 k は $k=\frac{v}{R}$ であることが分かるんだね。何故なら，$\dot{\boldsymbol{t}}=\frac{v}{R}\boldsymbol{n}$ ……⑤′ を③に代入すると，$\boldsymbol{a}(t)=\frac{dv}{dt}\boldsymbol{t}+\underline{\frac{v^2}{R}\boldsymbol{n}}$ ……③′ となるからなんだね。

以上の解説はかなり直感的なものなので，より厳密に学びたい方は次のステップとして，『**力学 キャンパス・ゼミ**』で学習されることを勧める。

以上の結果をまとめると次のようになる。

速度，加速度の $\boldsymbol{t}$ と $\boldsymbol{n}$ による表現

質点 **P** が位置ベクトル $\boldsymbol{r}(t)$ に従って運動するとき，この速度 $\boldsymbol{v}(t)$ と加速度 $\boldsymbol{a}(t)$ は，単位接線ベクトル $\boldsymbol{t}$ と単位主法線ベクトル $\boldsymbol{n}$ を使って，次のように表せる。

(i) 速度ベクトル $\boldsymbol{v}(t)=v\boldsymbol{t}$ ……………………(*1)

(ii) 加速度ベクトル $\boldsymbol{a}(t)=\dfrac{dv}{dt}\boldsymbol{t}+\dfrac{v^2}{R}\boldsymbol{n}$ ……(*2)

(ただし，$v=\|\boldsymbol{v}\|$：速さ，R：曲率半径)

加速度 $\boldsymbol{a}(t)$ とは，速度 $\boldsymbol{v}(t)$ の変化率のことなので，(*2) を車の運転にたとえて次のように解釈しておくと，忘れないと思う。

(i) $\dfrac{dv}{dt}$ は，接線方向の加速度成分

だから，アクセルを踏むことが $\dfrac{dv}{dt}>0$ に，ブレーキを踏むことが $\dfrac{dv}{dt}<0$ に対応する。つまり，これで速度の大きさを変えるんだね。そして，

(ii) $\dfrac{v^2}{R}$ は，主法線方向の加速度成分だから，車のハンドルを切って，

速度の向きを変えることを表しているんだね。納得いった？

この $\dfrac{v^2}{R}$ は，**P44** で示した等速円運動の加速度の大きさ $\dfrac{v^2}{A}$ と本質的に同じことだから，覚えやすいはずだ。

それでは，次の例題で練習しておこう。

例題 **14** 位置ベクトル $\boldsymbol{r}(t)=[2t,\ 1-t^2]$ で表される質点 **P** の運動の時刻 t における速さ v と曲率半径 R を求めよう。

これは，**2** 次元運動の問題だけれど，上記の公式 (*1)，(*2) は，z 成分を除けば同様に成り立つんだね。

まず，$\boldsymbol{r}(t) = [2t,\ 1-t^2]$ を t で順に2回微分して，

$$\begin{cases} \boldsymbol{v}(t) = \dot{\boldsymbol{r}}(t) = [\dot{x},\ \dot{y}] = [(2t)',\ (1-t^2)'] = [2,\ -2t] \cdots\cdots ① \\ \boldsymbol{a}(t) = \ddot{\boldsymbol{r}}(t) = [\ddot{x},\ \ddot{y}] = [2',\ (-2t)'] = [0,\ -2] \cdots\cdots ② \end{cases}$$

①と，②が求まる。

ここで，求める速さ $v(t)$ は，

$$v(t) = \|\boldsymbol{v}(t)\| = \sqrt{2^2+(-2t)^2} = \sqrt{4(1+t^2)} = 2\sqrt{1+t^2} \cdots\cdots ③$$ となる。

さらに，③を t で微分すると，

$$\frac{dv}{dt} = \left\{2(1+t^2)^{\frac{1}{2}}\right\}' = \cancel{2}\cdot\frac{1}{\cancel{2}}(1+t^2)^{-\frac{1}{2}}\cdot 2t = \frac{2t}{\sqrt{1+t^2}} \cdots\cdots ④$$

合成関数の微分：$1+t^2=u$ とおくと，
$\dfrac{d\left(2u^{\frac{1}{2}}\right)}{dt} = \dfrac{d\left(2u^{\frac{1}{2}}\right)}{du}\cdot\dfrac{du}{dt} = 2\cdot\dfrac{1}{2}u^{-\frac{1}{2}}\cdot 2t$ となる。

また，加速度 $\boldsymbol{a}(t)$ の大きさ $a(t)$ も求めると，

$$a(t) = \|\boldsymbol{a}(t)\| = \sqrt{0+(-2)^2} = \sqrt{4} = 2 \cdots\cdots ⑤$$ となる。

ここで，動点Pの描く曲線の曲率半径を R とおくと，公式 $(*2)$ より，

$$\boldsymbol{a}(t) = \frac{dv}{dt}\boldsymbol{t} + \frac{v^2}{R}\boldsymbol{n} \cdots\cdots ⑥$$

← このノルムの2乗をとって，R の式が求められる！

⑥の両辺の大きさ（ノルム）の2乗を求めると，

$$\underbrace{\|\boldsymbol{a}(t)\|^2}_{2^2\ (⑤より)} = \left\|\frac{dv}{dt}\boldsymbol{t} + \frac{v^2}{R}\boldsymbol{n}\right\|^2$$

$$= \left(\frac{dv}{dt}\right)^2\underbrace{\|\boldsymbol{t}\|^2}_{1^2} + \cancel{2\frac{dv}{dt}\cdot\frac{v^2}{R}}\underbrace{\boldsymbol{t}\cdot\boldsymbol{n}}_{0\ (\because\ \boldsymbol{t}\perp\boldsymbol{n})} + \frac{v^4}{R^2}\underbrace{\|\boldsymbol{n}\|^2}_{1^2}$$

公式：$\|\boldsymbol{a}+\boldsymbol{b}\|^2 = \|\boldsymbol{a}\|^2 + 2\boldsymbol{a}\cdot\boldsymbol{b} + \|\boldsymbol{b}\|^2$

この公式は，$(a+b)^2 = a^2+2ab+b^2$ と同様だね。

$$4 = \underbrace{\left(\frac{dv}{dt}\right)^2}_{\left(\frac{2t}{\sqrt{1+t^2}}\right)^2\ (④より)} + \underbrace{\frac{v^4}{R^2}}_{\frac{(2\sqrt{1+t^2})^4}{R^2} = \frac{16(1+t^2)^2}{R^2}\ (③より)} \qquad 4 = \frac{4t^2}{1+t^2} + \frac{16(1+t^2)^2}{R^2}$$

$$\underbrace{4 - \frac{4t^2}{1+t^2}}_{\frac{4+\cancel{4t^2}-\cancel{4t^2}}{1+t^2}} = \frac{16(1+t^2)^2}{R^2} \qquad \frac{4}{1+t^2} = \frac{16(1+t^2)^2}{R^2} \qquad R^2 = 4(1+t^2)^3$$

$R>0$ より，$R^2=4(1+t^2)^3$ の両辺の正の平方根をとって，

$R=\sqrt{4(1+t^2)^3}=2(1+t^2)^{\frac{3}{2}}$ となって，答えだ！

フ～！疲れたって!? そうだね。かなり大変な計算だったからね。でも，焦ることはないから，何回でも練習して是非マスターしよう！

● 速度と加速度は極座標でも表せる！

では次，極座標だから当然 **2** 次元の運動になるけれど，極座標表示された位置ベクトル $\boldsymbol{r}(t)=[r(t),\ \theta(t)]$ に対して，この速度 $\boldsymbol{v}(t)$，加速度 $\boldsymbol{a}(t)$ も共に r と θ で表してみよう。

そのためには，**P25** で解説した回転の行列を利用する。復習しておこう！

$R(\theta)=\begin{bmatrix}\cos\theta & -\sin\theta\\ \sin\theta & \cos\theta\end{bmatrix}$，性質 (i) $R(\theta)^{-1}=R(-\theta)$，(ii) $R(\theta)^n=R(n\theta)$

1 次変換 $\begin{bmatrix}x'\\ y'\end{bmatrix}=R(\theta)\begin{bmatrix}x\\ y\end{bmatrix}$ により，点 $(x,\ y)$ を原点のまわりに θ だけ回転したものが点 $(x',\ y')$ になるんだね。

次に，“**自由**(じゆう)**ベクトル**”と“**束縛**(そくばく)**ベクトル**”についても解説しておこう。ベクトルとは“大きさ”と“向き”をもった量なので，一般には，この大きさと向きさえ同じならば，始点の位置が異なっても，同じベクトルとみなす。これを“**自由ベクトル**”という。これに対して，位置ベクトル $\boldsymbol{r}(t)$ は始点が原点でなければならないし，また，質点 **P** の速度ベクトル $\boldsymbol{v}(t)$ や加速度ベクトル $\boldsymbol{a}(t)$ の始点も，その物理的な意味から当然質点 **P** でなければならないね。このように，力学では始点の位置が束縛されているベクトルが多い。このようなベクトルを特に“**束縛**(そくばく)**ベクトル**”と呼ぶ。

もちろん，束縛ベクトルでも，その成分は始点を原点において求める。

次に，図 **3** に示すように，xy 座標上の動点 **P** の位置ベクトル $\boldsymbol{r}(t)$ を極座標で表す場合，**P** を原点として $\overrightarrow{\mathrm{OP}}$ の向きにとった軸を r 軸，それと直交する向きに θ 軸をとると，$r\theta$ 座標系ができるんだね。

図3　xy 座標と $r\theta$ 座標

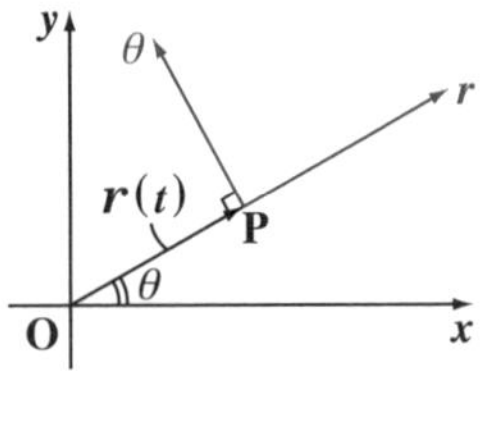

ここで，図4(i)に示すように，位置ベクトル $\boldsymbol{r}(t)$ で表される質点 P の速度 $\boldsymbol{v}(t)$ を r と θ で表示してみよう。図4(i)で，点 P を原点とする $r\theta$ 座標をとると，速度 $\boldsymbol{v}(t)$ は，r 成分 v_r と θ 成分 v_θ により，$\boldsymbol{v}=[v_r,\ v_\theta]$ ……⓪ と表せる。

では次に，$\boldsymbol{v}=[v_x,\ v_y]$ とこの⓪との関係を調べてみよう。図4(ii)に示すように，xy 座標系も P を原点とするように平行移動すると，その成分表示として，$\boldsymbol{v}=[v_x,\ v_y]$ が得られるんだね。ここで，図4(iii)に示すように，$r\theta$ 座標を逆に $-\theta$ だけ回転して，xy 座標と一致させて考えると，$[v_r,\ v_\theta]$ を原点 O(点 P)のまわりに θ だけ回転したものが $[v_x,\ v_y]$ となることが分かるだろう。これから，

$$\begin{bmatrix}v_x\\v_y\end{bmatrix}=R(\theta)\begin{bmatrix}v_r\\v_\theta\end{bmatrix}$$

$$\therefore \begin{bmatrix}v_x\\v_y\end{bmatrix}=\begin{bmatrix}\cos\theta & -\sin\theta\\\sin\theta & \cos\theta\end{bmatrix}\begin{bmatrix}v_r\\v_\theta\end{bmatrix} \quad ……①$$

が導かれるんだね。

図4 $v(t)$ の r と θ による表示

(i)

$\begin{pmatrix}r\text{方向と}\theta\text{方向は共に，}r\text{と}\theta\\ \text{が増加する向きにとる。}\end{pmatrix}$

(ii)
(iii)

$\begin{pmatrix}r\text{軸，}\theta\text{軸を}-\theta\text{だけ回転すると，}\\ [v_x,\ v_y]\text{は，}[v_r,\ v_\theta]\text{を}\theta\text{だけ回転}\\ \text{したものであることが分かる。}\end{pmatrix}$

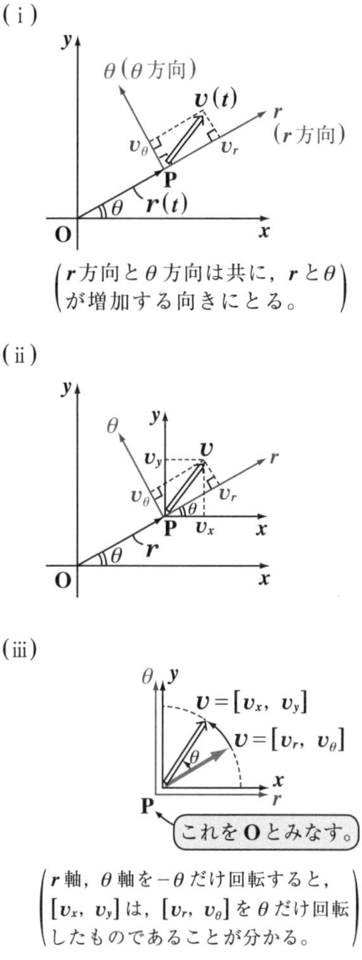

ここで，$[x,\ y]$ と $[r,\ \theta]$ の変換公式：$\begin{cases}x=r\cos\theta\\y=r\sin\theta\end{cases}$ と $\boldsymbol{v}=\begin{bmatrix}v_x\\v_y\end{bmatrix}=\begin{bmatrix}\dot{x}\\\dot{y}\end{bmatrix}$ を，組み合わせて，①の形にもち込むことにより，v_r と v_θ を求めることができるんだね。早速やってみよう。

ここで，$[x, y]$ と $[r, \theta]$ の変換公式は，

$$\begin{bmatrix} v_x \\ v_y \end{bmatrix} = \begin{bmatrix} \cos\theta & -\sin\theta \\ \sin\theta & \cos\theta \end{bmatrix} \begin{bmatrix} v_r \\ v_\theta \end{bmatrix} \cdots\cdots ①$$

$$\begin{cases} x = r\cos\theta \\ y = r\sin\theta \end{cases} \cdots\cdots ②$$ より，

（x, y, r, θ はすべて時刻 t の関数だ！）

②の両辺を t で微分すると，

$$\begin{cases} \dot{x} = \dot{r}\cos\theta + r(\cos\theta)' = \dot{r}\cos\theta + r\cdot\dot{\theta}(-\sin\theta) \\ \dot{y} = \dot{r}\sin\theta + r(\sin\theta)' = \dot{r}\sin\theta + r\cdot\dot{\theta}\cos\theta \end{cases}$$

（$\dot{x}$：v_x のこと，$\dot{y}$：v_y のこと）

（$\dfrac{d(\cos\theta)}{dt} = \dfrac{d\theta}{dt}\cdot\dfrac{d(\cos\theta)}{d\theta}$）

（$\dfrac{d(\sin\theta)}{dt} = \dfrac{d\theta}{dt}\cdot\dfrac{d(\sin\theta)}{d\theta}$）

よって，

$$\begin{cases} v_x = \dot{x} = \dot{r}\cos\theta - r\dot{\theta}\sin\theta \\ v_y = \dot{y} = \dot{r}\sin\theta + r\dot{\theta}\cos\theta \end{cases} \cdots\cdots ③$$ より，これを行列やベクトルの形で表すと，

$$\begin{bmatrix} v_x \\ v_y \end{bmatrix} = \begin{bmatrix} \dot{r}\cos\theta - r\dot{\theta}\sin\theta \\ \dot{r}\sin\theta + r\dot{\theta}\cos\theta \end{bmatrix} = \begin{bmatrix} \cos\theta & -\sin\theta \\ \sin\theta & \cos\theta \end{bmatrix} \begin{bmatrix} \dot{r} \\ r\dot{\theta} \end{bmatrix} \cdots\cdots ④$$

（$\dot{r}$：v_r のこと，$r\dot{\theta}$：v_θ のこと）（これで，①の形が完成した！）

$R^{-1}(\theta)$ が存在するので，④と①を比較して，速度 $\boldsymbol{v}(t)$ は r と θ により，$\boldsymbol{v}(t) = [v_r, v_\theta] = [\dot{r}, r\dot{\theta}]$ と表されることが分かったんだね。大丈夫？

それでは次に，計算もその結果も少し複雑になるんだけれど，頑張って加速度ベクトル $\boldsymbol{a}(t)$ も r と θ で表してみよう。質点Pの加速度 $\boldsymbol{a}(t)$ の xy 座標表示を $\boldsymbol{a} = [a_x, a_y]$，$r\theta$ 座標表示を $\boldsymbol{a} = [a_r, a_\theta]$ とおくと，速度 $\boldsymbol{v}(t)$ のときとまったく同じ考え方で，

$$\begin{bmatrix} a_x \\ a_y \end{bmatrix} = R(\theta)\begin{bmatrix} a_r \\ a_\theta \end{bmatrix} = \begin{bmatrix} \cos\theta & -\sin\theta \\ \sin\theta & \cos\theta \end{bmatrix} \begin{bmatrix} a_r \\ a_\theta \end{bmatrix} \cdots\cdots ⑤$$

が成り立つことが分かるはずだ。

（図4(ⅰ)(ⅱ)(ⅲ)(P57)の $\boldsymbol{v}$ をすべて $\boldsymbol{a}$ で置き換えて考えてみるといいよ。）

それでは，③の両辺をさらに時刻 t で微分してみよう。

$$a_x = \ddot{x} = (\dot{r}\cos\theta)' - (r\dot{\theta}\sin\theta)'$$

（$(fgh)' = f'gh + fg'h + fgh'$）

$$= \ddot{r}\cos\theta + \dot{r}\dot{\theta}(-\sin\theta) - (\dot{r}\dot{\theta}\sin\theta + r\ddot{\theta}\sin\theta + r\dot{\theta}\cdot\dot{\theta}\cos\theta)$$

$$= (\ddot{r} - r\dot{\theta}^2)\cos\theta - (2\dot{r}\dot{\theta} + r\ddot{\theta})\sin\theta$$ ←（$\cos\theta$ と $\sin\theta$ でまとめる。）

$$a_y=\ddot{y}=(\dot{r}\sin\theta)'+(r\dot{\theta}\cos\theta)'$$
$$=\ddot{r}\sin\theta+\dot{r}\dot{\theta}\cos\theta+\{\dot{r}\dot{\theta}\cos\theta+r\ddot{\theta}\cos\theta+r\dot{\theta}\cdot\dot{\theta}(-\sin\theta)\}$$
$$=(\ddot{r}-r\dot{\theta}^2)\sin\theta+(2\dot{r}\dot{\theta}+r\ddot{\theta})\cos\theta$$ ← $\sin\theta$ と $\cos\theta$ でまとめる。

よって,

$$\begin{cases} a_x=\ddot{x}=(\ddot{r}-r\dot{\theta}^2)\cos\theta-(2\dot{r}\dot{\theta}+r\ddot{\theta})\sin\theta \\ a_y=\ddot{y}=(\ddot{r}-r\dot{\theta}^2)\sin\theta+(2\dot{r}\dot{\theta}+r\ddot{\theta})\cos\theta \end{cases}$$ より,

$$\begin{bmatrix} a_x \\ a_y \end{bmatrix}=\begin{bmatrix} (\ddot{r}-r\dot{\theta}^2)\cos\theta-(2\dot{r}\dot{\theta}+r\ddot{\theta})\sin\theta \\ (\ddot{r}-r\dot{\theta}^2)\sin\theta+(2\dot{r}\dot{\theta}+r\ddot{\theta})\cos\theta \end{bmatrix}$$

$$=\begin{bmatrix} \cos\theta & -\sin\theta \\ \sin\theta & \cos\theta \end{bmatrix}\begin{bmatrix} \ddot{r}-r\dot{\theta}^2 \\ 2\dot{r}\dot{\theta}+r\ddot{\theta} \end{bmatrix} \quad \cdots\cdots⑥$$

($\ddot{r}-r\dot{\theta}^2$: a_r のこと, $2\dot{r}\dot{\theta}+r\ddot{\theta}$: a_θ のこと)

$R^{-1}(\theta)$ が存在するので, ⑥と⑤を比較して, 加速度 $\boldsymbol{a}(t)$ は r と θ により,
$\boldsymbol{a}(t)=[a_r,\ a_\theta]=[\ddot{r}-r\dot{\theta}^2,\ 2\dot{r}\dot{\theta}+r\ddot{\theta}]$ と表されることも分かったんだね。
フ〜! 疲れたって? 結構大変な計算だったからね。

それでは, これまでの結果をまとめて下に示しておこう。

$\boldsymbol{v}(t)$ と $\boldsymbol{a}(t)$ の r と θ による表現

質点 P が, 極座標表示された位置ベクトル $\boldsymbol{r}(t)=[r(t),\ \theta(t)]$ に従って運動するとき, この速度 $\boldsymbol{v}(t)$ と加速度 $\boldsymbol{a}(t)$ は r と θ により次のように表せる。

(i) 速度ベクトル　$\boldsymbol{v}(t)=[v_r,\ v_\theta]=[\dot{r},\ r\dot{\theta}]$

(ii) 加速度ベクトル $\boldsymbol{a}(t)=[a_r,\ a_\theta]=[\ddot{r}-r\dot{\theta}^2,\ 2\dot{r}\dot{\theta}+r\ddot{\theta}]$

例題として, $\boldsymbol{r}(t)=[r,\ \theta]=[5,\ \pi t]$ のとき, ← これは, $\boldsymbol{r}(t)=[x,\ y]=[5\cos\pi t,\ 5\sin\pi t]$ つまり, 等速円運動のことだね。(例題 12(2) (P48))

$$\boldsymbol{v}(t)=[\dot{r},\ r\dot{\theta}]=[5',\ 5\cdot(\pi t)']$$
$$=[0,\ 5\pi]$$ となり,

$$\boldsymbol{a}(t)=[\ddot{r}-r\dot{\theta}^2,\ 2\dot{r}\dot{\theta}+r\ddot{\theta}]=[\underbrace{5''}_{0}-5\cdot\underbrace{\{(\pi t)'\}^2}_{\pi^2},\ 2\cdot\underbrace{5'}_{0}\cdot\underbrace{(\pi t)'}_{\pi}+5\cdot\underbrace{(\pi t)''}_{0}]$$

$$=[-5\pi^2,\ 0]$$ となる。$\boldsymbol{v}(t)$ は接線方向の, $\boldsymbol{a}(t)$ は中心に向かうベクトルになっている。

演習問題 4　● 加速度の応用と曲率半径 ●

位置ベクトル $\boldsymbol{r}(t)=[2\cos t,\ 2\sin t,\ 3t]$ で表される質点 $\mathbf{P}$ の運動の時刻 t における曲率半径 $R\ (>0)$ を次の公式を使って求めよ。

$\boldsymbol{a}(t)=\dot{v}\boldsymbol{t}+\dfrac{v^2}{R}\boldsymbol{n}$ ……(＊)（$\boldsymbol{t}$：単位接線ベクトル，$\boldsymbol{n}$：単位主法線ベクトル）

ヒント！ $\boldsymbol{a}$ と $\dot{v}$ と v^2 を求めて，(＊)の両辺のノルム(大きさ)を2乗して，$\|\boldsymbol{a}\|^2=\left\|\dot{v}\boldsymbol{t}+\dfrac{v^2}{R}\boldsymbol{n}\right\|^2$ から，曲率半径 R を求めよう。

解答＆解説

$\boldsymbol{r}(t)=[2\cos t,\ 2\sin t,\ 3t]$ を t で順に2回微分して，速度 $\boldsymbol{v}(t)$ と加速度 $\boldsymbol{a}(t)$ を求めると，

$$\begin{cases}\boldsymbol{v}(t)=\dot{\boldsymbol{r}}(t)=[(2\cos t)',\ (2\sin t)',\ (3t)']=[-2\sin t,\ 2\cos t,\ 3] & \cdots\cdots①\\ \boldsymbol{a}(t)=\ddot{\boldsymbol{r}}(t)=[(-2\sin t)',\ (2\cos t)',\ 3']=[-2\cos t,\ -2\sin t,\ 0] & \cdots\cdots②\end{cases}$$

となる。よって，速さ $v(t)$ と加速度の大きさ $a(t)$ は，

$$v(t)=\|\boldsymbol{v}(t)\|=\sqrt{(-2\sin t)^2+(2\cos t)^2+3^2}=\sqrt{4(\underbrace{\sin^2 t+\cos^2 t}_{1})+9}$$

$\therefore v(t)=\sqrt{13}$（定数）……③　よって，$\dot{v}(t)=0$ ……④ となる。

$$a(t)=\|\boldsymbol{a}(t)\|=\sqrt{(-2\cos t)^2+(-2\sin t)^2+0^2}=\sqrt{4(\underbrace{\cos^2 t+\sin^2 t}_{1})}=2\ \cdots\cdots⑤$$

次に，(＊)の両辺のノルム(大きさ)を2乗すると，

$$\underbrace{\|\boldsymbol{a}(t)\|^2}_{a^2=4\ (⑤より)}=\left\|\dot{v}\boldsymbol{t}+\frac{v^2}{R}\boldsymbol{n}\right\|^2=\dot{v}^2\underbrace{\|\boldsymbol{t}\|^2}_{1^2}+\cancel{2\dot{v}\cdot\frac{v^2}{R}\underbrace{\boldsymbol{t}\cdot\boldsymbol{n}}_{0\ (\because \boldsymbol{t}\perp\boldsymbol{n})}}+\frac{v^4}{R^2}\underbrace{\|\boldsymbol{n}\|^2}_{1^2}$$

$$4=\underbrace{\cancel{\dot{v}^2}}_{0^2\ (④より)}+\frac{v^4}{R^2}\qquad 4=\frac{13^2}{R^2}\ (③より)\qquad \therefore R^2=\frac{13^2}{4}=\left(\frac{13}{2}\right)^2$$

ここで，曲率半径 R は正より，$R=\dfrac{13}{2}$ である。……………………………(答)

演習問題 5 ● $\boldsymbol{v}(t)$と$\boldsymbol{a}(t)$の極座標表示 ●

xy座標系で運動する質点Pの位置ベクトル $\boldsymbol{r}(t)=[e^t\cos t,\ e^t\sin t]$ を極座標で表示し，この速度$\boldsymbol{v}(t)$と加速度$\boldsymbol{a}(t)$を，次の公式を用いて，極座標で表せ。

$\boldsymbol{v}(t)=[\dot{r},\ r\dot{\theta}]$ ……(*1)　　$\boldsymbol{a}(t)=[\ddot{r}-r\dot{\theta}^2,\ 2\dot{r}\dot{\theta}+r\ddot{\theta}]$ ……(*2)

ヒント！ 変換公式：$r=\sqrt{x^2+y^2}$，$\theta=\tan^{-1}\dfrac{y}{x}$を用いて，$\boldsymbol{r}(t)=[r,\ \theta]$で表し，公式(*1)と(*2)を用いて，$\boldsymbol{v}(t)$と$\boldsymbol{a}(t)$を極座標で表そう。

解答＆解説

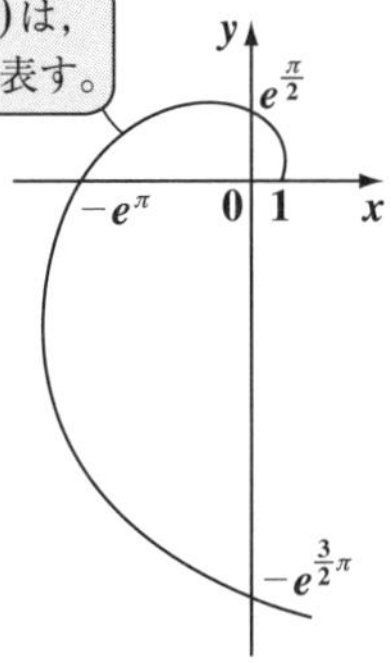

$\boldsymbol{r}(t)=[x,\ y]=[e^t\cos t,\ e^t\sin t]$ より，

xy座標→$r\theta$座標への変換公式を用いると，

・$r=\sqrt{x^2+y^2}=\sqrt{(e^t\cos t)^2+(e^t\sin t)^2}=\sqrt{e^{2t}(\underbrace{\cos^2 t+\sin^2 t}_{1})}$

$\therefore r=e^t$ ……①

・$\tan\theta=\dfrac{y}{x}=\dfrac{e^t\sin t}{e^t\cos t}=\tan t$ より，　$\therefore \theta=t$ ……②

よって，$\boldsymbol{r}(t)$を極座標表示すると①，②より，

$\boldsymbol{r}(t)=[r,\ \theta]=[e^t,\ t]$ ……③ となる。……(答)

③より，この速度$\boldsymbol{v}(t)$と加速度$\boldsymbol{a}(t)$も，公式(*1)，(*2)より極座標で表せる。

$\boldsymbol{v}(t)=[v_r,\ v_\theta]=[\dot{r},\ r\dot{\theta}]$

$=[\underbrace{(e^t)'}_{e^t},\ e^t\cdot\underbrace{(t)'}_{1}]=[e^t,\ e^t]$ となる。……(答)

$\boldsymbol{a}(t)=[a_r,\ a_\theta]=[\ddot{r}-r\dot{\theta}^2,\ 2\dot{r}\dot{\theta}+r\ddot{\theta}]$

$=[\underbrace{(e^t)''}_{e^t}-e^t\cdot\underbrace{(t')^2}_{1^2},\ 2\cdot\underbrace{(e^t)'}_{e^t}\cdot\underbrace{t'}_{1}+\cancel{e^t\cdot \underbrace{t''}_{0}}]$

$=[e^t-e^t,\ 2e^t]=[0,\ 2e^t]$ となる。……(答)

講義2 ●位置，速度，加速度　公式エッセンス

1. 1次元運動の位置，速度，加速度

x 軸上を運動する質点 P の時刻 t における位置を $x=x(t)$ とおくと，時刻 t における P の速度 $v(t)$ と加速度 $a(t)$ は，

(i) 速度 $v(t)=\dfrac{dx}{dt}=\dot{x}$　　(ii) 加速度 $a(t)=\dfrac{d^2x}{dt^2}=\ddot{x}$

2. 3次元運動の位置，速度，加速度（2次元運動も同様）

xyz 座標空間内を運動する質点 P の時刻 t における位置ベクトルを $\boldsymbol{r}(t)=[x(t),\ y(t),\ z(t)]$ とおくと，時刻 t における速度ベクトル $\boldsymbol{v}(t)$ と加速度ベクトル $\boldsymbol{a}(t)$ は，

(i) 速度ベクトル $\boldsymbol{v}(t)=\dfrac{d\boldsymbol{r}}{dt}=\dot{\boldsymbol{r}}=[\dot{x},\ \dot{y},\ \dot{z}]=\left[\dfrac{dx}{dt},\ \dfrac{dy}{dt},\ \dfrac{dz}{dt}\right]$

(ii) 加速度ベクトル $\boldsymbol{a}(t)=\dfrac{d\boldsymbol{v}}{dt}=\ddot{\boldsymbol{r}}$

$$=[\ddot{x},\ \ddot{y},\ \ddot{z}]=\left[\frac{d^2x}{dt^2},\ \frac{d^2y}{dt^2},\ \frac{d^2z}{dt^2}\right]$$

3. 速度，加速度の $\boldsymbol{t}$ と $\boldsymbol{n}$ による表現

xy 座標平面または xyz 座標空間内を，質点 P が位置ベクトル $\boldsymbol{r}(t)$ に従って運動するとき，この速度 $\boldsymbol{v}(t)$ と加速度 $\boldsymbol{a}(t)$ は，単位接線ベクトル $\boldsymbol{t}$ と単位主法線ベクトル $\boldsymbol{n}$ を使って，次のように表せる。

(i) 速度ベクトル $\boldsymbol{v}(t)=v\boldsymbol{t}$

(ii) 加速度ベクトル $\boldsymbol{a}(t)=\dfrac{dv}{dt}\boldsymbol{t}+\dfrac{v^2}{R}\boldsymbol{n}$　($v=\|\boldsymbol{v}\|$：速さ，R：曲率半径)

4. $\boldsymbol{v}(t)$ と $\boldsymbol{a}(t)$ の r と θ（極座標）による表現

xy 座標平面上を，質点 P が，極座標表示された位置ベクトル $\boldsymbol{r}(t)=[r(t),\ \theta(t)]$ に従って運動するとき，この速度 $\boldsymbol{v}(t)$ と加速度 $\boldsymbol{a}(t)$ は r と θ により次のように表せる。

(i) 速度ベクトル　$\boldsymbol{v}(t)=[v_r,\ v_\theta]=[\dot{r},\ r\dot{\theta}]$

(ii) 加速度ベクトル $\boldsymbol{a}(t)=[a_r,\ a_\theta]=[\ddot{r}-r\dot{\theta}^2,\ 2\dot{r}\dot{\theta}+r\ddot{\theta}]$

講義 Lecture 3

運動の法則

テーマ

▶ **運動の第 1 法則**（慣性の法則）
（慣性座標系）

▶ **運動の第 2 法則**（運動方程式）

$$\left(\boldsymbol{f} = m\boldsymbol{a},\ \boldsymbol{f} = \frac{d\boldsymbol{p}}{dt} \right)$$

▶ **運動の第 3 法則**（作用・反作用の法則）

$$\left(\boldsymbol{f}_{12} = -\boldsymbol{f}_{21},\ \boldsymbol{N} = \frac{d\boldsymbol{L}}{dt} \right)$$

§1. 運動の第1、第2法則

さァ，これから，ニュートンの“**運動の法則**”の解説に入ろう。この運動の法則は，次の**3**つから構成されているんだね。

- 運動の第**1**法則：“**慣性の法則**”
- 運動の第**2**法則：“**運動方程式**”
- 運動の第**3**法則：“**作用・反作用の法則**”

これらを基にすれば，物体の落下や投げ上げや単振動など…，様々な運動を記述できるだけでなく，これに“**万有引力の法則**”を加えると，地球や月などの天体の運動まで正確に表すことができるんだね。興味が湧いてきたでしょう？

それではまず，**3**つの法則の内の第**1**法則(慣性の法則)と第**2**法則(運動方程式)について，詳しく解説しよう。

● 運動の第1、第2法則を調べてみよう！

ではまず，運動の第**1**法則と第**2**法則を下に示そう。

運動の第1法則：慣性の法則

物体に外力が作用しない限り，その物体は静止し続けるか，または等速度運動(等速直線運動)を続ける。

運動の第2法則：運動方程式(I)

物体に外力 $\boldsymbol{f}$ が作用すると，物体には $\boldsymbol{f}$ に比例した，$\boldsymbol{f}$ と同じ向きの加速度 $\boldsymbol{a}$ が生じる。すなわち，次式が成り立つ。

$$\boldsymbol{f} = m\boldsymbol{a} \quad \cdots\cdots(*1)$$

(m：質量 (kg))

(数学的に正の比例定数(スカラー)のことだ。)

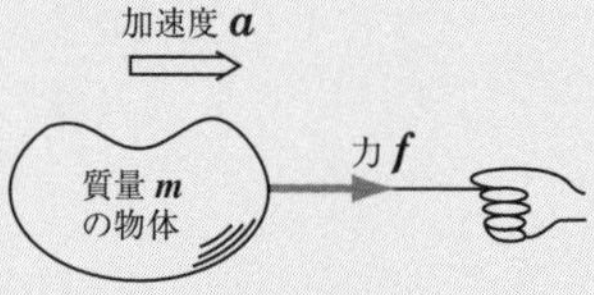

この(*1)を“**運動方程式**”(*equation of motion*)と呼ぶ。

この第2法則の運動方程式：$\boldsymbol{f} = m\boldsymbol{a}$ ……(∗1) は，高校の教科書でもよく出てくる式だけれど，これはニュートンの提示したものを少しアレンジしたものなんだ。力 $\boldsymbol{f}$ と加速度 $\boldsymbol{a}$ はベクトルだね。そして，$\boldsymbol{a}$ に質量という係数（スカラー）m をかけたものが $\boldsymbol{f}$ と等しいということだから，$\boldsymbol{a}$ と $\boldsymbol{f}$ は同じ向き，すなわち $\boldsymbol{a} /\!/ \boldsymbol{f}$（平行）の関係があることが分かるはずだ。

(∗1) の運動方程式を見て，アレッ!? と気付いた方もいるはずだ。そうだね…。物体に何ら力が働かないとき，すなわち，力 $\boldsymbol{f} = \boldsymbol{0}$ のとき，これを (∗1) に代入すると，$\boldsymbol{0} = m\boldsymbol{a}$ より，この両辺を $m\,(>0)$ で割ると，$\boldsymbol{a} = \boldsymbol{0}$ となる。そして，$\boldsymbol{a} = \dot{\boldsymbol{v}}$ より，$\dot{\boldsymbol{v}} = \boldsymbol{0}$ になるんだね。従って，この両辺を t で積分すると，$\boldsymbol{v} = \boldsymbol{c}$（一定）となる。$\boldsymbol{v}$ が定ベクトルということは，等速直線運動することであり，$\boldsymbol{c} = \boldsymbol{0}$ の特別な場合 $\boldsymbol{v} = \boldsymbol{0}$ となって，これは物体の静止を表す。つまり，これは「物体に外力が働かないとき，物体は静止し続けるか，等速直線運動を続ける」ということだから運動の第1法則そのものになっているんだね。

このように，第2法則から運動の第1法則は導けるわけだから「この第1法則は不要なのではないか?」と考える人が出てきても当然なんだね。

しかし，かの天才ニュートンが，必要でもないものを運動の第1法則として掲げるはずもない。ここは，ニュートンに代わってボクがこの第1法則の意義について代弁しておこう。

力学とは「ある座標系において，物体に力が働いたとき，その物体がどのような運動をするかを調べる」学問のことだった。したがって，力学を考える上で座標系は不可欠なものなんだね。つまり，「物体に外力が働かないとき，物体は静止または等速直線運動を続ける」と言われた場合，ボク達には，これを観測するための座標系が必要となるんだね。この座標系がなければ，運動を記述する枠組みがないわけだからね。したがって，この第1法則は「外力が働かないとき，物体が静止または等速直線運動を続けるように見える座標系，つまり"**慣性系**"を設定しなさい」と言っていると考えればいいんだね。納得いった?

これで，座標系の設定も終わったので，次は，運動の第2法則，すなわち運動方程式 (∗1) について解説しよう。ここでまず大切なことは，質量 m の物体とは，質量 m (kg) をもった質点（しつてん），または大きさのある物体では，その重心に質量 m が集中しているものと考え，力 $\boldsymbol{f}$ は質点や重心に作用するものと考えるんだね。

● 運動方程式を解いてみよう！

それでは，運動方程式：$\boldsymbol{f}=m\boldsymbol{a}$ ……(*1) について，(Ⅰ) 1 次元，(Ⅱ) 2 次元，(Ⅲ) 3 次元の運動に分類して，順に調べていこう。

(Ⅰ) 1 次元の運動の場合

質量 m の質点 P の位置変数を x，速度を $v=\dot{x}$，加速度を $a=\dot{v}=\ddot{x}$ とおけるので，質点 P に作用する力 f も，a と同様にスカラーとなるんだね。

よって，(*1) の運動方程式は，

$f=ma=m\ddot{x}$，すなわち，$f=m\dfrac{d^2x}{dt^2}$ ……① と表せる。

(Ⅱ) 2 次元の運動の場合

質量 m の質点 P の位置ベクトルを $\boldsymbol{r}=[x,\ y]$，速度を $\boldsymbol{v}=[v_x,\ v_y]$，加速度を $\boldsymbol{a}=[a_x,\ a_y]$ とおくと，P に作用する力 $\boldsymbol{f}$ も 2 次元ベクトルとして，$\boldsymbol{f}=[f_x,\ f_y]$ とおける。また，

$\boldsymbol{a}=[a_x,\ a_y]=[\ddot{x},\ \ddot{y}]=\left[\dfrac{d^2x}{dt^2},\ \dfrac{d^2y}{dt^2}\right]$ であるので，

このとき，(*1) の運動方程式 $\boldsymbol{f}=m\boldsymbol{a}$ は，

$[f_x,\ f_y]=m\left[\dfrac{d^2x}{dt^2},\ \dfrac{d^2y}{dt^2}\right]=\left[m\dfrac{d^2x}{dt^2},\ m\dfrac{d^2y}{dt^2}\right]$ となる。

よって，(*1) は，次のように 2 つの運動方程式に分解できるんだね。

$$\begin{cases} \text{(i) } x \text{ 軸方向の運動方程式：} f_x=m\dfrac{d^2x}{dt^2} \\ \text{(ii) } y \text{ 軸方向の運動方程式：} f_y=m\dfrac{d^2y}{dt^2} \end{cases} \quad \cdots\cdots ②$$

(Ⅲ) 3 次元の運動の場合

質量 m の質点 P の位置ベクトルを $\boldsymbol{r}=[x,\ y,\ z]$，速度を $\boldsymbol{v}=[v_x,\ v_y,\ v_z]$，加速度を $\boldsymbol{a}=[a_x,\ a_y,\ a_z]$ とおくと，P に作用する力 $\boldsymbol{f}$ も 3 次元ベクトルとして，$\boldsymbol{f}=[f_x,\ f_y,\ f_z]$ とおける。また，

$\boldsymbol{a}=[a_x,\ a_y,\ a_z]=[\ddot{x},\ \ddot{y},\ \ddot{z}]=\left[\dfrac{d^2x}{dt^2},\ \dfrac{d^2y}{dt^2},\ \dfrac{d^2z}{dt^2}\right]$ である。

このとき，$(*1)$の運動方程式 $\boldsymbol{f}=m\boldsymbol{a}$ は，

$$[f_x,\ f_y,\ f_z]=m\left[\frac{d^2x}{dt^2},\ \frac{d^2y}{dt^2},\ \frac{d^2z}{dt^2}\right]=\left[m\frac{d^2x}{dt^2},\ m\frac{d^2y}{dt^2},\ m\frac{d^2z}{dt^2}\right]$$ となる。

よって，$(*1)$は，次のように3つの運動方程式に分解できるんだね。
大丈夫？

(i) x軸方向の運動方程式：$f_x=m\dfrac{d^2x}{dt^2}$

(ii) y軸方向の運動方程式：$f_y=m\dfrac{d^2y}{dt^2}$ ……③

(iii) z軸方向の運動方程式：$f_z=m\dfrac{d^2z}{dt^2}$

ここで，力の単位N(ニュートン)についても解説しておこう。
これはMKS単位系での力の単位で，質量1(kg)の物体(質点)に作用して
（M: m(メートル)，K: kg，S: s(秒)）
1(m/s²)の加速度を生じさせる力を1(N)と定義する。つまり，
$f=ma$ より，　1(N)＝1(kgm/s²)となる。
（f: 1(N)，m: 1(kg)，a: 1(m/s²)；N: "ニュートン"と読む。）

地球上で1(kg)の物体に働く重力を1(kg重(じゅう))と呼ぶこともあるけれど，
地表上での重力加速度は $g=9.8$(m/s²)なので，
1(kg重)＝1(kg)·9.8(m/s²)＝9.8(N)となるんだね。

では，1次元の運動方程式 $f=m\ddot{x}$ を使って，空気抵抗のない投げ上げ問題を解いてみよう。

例題15　地面$(x=0)$から，質量m(kg)の物体Pを，時刻$t=0$のとき初速度$v_0=19.6$(m/s)で鉛直上方に投げ上げたとき，物体が達する最高点の位置と，それに達するまでの時間を求めよう。
(ただし，重力加速度$g=9.8$(m/s²)とし，空気抵抗は働かないものとする。)

右図に示すように，地面を原点 0 として，鉛直上方に向けて x 軸をとる。初め $t=0$ (s) のとき，質量 m (kg) の物体 P を地面 $(x=0)$ から初速度 $v(0)=v_0=19.6$ (m/s) で鉛直上方に投げ上げて，P は t_1 秒後に最高点 x_{max} に達するものとする。このとき，x_{max} と t_1 の値を求めればいいんだね。

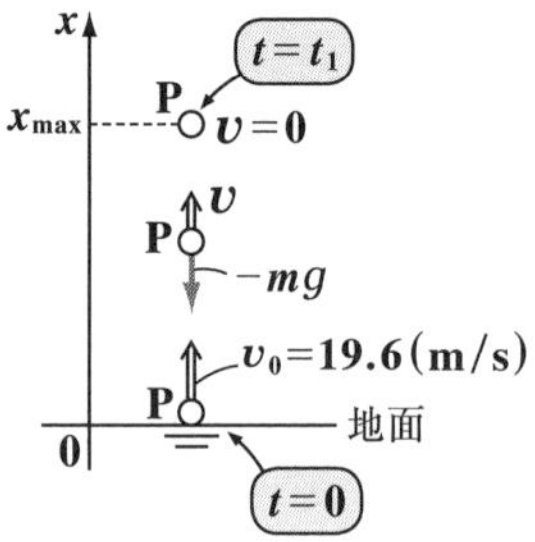

まず，物体 P に働く力は鉛直下向きに働く重力 $-mg$ (N) だけなので，運動方程式は次のようになるんだね。

$\underbrace{-mg}_{f(\text{力})}=m\ddot{x}$　　両辺を m で割って，

$\dfrac{d^2x}{dt^2}=-\underbrace{g}_{9.8\,(\text{m/s}^2)}$ (定数) ……① （初期条件：$\underline{x(0)=0}$，$\underline{v(0)=v_0=19.6\ (\text{m/s})}$）

（$t=0$ のとき，$x=0$）（$t=0$ のとき，$v_0=19.6$ (m/s)（上向き））

①の両辺を t で積分すると，

$\underbrace{\dfrac{dx}{dt}}_{v(t)\text{のこと}}=\underbrace{-\int g\,dt}_{(gt-C_1)\ (C_1:\text{積分定数})}$ より，$v(t)=\dfrac{dx}{dt}=-gt+C_1$ ……② (C_1：積分定数) となる。

ここで，初期条件：$v(0)=v_0=19.6$ より，②に $t=0$ を代入すると，

$v(0)=\cancel{-g\times 0}+C_1=19.6$　　$\therefore C_1=19.6$ より，これを②に代入して，

$v(t)=\dfrac{dx}{dt}=-gt+19.6=-9.8t+19.6$ ……③ となる。

ここで，$v(t)=0$ となるとき，物体 P は最高点 $x=x_{max}$ に達し，このときの t を t_1 とおいているので，

$v(t_1)=\boxed{-9.8t_1+19.6=0}$ となる。これから，$t_1=\dfrac{19.6}{9.8}=2$ (s) となる。

③の両辺をさらに t で積分すると，

$x(t)=\int v(t)dt=\int(-9.8t+19.6)dt=-9.8\times\dfrac{1}{2}t^2+19.6t+C_2$

$\therefore x(t)=-4.9t^2+19.6t+C_2$ ……④ (C_2：積分定数) となる。

ここで，初期条件：$x(0)=0$ より，④に $t=0$ を代入すると，

$x(0)=$ $\boxed{-\cancel{4.9\times0^2}+\cancel{19.6\times0}+C_2=0}$ より，$C_2=0$ となる。

これを④に代入して，$x(t)=-4.9t^2+19.6t$ ……⑤ となる。

よって，⑤に，$t=t_1=2$ を代入すると，物体Pが最高点に達したときの位置 x_{max} が求まるんだね。これから，

$x_{max}=x(2)=\underbrace{-4.9\times2^2+19.6\times2}_{-2\times9.8+4\times9.8=2\times9.8}=19.6\,(m)$ であることが分かるんだね。

それでは次，2次元の運動方程式の問題にチャレンジしてみよう。

例題16　質量 $m=1\,(kg)$ の質点Pに力 $\boldsymbol{f}=[0,\ 1]$ が作用する。
Pの位置ベクトル $\boldsymbol{r}(t)$ は $\boldsymbol{r}(t)=[x(t),\ y(t)]$ で表されるものとし，
$t=0\,(s)$ のとき，$\boldsymbol{r}(0)=[0,\ 0]$，また，初速度 $\boldsymbol{v}(0)=[1,\ 0]$ とする。
このとき，$\boldsymbol{r}(t)$ を求めてみよう。

今回は，物理モデルというよりも，数学的に解いていけばいいんだね。

2次元の運動方程式 $\underbrace{\boldsymbol{f}}_{[0,\ 1]}=\underbrace{m}_{1}\boldsymbol{a}=1\cdot[\ddot{x},\ \ddot{y}]$ より，

$[0,\ 1]=[\ddot{x},\ \ddot{y}]$ （初期条件：$x(0)=y(0)=0$，$\dot{x}(0)=1$，$\dot{y}(0)=0$）

（$\boldsymbol{r}(0)=[0,\ 0]$，$\boldsymbol{v}(0)=[1,\ 0]$）

これから，(i) x 軸方向と (ii) y 軸方向に分けて解いていこう。

(i) x 軸方向の運動方程式は，$\ddot{x}=\dfrac{d^2x}{dt^2}=0$ より，これを t で積分すると，

$\dot{x}(t)=\dfrac{dx}{dt}=\displaystyle\int0\,dt=C_1$ (定数)　　$\therefore\ \dot{x}(t)=C_1$ ……ⓐ (C_1：積分定数)

初期条件：$\dot{x}(0)=1$ より，ⓐは，$\dot{x}(0)=$ $\boxed{C_1=1}$　　$\therefore\ C_1=1$

$\therefore\ \dot{x}(t)=1$ ……ⓐ′　となる。ⓐ′の両辺をさらに t で積分して，

$x(t)=\displaystyle\int1\,dt=t+C_2$　　$\therefore\ x(t)=t+C_2$ ……ⓑ (C_2：積分定数)

初期条件：$x(0)=0$ より，ⓑは，$x(0)=$ $\boxed{0+C_2=0}$　　$\therefore\ C_2=0$

$\therefore\ x(t)=t$ が求まるんだね。

(ii) y 軸方向の運動方程式は，$\ddot{y}=\dfrac{d^2y}{dt^2}=1$ より，

これを t で積分すると，

初期条件
$\begin{cases} y(0)=0 \\ \dot{y}(0)=0 \end{cases}$

$$\dot{y}(t)=\int 1\,dt=t+C_3 \quad \cdots\cdots ⓒ \quad (C_3：積分定数)$$

初期条件：$\dot{y}(0)=0$ より，ⓒは，$\dot{y}(0)=0+C_3=0 \quad \therefore C_3=0$

$\therefore \dot{y}(t)=t \quad \cdots\cdots ⓒ'$ となる。ⓒ'の両辺を t で積分して，

$$y(t)=\int t\,dt=\frac{1}{2}t^2+C_4 \quad \cdots\cdots ⓓ \quad (C_4：積分定数)$$

初期条件：$y(0)=0$ より，ⓓは，$y(0)=\frac{1}{2}\cdot 0^2+C_4=0 \quad \therefore C_4=0$

$\therefore y(t)=\dfrac{1}{2}t^2$ となる。

以上 (i)(ii) より，$x(t)=t$，$y(t)=\dfrac{1}{2}t^2$ が求められたので，

位置 $\boldsymbol{r}(t)$ は，$\boldsymbol{r}(t)=[x(t),\ y(t)]=\left[t,\ \dfrac{1}{2}t^2\right]$ となるんだね。大丈夫？

以上が，空気抵抗がない場合の運動方程式の解法だったんだね。それでは次は，速度に比例した空気抵抗がある場合の解説に入ろう。

● 空気抵抗を受ける場合の運動方程式を解こう！

空気抵抗も考慮に入れた，より現実的な運動の問題を解くためには，"**変数分離形**(へんすうぶんりけい)" の微分方程式を解く必要があるんだね。ン？ 難しそうだって!? 心配は無用です！ 変数分離形の微分方程式は様々な微分方程式の中でも最も単純なものだからね。

それでは，この解法パターンを次に示すので，これを使って実際に例題を解いてみよう。その後，空気抵抗を受ける場合の運動方程式の解法について分かりやすく解説しよう。

変数分離形の微分方程式

$\dfrac{dx}{dt}=g(t)\cdot h(x)$ …(a)　$(h(x)\neq 0)$ の形の微分方程式を“**変数分離形**”の微分方程式と呼び，その一般解は次のように求める。

(a) を変形して，

$$\frac{1}{h(x)}\frac{dx}{dt}=g(t)$$

この両辺を t で積分して，

$$\int\frac{1}{h(x)}\frac{dx}{dt}dt=\int g(t)dt$$

$$\int\frac{1}{h(x)}dx=\int g(t)dt$$

(a) より $\dfrac{1}{h(x)}dx=g(t)dt$ 〔(x の式)×dx〕〔(t の式)×dt〕として，両辺に $\int$ を付けると覚えておいていいよ。

それでは，例題を2題解いてみよう。

(ex) $\dfrac{dx}{dt}=2xt$　$(x\neq 0)$ を解くと，$\dfrac{1}{x}dx=2tdt$ ←左辺は x のみ，右辺は t のみに変数を分離した。

$\int\dfrac{1}{x}dx=\int 2tdt$　　$\therefore \log|x|=t^2+C$　(C：任意定数)

$\log|x|+C_1=t^2+C_2$ より，$\log|x|=t^2+C_2-C_1$ 〔C_2-C_1 をまとめて，これを C とおく。〕

(ex) $\dfrac{dx}{dt}=\dfrac{\sin t}{\cos x}$　$(\cos x\neq 0)$ を解くと，$\cos x\,dx=\sin t\,dt$

$\int\cos x\,dx=\int\sin t\,dt$　　$\therefore \sin x=-\cos t+C$　(C：任意定数) となる。

どう？とても簡単だったでしょう？

これで，準備も整ったので，速度に比例する抵抗を受けながら自由落下する質量 m の物体 P について考えよう。この P に働く力は下向きに重力 $-mg$ と，速度 v に負の比例係数 $-B$ を

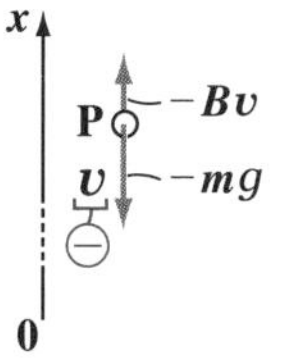

かけた $\underline{-Bv}$ の **2** つである。

> 図では，$v<0$ より，$-B<0$ をかけて $-Bv>0$ となって，落下運動の逆の上向きに空気抵抗が働いていることになる。また，もし投げ上げて $v>0$ の場合，$-Bv<0$ となるので，上昇運動の逆の下向きに抵抗は働くことになる。よって，空気抵抗は，v の正負に関わらず常に $-Bv$ と表されるんだね。

よって，自由落下に働く **1** 次元の力 f は，$f=-mg-Bv$ となるので，この運動方程式は，

（$f=ma$）

$$-mg-Bv=m\frac{d^2x}{dt^2} \quad \cdots\cdots① \quad (B：\text{正の定数})$$ となる。

①の両辺を m で割ってまとめると，

$$\frac{d^2x}{dt^2}=-(bv+g) \quad \cdots\cdots② \quad \left(b=\frac{B}{m}\ (>0)\right)$$ となるんだね。ここで，

$\ddot{x}=\dot{v}$，すなわち，$\dfrac{d^2x}{dt^2}=\dfrac{dv}{dt}$ より，②は，$\dfrac{dv}{dt}=-(bv+g)$ ……②′ となって，

v の変数分離形の微分方程式ができてるんだね。

ここで，$b=1$，$g=9.8\,(\mathrm{m/s^2})$ として，また，

初期条件として，$\underline{v_0=v(0)=0}$，$x(0)=\underline{x_0}$ として，②′を解いてみよう。

（自由落下なので，初速度 $v_0=0$ だ。）（x_0 は十分大きな値とする。）

$$\frac{dv}{dt}=-(v+9.8) \quad (\because b=1,\ g=9.8)$$ より，

$$\int\frac{1}{v+9.8}dv=-\int1\cdot dt \qquad \log|v+9.8|=-t+C_1 \quad (C_1：\text{定数})$$

> 公式：$\displaystyle\int\frac{f'}{f}dv=\log|f|+C$

$$|v+9.8|=e^{-t+C_1} \qquad v+9.8=\underline{\pm e^{C_1}}\cdot e^{-t}$$ より，

（C とおく）

$$v(t)=Ce^{-t}-9.8 \quad \cdots\cdots③$$ となる。

初期条件：$v(0)=0$ より，③に $t=0$ を代入して，

$$v(0)=C\cdot \underline{e^0}-9.8=0 \qquad \therefore C=9.8$$

（e^0 = 1）

よって，③は，$v(t)=9.8(e^{-t}-1)$ ……④

④をtでさらに積分したものが位置$x(t)$だけれど，初期条件として，$x(0)=x_0$を十分に大きくとっている。したがって，地面にPが到達するまで十分な時間tがかかるものと考えていい。

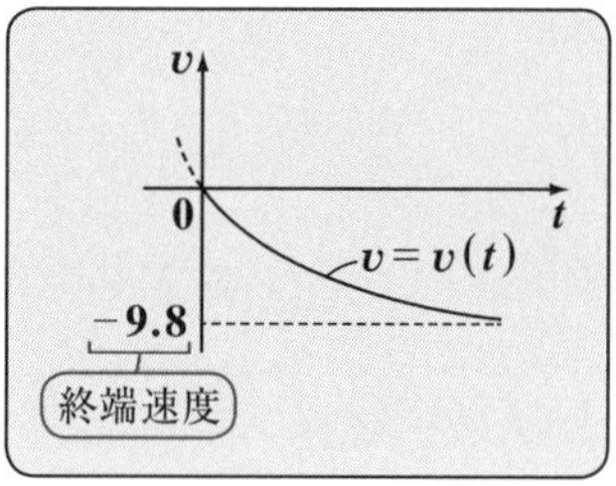

このとき，$t\to\infty$とすると，④より，速度$v(t)$は，

$\lim_{t\to\infty} v(t)=\lim_{t\to\infty} 9.8(\underbrace{e^{-t}}_{0}-1)=-9.8\ (\text{m/s})$となる。このように，空気抵抗が働く自由落下では，時刻tの増加と共にずっと加速されるわけではなく，上図のようにある一定の落下速度（この場合は，$-9.8\ (\text{m/s})$）に落ち着く。この最終的な落下速度のことを“**終端速度**(しゅうたんそくど)”ということも覚えておこう。

● 第2法則は運動量でも表される！

“**運動量**(うんどうりょう)”$\boldsymbol{p}$を$\boldsymbol{p}=m\boldsymbol{v}$で定義すると，第2法則の運動方程式は，次のように表現することができる。

運動の第2法則：運動方程式(Ⅱ)

> 物体の運動量$\boldsymbol{p}(=m\boldsymbol{v})$の変化率$\dfrac{d\boldsymbol{p}}{dt}$は，その物体に働く力$\boldsymbol{f}$に等しいので，運動方程式を次のように表せる。
>
> $\boldsymbol{f}=\dfrac{d\boldsymbol{p}}{dt}$ ……(∗2)　($\boldsymbol{p}=m\boldsymbol{v}$，$m$：質量，$\boldsymbol{v}$：速度)

(∗2)は質量mが一定ならば，

$\boldsymbol{f}=\dfrac{d(m\boldsymbol{v})}{dt}=m\dfrac{d\boldsymbol{v}}{dt}=m\boldsymbol{a}$ ……(∗1)となって，(∗1)(P64)と一致する。

運動方程式を(∗2)の形で表すメリットは，質量mが時間的に変化する場合にも対応でき，さらに，(∗2)から運動量と“**力積**(りきせき)”の関係も導き出すことができるからなんだね。ン？意味が分からないって？いいよ，これから解説しよう。

力も運動量も時刻 t の関数として，$\boldsymbol{f}(t)$ と $\boldsymbol{p}(t)$ とおき，

$\boldsymbol{f}(t)=\dfrac{d\boldsymbol{p}(t)}{dt}$ ……(∗2) の両辺を，

積分区間 $t_1 \leqq t \leqq t_2$ で積分すると，

$\displaystyle\int_{t_1}^{t_2}\boldsymbol{f}(t)dt=\int_{t_1}^{t_2}\frac{d\boldsymbol{p}(t)}{dt}dt$ より，

（$\left[\boldsymbol{p}(t)\right]_{t_1}^{t_2}=\boldsymbol{p}(t_2)-\boldsymbol{p}(t_1)$）

$\displaystyle\int_{t_1}^{t_2}\boldsymbol{f}dt=\boldsymbol{p}(t_2)-\boldsymbol{p}(t_1)$ ……① となる。

（t_1 から t_2 までの"**力積**"）（t_1 から t_2 までの"**運動量**"の変化分）

ここで，$\displaystyle\int_{t_1}^{t_2}\boldsymbol{f}dt$ を，t_1 から t_2 までに物体が受ける"**力積**(りきせき)"といい，

$\boldsymbol{p}(t_1)$ と $\boldsymbol{p}(t_2)$ は，時刻 t_1 と t_2 におけるそれぞれの運動量を表しているんだね。

①を変形して，

$\displaystyle\boldsymbol{p}(t_2)=\boldsymbol{p}(t_1)+\int_{t_1}^{t_2}\boldsymbol{f}dt$ ……①′ とすると，

力積とは「力の時間的な効果」のことであり，この分だけ，運動量が $\boldsymbol{p}(t_1)$ から $\boldsymbol{p}(t_2)$ に変化することが読み取れるんだね。

それでは，力積と運動量の関係について，2 次元と 3 次元の問題を次の例題で解いてみよう。

> 例題 17　$t=2$ の時点で，運動量 $\boldsymbol{p}(2)=[-1,\ 2]$ をもっていた物体に，時刻 $2 \leqq t \leqq 4$ の範囲で力 $\boldsymbol{f}(t)=[1-2t,\ 3t^2]$ が作用したとき時刻 $t=4$ における物体の運動量 $\boldsymbol{p}(4)$ を求めよう。

公式として①′を利用しよう。

$\displaystyle\boldsymbol{p}(4)=\boldsymbol{p}(2)+\int_2^4\boldsymbol{f}(t)dt=[-1,\ 2]+\int_2^4[1-2t,\ 3t^2]dt$ より，

（$\boldsymbol{p}(2)=[-1,\ 2]$）（$\boldsymbol{f}(t)=[1-2t,\ 3t^2]$）

（この積分は，各成分毎に別々に行えばいいんだね。）

$$\boldsymbol{p}(4)=[-1,\ 2]+\left[\underbrace{\int_2^4(1-2t)dt}_{\substack{[t-t^2]_2^4=4-4^2-(2-2^2)\\ =4-16+2=-10}},\ \underbrace{\int_2^4 3t^2dt}_{\substack{[t^3]_2^4=4^3-2^3\\ =64-8=56}}\right]$$

$=[-1,\ 2]+[-10,\ 56]=[-11,\ 58]$ となる。では次，もう **1** 題解こう！

> 例題 18　$t=0$ の時点で，運動量 $\boldsymbol{p}(0)=[1,\ 0,\ \pi]$ をもっていた物体に，時刻 $0\leqq t\leqq\pi$ の範囲で力 $\boldsymbol{f}(t)=[\cos t,\ \sin t,\ 2]$ が作用したとき，時刻 $t=\pi$ における物体の運動量 $\boldsymbol{p}(\pi)$ を求めよう。

同様にこれも公式として①´を用いて解けばいいんだね。

$$\boldsymbol{p}(\pi)=\underbrace{\boldsymbol{p}(0)}_{[1,\ 0,\ \pi]}+\int_0^\pi \underbrace{\boldsymbol{f}(t)}_{[\cos t,\ \sin t,\ 2]}dt$$

$$=[1,\ 0,\ \pi]+\int_0^\pi[\cos t,\ \sin t,\ 2]dt$$

$$=[1,\ 0,\ \pi]+\left[\underbrace{\int_0^\pi\cos t\,dt}_{\substack{[\sin t]_0^\pi=\sin\pi-\sin 0\\ =0-0=0}},\ \underbrace{\int_0^\pi\sin t\,dt}_{\substack{-[\cos t]_0^\pi\\ =-(\cos\pi-\cos 0)\\ =-(-1-1)=2}},\ \underbrace{\int_0^\pi 2dt}_{\substack{2[t]_0^\pi\\ =2(\pi-0)=2\pi}}\right]$$

$$=[1,\ 0,\ \pi]+[0,\ 2,\ 2\pi]$$

$=[1,\ 2,\ 3\pi]$ となるんだね。大丈夫だった？

この節では例題を十分に解いて練習したので，特に演習問題は設けない。例題を繰り返し解いて，よく復習しておこう！

§2. 運動の第3法則

それではこれから，運動の第3法則(作用·反作用の法則)について解説しよう。これは2つの物体間に働く力の法則のことで，簡単に言えば，「押せば，押し返される」し，「引けば，引っ張り返される」ということなんだね。しかし，この単純な法則から，2つの物体の“**運動量の保存則**”が導かれるんだね。

ここでは，さらに，“**力のモーメント**”と“**角運動量**”を定義して，これらから“**角運動量の方程式**”を導いてみせよう。そして，角運動量の方程式を基に，ケプラーの第2法則(面積速度一定の法則)も導いてみよう。

今回も盛り沢山の内容だけど，また分かりやすく教えるつもりだ。

● 運動の第3法則を紹介しよう！

まず，運動の第3法則(作用·反作用の法則)を下に示そう。

運動の第3法則：作用・反作用の法則

物体1が物体2に力 $\boldsymbol{f}_{12}$ を及ぼしているとき，必ず物体2は物体1に，大きさが等しく逆向きの力 $\boldsymbol{f}_{21}$ を及ぼす。
すなわち，次式が成り立つ。

$\boldsymbol{f}_{12} = -\boldsymbol{f}_{21}$ ……(*1)

これを“**作用・反作用の法則**”という。

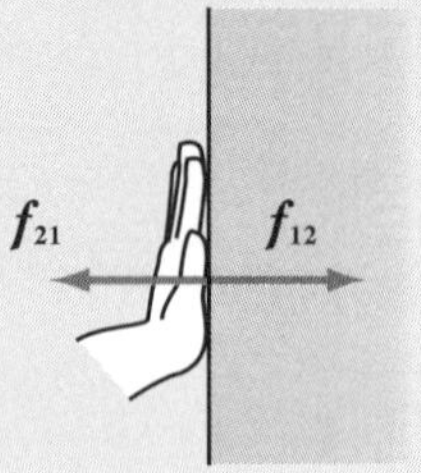

具体例としては，手で壁を10(N)の力で押すと，逆に手は壁から同じ10(N)の力で押し返されるということなんだね。

ここで，(*1)を正確に理解するために，2つの物体1，2は，2つの質点1，2と考えよう。

(*1)の作用 $\boldsymbol{f}_{12}$ と反作用 $\boldsymbol{f}_{21}$ は，大きさが等しく，互いに逆向きで，しかも同

(作用 $\boldsymbol{f}_{12}$：物体1が物体2に及ぼす力)
(反作用 $\boldsymbol{f}_{21}$：物体2が物体1に及ぼす力)

一直線上に存在する力のことなんだね。そして，この2物体間に相互に作用する力 $\boldsymbol{f}_{12}$ と $\boldsymbol{f}_{21}$ を“**内力**”といい，これ以外に外部から加えられる“**外力**”と

は区別する。

そして，この内力には，(ⅰ)引力の場合と，(ⅱ)斥力の場合があるんだね。それぞれのイメージを図**1**(ⅰ)，(ⅱ)に示す。

図**1** 作用・反作用の法則

(ⅰ) $\boldsymbol{f}_{12}$，$\boldsymbol{f}_{21}$ が引力のイメージ　　(ⅱ) $\boldsymbol{f}_{12}$，$\boldsymbol{f}_{21}$ が斥力のイメージ

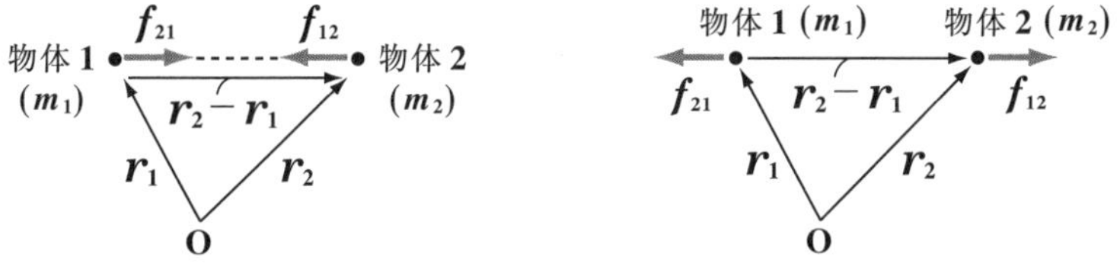

● 作用・反作用の法則から運動量の保存則を導こう！

1つの物体についての運動方程式 $\boldsymbol{f}=\dfrac{d\boldsymbol{p}}{dt}$ から，$\boldsymbol{f}=\boldsymbol{0}$，すなわち，その物体に力が働いていないとき，$\dfrac{d\boldsymbol{p}}{dt}=\boldsymbol{0}$ となり，運動量 $\boldsymbol{p}\,(=m\boldsymbol{v})$ は定ベクトルとなって変化しない。これが**1**つの物体についての運動量の保存則なんだね。

これに対して，作用・反作用の法則を用いると，**2**つの物体に外力が働かない場合，**2**つの物体についても，次の"**運動量の保存則**"が成り立つんだね。

2つの物体の運動量保存則

> 時刻 t が，$t_1 \leqq t \leqq t_2$ の間，**2**つの物体**1**と**2**が外力を受けず相互作用(内力)のみで運動する場合，それぞれの運動量を $\boldsymbol{p}_1(t)$，$\boldsymbol{p}_2(t)$ とおくと，次のように，"**運動量保存則**"が成り立つ。
>
> $$\boldsymbol{p}_1(t_1)+\boldsymbol{p}_2(t_1)=\boldsymbol{p}_1(t_2)+\boldsymbol{p}_2(t_2) \quad \cdots\cdots(*2)$$

この運動量の保存則の式(＊**2**)は，宇宙空間におけるロケットの加速の問題や**2**つの物体の衝突問題など，様々な問題を解く上での基本公式なんだ。

それでは，運動の第**3**法則(作用・反作用の法則)の公式：$\boldsymbol{f}_{12}=-\boldsymbol{f}_{21}$ ……(＊**1**)から運動量の保存則の公式(＊**2**)を，早速導いてみよう。

$t_1 \leqq t \leqq t_2$ の間，2 つの物体 1 と 2 が外力を受けることなく，相互作用の内力 $\boldsymbol{f}_{21}$ と $\boldsymbol{f}_{12}$ のみを受けて運動するものとする。また，その間に，物体 1 と 2 が受ける力積をそれぞれ $\boldsymbol{I}_1$ と $\boldsymbol{I}_2$ とおくと，

> $\boldsymbol{f}_{12} = -\boldsymbol{f}_{21}$ ………(＊1) より，
> $\boldsymbol{f}_{21} + \boldsymbol{f}_{12} = \boldsymbol{0}$ ……(＊1)′

$$\begin{cases} \boldsymbol{I}_1 = \int_{t_1}^{t_2} \boldsymbol{f}_{21} dt = \int_{t_1}^{t_2} \dfrac{d\boldsymbol{p}_1(t)}{dt} dt = [\boldsymbol{p}_1(t)]_{t_1}^{t_2} = \boldsymbol{p}_1(t_2) - \boldsymbol{p}_1(t_1) \quad \cdots\cdots ① \\ \boldsymbol{I}_2 = \int_{t_1}^{t_2} \boldsymbol{f}_{12} dt = \int_{t_1}^{t_2} \dfrac{d\boldsymbol{p}_2(t)}{dt} dt = [\boldsymbol{p}_2(t)]_{t_1}^{t_2} = \boldsymbol{p}_2(t_2) - \boldsymbol{p}_2(t_1) \quad \cdots\cdots ② \end{cases}$$

> $\because \boldsymbol{f}_{21} = m_1 \boldsymbol{a}_1 = \dfrac{d\boldsymbol{p}_1(t)}{dt}$ と $\boldsymbol{f}_{12} = m_2 \boldsymbol{a}_2 = \dfrac{d\boldsymbol{p}_2(t)}{dt}$ だからね。

ここで，作用・反作用の法則：$\boldsymbol{f}_{21} + \boldsymbol{f}_{12} = \boldsymbol{0}$ ……(＊1)′ より，

$\boldsymbol{I}_1 + \boldsymbol{I}_2 = \int_{t_1}^{t_2} (\underbrace{\boldsymbol{f}_{21} + \boldsymbol{f}_{12}}_{\boldsymbol{0}}) dt = \boldsymbol{0}$ となるので，①＋②を実行すると，

$$\boldsymbol{0} = \boldsymbol{p}_1(t_2) - \boldsymbol{p}_1(t_1) + \boldsymbol{p}_2(t_2) - \boldsymbol{p}_2(t_1)$$

これから 2 つの物体の運動量保存則：

$\boldsymbol{p}_1(t_1) + \boldsymbol{p}_2(t_1) = \boldsymbol{p}_1(t_2) + \boldsymbol{p}_2(t_2)$ ……(＊2) が導かれるんだね。

> 時刻 t_1 における物体 1 と 2 の運動量の和

> 時刻 t_2 における物体 1 と 2 の運動量の和

それでは，この“運動量保存則”を用いて，これからロケットの加速と減速の問題を解いてみよう。

> 例題 19　他の天体から十分に離れた宇宙空間で，質量 M，速度 $v = 0$ (m/s) で静止しているロケットが，後方に，ロケットから見て相対速度 $-u = -1000$ (m/s) で質量 $\dfrac{1}{10000}M$ のガスを噴射した。噴射後のロケットの速度 v' (m/s) を求めてみよう。

条件より，ロケットには外力は働いていないと考えていいので，噴射の前後で運動量の保存則が利用できるんだね。下図に示すように，ロケットとガスの運動は，同一直線上で起こっているものとする。また，ガスの噴射速度は，慣性系から見て，$v'-u$ と見えるはずだ。

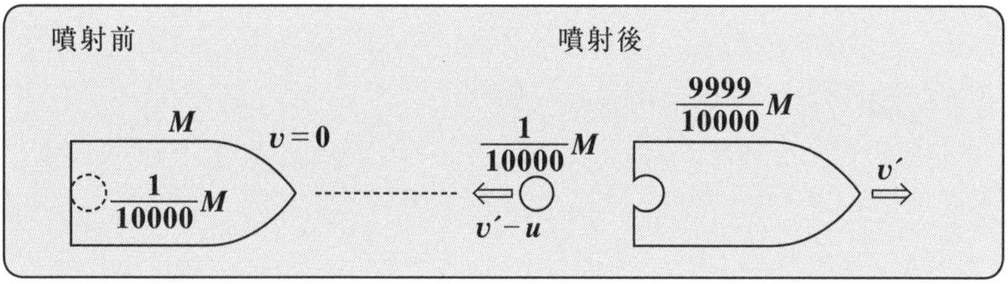

よって，噴射前後の運動量は，それぞれ，

$$\begin{cases} \cdot\text{噴射前：} M\cdot 0 \\ \cdot\text{噴射後：} \left(M-\dfrac{1}{10000}M\right)\cdot v'+\dfrac{1}{10000}M(v'-\underbrace{1000}_{u}) \end{cases}$$ となる。

運動量の保存則より，これらは等しいので，

$$M\cdot 0=\left(M-\frac{1}{10000}M\right)\cdot v'+\frac{1}{10000}M(v'-1000)$$

$$0=M\cdot v'-\frac{1}{10}M$$ 両辺を $M\ (>0)$ で割ると，

$v'=\dfrac{1}{10}\ (\mathrm{m/s})$ となるんだね。大丈夫？

例題 20　他の天体から十分に離れた宇宙空間で，質量 M，速度 $v=100\ (\mathrm{m/s})$ で進行しているロケットが，前方へ，ロケットから見て相対速度 $u=1000\ (\mathrm{m/s})$ で質量 $\dfrac{1}{100}M$ のガスを噴射した。逆噴射後のロケットの速度 $v'\ (\mathrm{m/s})$ を求めてみよう。

前問と同様に図を描いて考えよう。

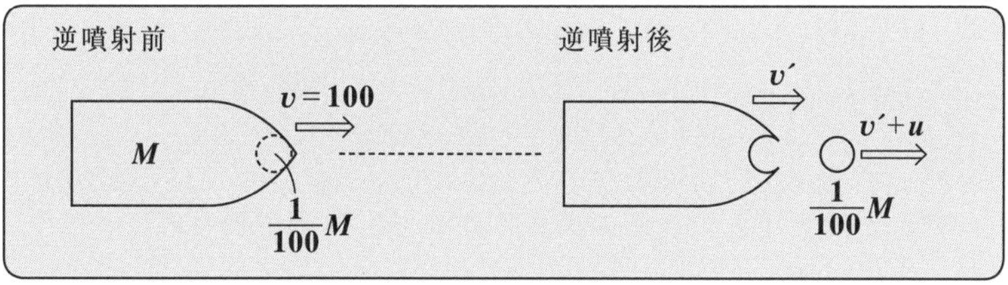

よって，逆噴射前後の運動量は，それぞれ，

$$\begin{cases} \cdot\text{逆噴射前：} M\cdot 100 \\ \cdot\text{逆噴射後：} \left(M-\frac{1}{100}M\right)\cdot v' + \frac{1}{100}M(v'+\underbrace{1000}_{u}) \end{cases}$$ となる。

運動量の保存則より，これらは等しいので，

$$M\cdot 100 = \left(M - \frac{1}{100}M\right)\cdot v' + \frac{1}{100}M(v'+1000)$$

$100M = Mv' + 10M$，$90M = Mv'$　両辺を $M\ (>0)$ で割って，

$\therefore v' = 90\ (\mathrm{m/s})$ となるんだね。

● 2物体の衝突問題も調べてみよう！

外力がない場合の2物体の運動量保存則は，図2に示すように，2つの物体1と2の衝突問題にも適用できる。衝突時，2つの物体には，"撃力(げきりょく)"という大きな力が，時刻 t_1 から t_2 までの微小な時間に働くので，その撃力 $(f$ と $-f)$ の時間的な変化の様子を調べることは難しいんだね。

図2　2物体の衝突

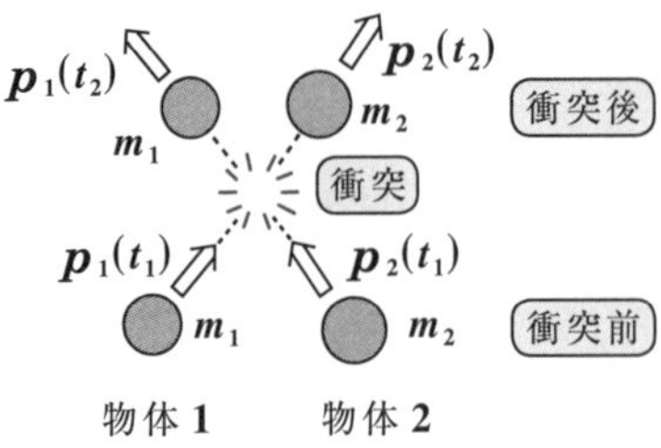

しかし，t_1 と t_2 を $t_2 - t_1 = \Delta t$ とおいて，衝突前後のごく短い時間とし，物体1と2に働く力積をそれぞれ I_1，I_2 とすれば，

$I_1 = \int_{t_1}^{t_2} f\,dt$，　$I_2 = \int_{t_1}^{t_2}(-f\,dt) = -I_1$ となる。これから，

2つの物体の衝突前後の運動量をそれぞれ，$p_1(t_1)$，$p_1(t_2)$，$p_2(t_1)$，$p_2(t_2)$ とおくと，

$$\begin{cases} p_1(t_1) + I_1 = p_1(t_2) \quad \cdots\cdots ① \\ p_2(t_1) + \underbrace{I_2}_{-I_1} = p_2(t_2) \quad \cdots\cdots ② \end{cases}$$

物体1と2それぞれについて，
(衝突前の運動量)＋(力積)
＝(衝突後の運動量)
が成り立つ。(P74)

となる。よって，①＋②より，衝突の前後においても運動量保存則：

$\boldsymbol{p}_1(t_1) + \boldsymbol{p}_2(t_1) = \boldsymbol{p}_1(t_2) + \boldsymbol{p}_2(t_2)$ が成り立つんだね。納得いった？

　それでは，**2**次元運動と**3**次元運動する場合の，**2**物体の衝突問題を，次の例題で練習しよう。

例題 21　質量 m の質点 $\mathbf{P}_1$ は速度 $\boldsymbol{v}_1 = [1, 1]$ で，また質量 $2m$ の質点 $\mathbf{P}_2$ は速度 $\boldsymbol{v}_2 = [-1, 2]$ で等速度運動していたが，これらは，ある点で衝突した後，質点 $\mathbf{P}_1$ は速度 $\boldsymbol{v}_1' = [-1, 1]$ で，また質点 $\mathbf{P}_2$ は速度 $\boldsymbol{v}_2'$ で再び等速度運動をした。このとき，速度 $\boldsymbol{v}_2'$ を求めよう。

衝突の前後で **2** つの質点 $\mathbf{P}_1$ と $\mathbf{P}_2$ の運動量は保存されるので，

（衝突前）　　（衝突後）

$m\boldsymbol{v}_1 + 2m\boldsymbol{v}_2 = m\boldsymbol{v}_1' + 2m\boldsymbol{v}_2'$ より，
　$[1, 1]$　$[-1, 2]$　$[-1, 1]$

$m[1, 1] + 2m[-1, 2] = m[-1, 1] + 2m\boldsymbol{v}_2'$

両辺を $m\,(>0)$ で割って，$\boldsymbol{v}_2'$ を求めると，

$2\boldsymbol{v}_2' = [1, 1] + 2[-1, 2] - [-1, 1] = [1-2+1, 1+4-1] = [0, 4]$

$\therefore \boldsymbol{v}_2' = [0, 2]$ となることが分かるんだね。

例題 22　質量 $2m$ の質点 $\mathbf{P}_1$ は速度 $\boldsymbol{v}_1 = [1, 0, -1]$ で，また質量 $3m$ の質点 $\mathbf{P}_2$ は速度 $\boldsymbol{v}_2 = [0, -1, 1]$ で等速度運動していたが，これらは，ある点で衝突した後，質点 $\mathbf{P}_1$ は速度 $\boldsymbol{v}_1' = [0, 1, 1]$ で，また質点 $\mathbf{P}_2$ は速度 $\boldsymbol{v}_2'$ で再び等速度運動をした。このとき，速度 $\boldsymbol{v}_2'$ を求めよう。

前問と同様に，衝突の前後で，**2** つの質点 $\mathbf{P}_1$ と $\mathbf{P}_2$ の運動量は保存されるので，

（衝突前）　　　（衝突後）

$2m\boldsymbol{v}_1 + 3m\boldsymbol{v}_2 = 2m\boldsymbol{v}_1' + 3m\boldsymbol{v}_2'$ となる。よって，
　$[1, 0, -1]$　$[0, -1, 1]$　$[0, 1, 1]$

$2m[1, 0, -1] + 3m[0, -1, 1] = 2m[0, 1, 1] + 3m\boldsymbol{v}_2'$

両辺を $m\,(>0)$ で割って，$\boldsymbol{v}_2'$ を求めると，

$3\boldsymbol{v}_2' = 2[1, 0, -1] + 3[0, -1, 1] - 2[0, 1, 1]$ より，

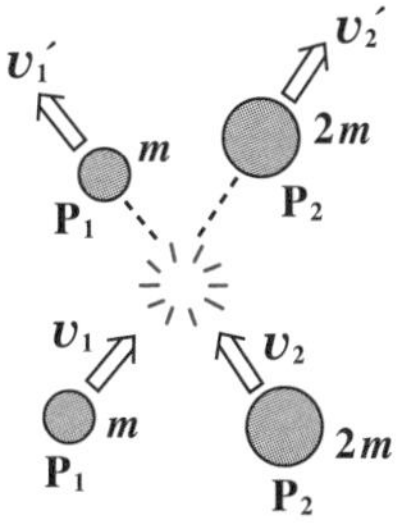

$3\boldsymbol{v}_2' = [2,\ -3-2,\ -2+3-2] = [2,\ -5,\ -1]$

$\therefore \boldsymbol{v}_2' = \frac{1}{3}[2,\ -5,\ -1] = \left[\frac{2}{3},\ -\frac{5}{3},\ -\frac{1}{3}\right]$ が求まるんだね。大丈夫？

● 回転の運動方程式も紹介しよう！

まず，モーメントの一般論から始めよう。図3に示すように，位置ベクトル$\boldsymbol{r}$をもつ質点Pに束縛ベクトル$\boldsymbol{b}$が作用しているものとしよう。

この$\boldsymbol{b}$は，速度$\boldsymbol{v}$，加速度$\boldsymbol{a}$，力$\boldsymbol{f}$，運動量$\boldsymbol{p}(=m\boldsymbol{v})$など，なんでもかまわない。だから，一般論だ！

図3 $\boldsymbol{b}$の原点Oに関するモーメント

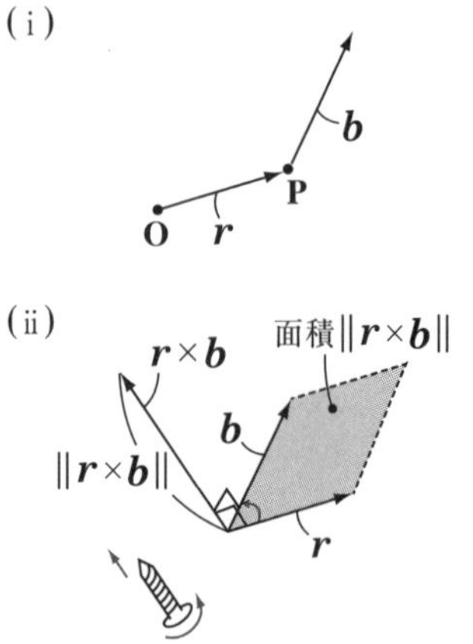

$\boldsymbol{r}$と$\boldsymbol{b}$の始点を合わせると，$\boldsymbol{r}\times\boldsymbol{b}$は，$\boldsymbol{r}$から$\boldsymbol{b}$に向かうように回転するとき，右ネジの進む向きに一致する。

このとき，外積$\boldsymbol{r}\times\boldsymbol{b}$のことを，"**$\boldsymbol{b}$の原点Oに関するモーメント**"，または略して，"**$\boldsymbol{b}$のモーメント**"と呼ぶ。

外積については，P14で詳しく解説しているので忘れている方は，よく復習しよう。

だから，$\boldsymbol{r}\times\boldsymbol{v}$は"**速度のモーメント**"。$\boldsymbol{r}\times\boldsymbol{f}$は"**力のモーメント**"などと呼べばいい。これから言うと，$\boldsymbol{r}\times\boldsymbol{p}$は"**運動量のモーメント**"と呼べるんだけれど，これだけは別に"**角運動量**(かくうんどうりょう)"と呼び，$\boldsymbol{L}$で表すことにしよう。つまり，

角運動量：$\boldsymbol{L} = \boldsymbol{r}\times\boldsymbol{p}$ ……ⓐ　($\boldsymbol{p} = m\boldsymbol{v}$，$m$：質量，$\boldsymbol{v}$：速度)

となるんだね。

では，例題で，実際に$\boldsymbol{L}$を計算してみよう。

例題23　質量$m=1$の物体Pの位置ベクトルが$\boldsymbol{r}(t) = [\cos t,\ \sin t,\ t]$で表されるとき，運動量$\boldsymbol{p}$と角運動量$\boldsymbol{L}$を求めよう。

$\boldsymbol{r}(t)=[\cos t,\ \sin t,\ t]$ を t で微分して，速度 $\boldsymbol{v}(t)$ を求めると，

$\boldsymbol{v}(t)=\dot{\boldsymbol{r}}(t)=[(\cos t)',\ (\sin t)',\ t']=[-\sin t,\ \cos t,\ 1]$ となる。

よって，運動量 $\boldsymbol{p}(t)$ は，質量 $m=1$ より，

$\boldsymbol{p}(t)=m\boldsymbol{v}=\underbrace{1}_{m}\cdot[-\sin t,\ \cos t,\ 1]=[-\sin t,\ \cos t,\ 1]$ だね。

これから，角運動量 $\boldsymbol{L}=\boldsymbol{r}\times\boldsymbol{p}$ を求めると，右の計算により，

$\boldsymbol{L}=[\sin t-t\cos t,$
$\quad -t\sin t-\cos t,\ 1]$

外積 $\boldsymbol{r}\times\boldsymbol{p}$ の計算

$\cos t \quad \sin t \quad t \quad \cos t$

$-\sin t \quad \cos t \quad 1 \quad -\sin t$

$[\underbrace{\cos^2 t+\sin^2 t}_{1}][\sin t-t\cos t,\ -t\sin t-\cos t,$

となるんだね。これで外積の計算のやり方も思い出したでしょう。

ここで，力のモーメントを $\boldsymbol{N}\ (=\boldsymbol{r}\times\boldsymbol{f})$ とおくと，角運動量 $\boldsymbol{L}$ との間に $\boldsymbol{N}=\dfrac{d\boldsymbol{L}}{dt}$ の関係が成り立つ。これは“**回転の運動方程式**”という重要な方程式なので，下にもう一度まとめて示しておこう。

回転の運動方程式

物体の角運動量 $(\boldsymbol{L}=\boldsymbol{r}\times\boldsymbol{p})$ の変化率 $\left(\dfrac{d\boldsymbol{L}}{dt}\right)$ は，その物体に作用する力のモーメント $(\boldsymbol{N}=\boldsymbol{r}\times\boldsymbol{f})$ に等しい。

$\boldsymbol{N}=\dfrac{d\boldsymbol{L}}{dt}$ ……(*3)　($\boldsymbol{N}$：力のモーメント，$\boldsymbol{L}$：角運動量)

アレッ！“**回転の運動方程式**”は“**運動の第2法則の運動方程式**”とよく似てるって!? よく復習しているね！これら2つは対比して覚えておくと忘れないはずだ。もう一度並べて書いておこう。

・運動方程式

$$\boldsymbol{f}=\frac{d\boldsymbol{p}}{dt}$$

($\boldsymbol{f}$：力，$\boldsymbol{p}$：運動量)

・回転の運動方程式

$$\boldsymbol{N}=\frac{d\boldsymbol{L}}{dt}$$

($\boldsymbol{N}=\boldsymbol{r}\times\boldsymbol{f}$：力のモーメント
$\boldsymbol{L}=\boldsymbol{r}\times\boldsymbol{p}$：角運動量)

● 回転の運動方程式を証明しよう！

では，この回転の運動方程式：$\boldsymbol{N}=\dfrac{d\boldsymbol{L}}{dt}$ ……(*3) が成り立つことを証明しよう。そのための数学的な準備としてベクトルの内積と外積に関する微分公式を，ここで示しておこう。

$\boldsymbol{a}$, $\boldsymbol{b}$ は共に時刻 t の関数を成分にもつ 3 次元ベクトルとする。このとき，内積 $\boldsymbol{a}\cdot\boldsymbol{b}$ と外積 $\boldsymbol{a}\times\boldsymbol{b}$ を時刻 t で微分すると，

$$\begin{cases}(\boldsymbol{a}\cdot\boldsymbol{b})'=\boldsymbol{a}'\cdot\boldsymbol{b}+\boldsymbol{a}\cdot\boldsymbol{b}' \quad \cdots\cdots\cdots(a)\\ (\boldsymbol{a}\times\boldsymbol{b})'=\boldsymbol{a}'\times\boldsymbol{b}+\boldsymbol{a}\times\boldsymbol{b}' \quad \cdots\cdots(b)\end{cases}$$

が成り立つ。これは，一般の関数の積の微分公式：

$(f\cdot g)'=f'g+fg'$ と同様の形をしているので覚えやすいはずだ。

> (*4), (*5) の証明に興味がある方は，この先のステップとして「**ベクトル解析キャンパス・ゼミ**」(**マセマ**) で学習されることを勧める。

実は，(a) の公式は P53 の曲率半径のところで利用した。今回の回転の運動方程式の証明では，(b) を利用するんだね。

これで，準備も整ったので，(*3) の証明に入ろう。とても簡単だよ。

角運動量 $\boldsymbol{L}=\boldsymbol{r}\times\boldsymbol{p}$ を時刻 t で微分したものが，(*3) の右辺より，

$$((*3)\text{の右辺})=\frac{d\boldsymbol{L}}{dt}=(\boldsymbol{r}\times\boldsymbol{p})'$$

$$=\underbrace{\boldsymbol{r}'}_{\dot{\boldsymbol{r}}=\boldsymbol{v}}\times\underbrace{\boldsymbol{p}}_{m\boldsymbol{v}}+\boldsymbol{r}\times\underbrace{\boldsymbol{p}'}_{\frac{d\boldsymbol{p}}{dt}=\boldsymbol{f}\ (\text{運動方程式より})}$$

$$=\underbrace{\boldsymbol{v}\times m\boldsymbol{v}}_{\boldsymbol{0}\ (\because\ \boldsymbol{v}\,/\!/\,m\boldsymbol{v})}+\boldsymbol{r}\times\boldsymbol{f}$$

> $\boldsymbol{a}/\!/\boldsymbol{b}$ (平行) のとき，$\boldsymbol{a}\times\boldsymbol{b}=\boldsymbol{0}$ となる。何故なら，このとき $\boldsymbol{a}$ と $\boldsymbol{b}$ を 2 辺にもつ平行四辺形の面積は 0 だからだね。

$$=\underbrace{\boldsymbol{r}\times\boldsymbol{f}}_{\text{これは，力のモーメント}\boldsymbol{N}\text{のことだ。}}=\boldsymbol{N}=((*3)\text{の左辺})$$

以上より，回転の運動方程式：$\boldsymbol{N}=\dfrac{d\boldsymbol{L}}{dt}$ ……(*3) が成り立つことが示されたんだね。面白かったでしょう。

● 面積速度一定の法則にチャレンジしよう！

それでは，これから"**万有引力の法則**"と回転の運動方程式：$\boldsymbol{N}=\dfrac{d\boldsymbol{L}}{dt}$を使ってケプラーの第2法則（"**面積速度一定の法則**"）を導いてみよう。

ではまず，万有引力の法則とケプラーの3つの法則を下に示そう。

万有引力の法則

距離rだけ離れた質量Mとmの2つの物体には常に互いに引き合う力が作用する。この力を"**万有引力**"と呼び，その大きさfは質量の積Mmに比例し，距離の2乗r^2に反比例する。よって，

万有引力の大きさ$f=G\dfrac{Mm}{r^2}$ ……(*4) となる。

$\left(G：万有引力定数\ \ 6.672\times10^{-11}\,(\mathrm{Nm^2/kg^2})\right)$

ケプラーの法則

・第1法則：惑星は太陽を1つの焦点とするだ円軌道上を運動する。
・第2法則：惑星と太陽を結ぶ線分が同一時間に通過してできる図形の面積は一定である。
・第3法則：惑星の公転周期Tの2乗は惑星のだ円軌道の長半径aの3乗に比例する。

今回は，この第1法則が成り立つものとして，"**面積速度一定の法則**"と呼ばれるケプラーの第2法則が成り立つことを示す。

図4 万有引力の法則

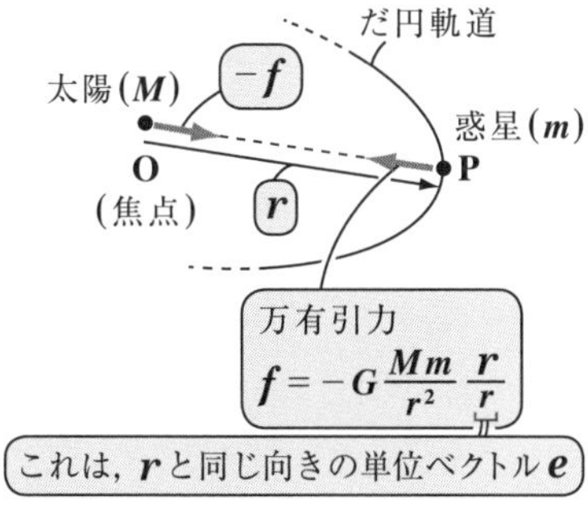

図4に示すように，太陽と惑星の質量をそれぞれMとmとおき，また，それぞれの重心をOとPとおくと，Oを原点（だ円の焦点）としたときの惑星Pの位置ベクトル$\boldsymbol{r}$は，$\boldsymbol{r}=\overrightarrow{\mathrm{OP}}$となる。

万有引力は2つの質点OとPの間に働く内力で，図4に示すように，

太陽により，惑星に働く万有引力 $\boldsymbol{f}$ は，

$\boldsymbol{f} = -G\dfrac{Mm}{r^2}\cdot\dfrac{\boldsymbol{r}}{r}$ ……① と表され，これは常に太陽の重心 $\mathbf{O}$ に向かう力で，

（これは，$\boldsymbol{r}$ と同じ向きをもつ単位ベクトル $\boldsymbol{e}$ のことだ。）

これを“**中心力**（ちゅうしんりょく）”または“**向心力**（こうしんりょく）”と呼ぶ。

ここで，$M \gg m$ なので，太陽の位置 $\mathbf{O}$ は不動で，これを焦点とするだ円軌道上を惑星が運動していると考えられる。①はシンプルに

$\boldsymbol{f} = -k\boldsymbol{r}$ ……①′　$\left(\text{係数}\ k = \dfrac{GMm}{r^3}\right)$ と表せる。

このとき，回転の運動方程式：$\boldsymbol{N} = \dfrac{d\boldsymbol{L}}{dt}$ ……② の左辺 $\boldsymbol{N}$ は，①′より

$\boldsymbol{N} = \boldsymbol{r}\times\boldsymbol{f} = \boldsymbol{r}\times(-k\boldsymbol{r}) = \mathbf{0}$ となる。($\because\ \boldsymbol{r} /\!/ (-k\boldsymbol{r})$（平行）)

これを②に代入すると，

$\dfrac{d\boldsymbol{L}}{dt} = \mathbf{0}$ ……③ より，

角運動量 $\boldsymbol{L}$ は定ベクトルとなる。つまり，公転運動する惑星 $\mathbf{P}$ の回転軸が $\boldsymbol{L}$ で，これが一定でブレないということは，

図5　$\boldsymbol{L}$＝(定ベクトル)の意味

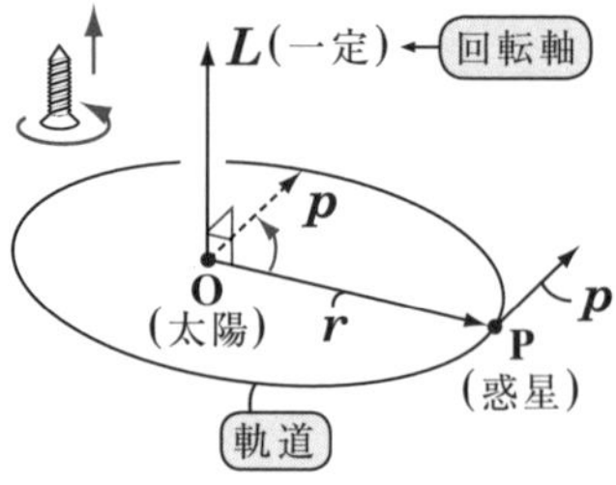

惑星 $\mathbf{P}$ も一定の水平面内をだ円軌道を描きながら公転していることになるんだね。

次に，“**面積速度**” $A(t)$ は，$\mathbf{P}$ の位置ベクトル $\boldsymbol{r}$ と速度 $\boldsymbol{v}$ により，次のように定義される。

$$A(t) = \frac{1}{2}\|\boldsymbol{r}\times\boldsymbol{v}\| \quad \cdots\cdots(*5)$$

図6に示すように，時刻 t と $t+\Delta t$ の間の Δt 秒間に，動径 $\mathbf{OP}$ が通過する微小な面積は，三角形の面積で近似

図6　面積速度 $A(t)$

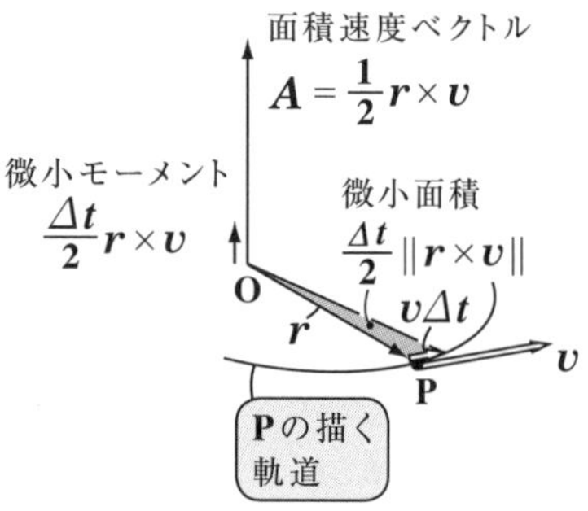

されて，$\frac{1}{2}\|\boldsymbol{r}\times\underbrace{\Delta t}_{\text{⊕の数}}\boldsymbol{v}\|=\frac{\Delta t}{2}\|\boldsymbol{r}\times\boldsymbol{v}\|$となり，これを微小時間$\Delta t$で割ったものが，単位時間に動径**OP**が通過する面積，すなわち**(*5)**の面積速度になるんだね。

そして，この$A(t)$が時刻tによらず一定であるということが，面積速度一定の法則なんだけれど，これはもう証明されているのが分かるね。…，そう，③より，角運動量$\boldsymbol{L}=\boldsymbol{r}\times\boldsymbol{p}=\boldsymbol{r}\times\underbrace{m}_{\text{定数}}\boldsymbol{v}=m\underbrace{(\boldsymbol{r}\times\boldsymbol{v})}_{\text{これも，定ベクトル}}=$(定ベクトル)だね。

そして，mは定数より，$\boldsymbol{r}\times\boldsymbol{v}$も定ベクトルとなり，このノルム(大きさ)は当然定数となる。すなわち，$\|\boldsymbol{r}\times\boldsymbol{v}\|=$(定数)となる。これを，面積速度$A(t)$の公式**(*5)**に当てはめれば，

$A(t)=\frac{1}{2}\underbrace{\|\boldsymbol{r}\times\boldsymbol{v}\|}_{\text{定数}}=$(定数)となって，面積速度一定の法則(ケプラーの第**2**法則)が成り立つことが示されたんだね。面白かった？

では，この法則により，具体的に惑星**P**がどのような運動をするのか考えてみる。図**7**に示すように，**P**が**O**(太陽)に近いときと，**O**から離れているとき単位時間に動径**OP**が通過する面積A_1とA_2は等しいんだね。ということは，**P**が**O**に近いときの**P**の速さvは大きく，**P**が**O**から離れているときの**P**の速さは小さくなるということなんだね。**P**の公転運動でも，太陽との遠近によって，その公転の速さが異なることを頭に入れておこう。

図**7** ケプラーの第**2**法則

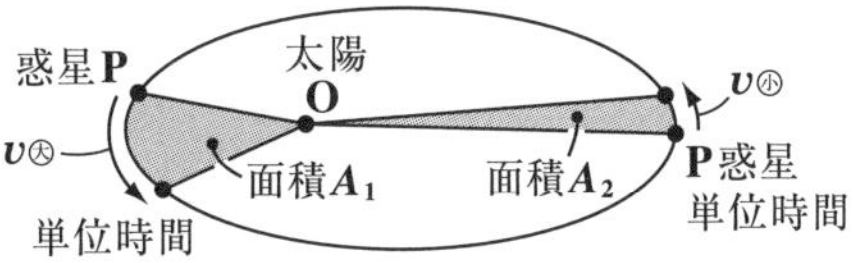

演習問題 6　● 回転の運動方程式 ●

3 次元空間を運動する，質量 m の質点 P の位置ベクトルが
$\boldsymbol{r}(t)=[t,\ -2t,\ t^2]$ で与えられている。このとき，質点 P に
働く力のモーメント $\boldsymbol{N}$ と角運動量 $\boldsymbol{L}$ を求め，さらに，
回転の運動方程式 $\boldsymbol{N}=\dfrac{d\boldsymbol{L}}{dt}$ ……(*) が成り立っていることを確認せよ。

ヒント！ $\boldsymbol{v}=\dot{\boldsymbol{r}}$，$\boldsymbol{a}=\ddot{\boldsymbol{r}}$ により，速度 $\boldsymbol{v}$ と加速度 $\boldsymbol{a}$ を求めると，運動量 $\boldsymbol{p}=m\boldsymbol{v}$，力 $\boldsymbol{f}=m\boldsymbol{a}$ が求められる。これから，力のモーメント $\boldsymbol{N}=\boldsymbol{r}\times\boldsymbol{f}$ と角運動量 $\boldsymbol{L}=\boldsymbol{r}\times\boldsymbol{p}$ を計算し，これらが，回転の運動方程式 $\boldsymbol{N}=\dfrac{d\boldsymbol{L}}{dt}$ をみたすことを確認すればいいんだね。頑張ろう！

解答＆解説

質量 m の質点 P の位置ベクトル $\boldsymbol{r}(t)=[t,\ -2t,\ t^2]$ $(t\geqq 0)$ を t で順に 2 回微分して，速度 $\boldsymbol{v}(t)$ と加速度 $\boldsymbol{a}(t)$ を求めると，

$$\begin{cases}\text{速度 } \boldsymbol{v}(t)=\dot{\boldsymbol{r}}(t)=[t',\ (-2t)',\ (t^2)']=[1,\ -2,\ 2t] \cdots\cdots ① \\ \text{加速度 } \boldsymbol{a}(t)=\ddot{\boldsymbol{r}}(t)=[1',\ (-2)',\ (2t)']=[0,\ 0,\ 2] \cdots\cdots ②\end{cases}$$

となる。

①，②より，P の運動量 $\boldsymbol{p}$ と P に働く力 $\boldsymbol{f}$ が次のように求められる。

$$\begin{cases}\boldsymbol{p}=m\boldsymbol{v}=m[1,\ -2,\ 2t]=[m,\ -2m,\ 2mt] \cdots\cdots ③ \\ \boldsymbol{f}=m\boldsymbol{a}=m[0,\ 0,\ 2]=[0,\ 0,\ 2m] \cdots\cdots\cdots\cdots\cdots ④\end{cases}$$

(i) ④より，質点 P に働く力のモーメント $\boldsymbol{N}$ を右の計算により求めると，

$$\boldsymbol{N}=\boldsymbol{r}\times\boldsymbol{f}=[t,\ -2t,\ t^2]\times[0,\ 0,\ 2m]$$
$$=[-4mt,\ -2mt,\ 0] \cdots\cdots ⑤$$

となる。 ……………………………………(答)

外積 $\boldsymbol{r}\times\boldsymbol{f}$ の計算

t　$-2t$　t^2　t

0　0　$2m$　0

0　$][-4mt,\ -2mt,$

(ii) ③より，質点 P の角運動量 $\boldsymbol{L}$ を右の計算により求めると，

$$\boldsymbol{L}=\boldsymbol{r}\times\boldsymbol{p}$$
$$=[t,\ -2t,\ t^2]\times[m,\ -2m,\ 2mt]$$
$$=[-4mt^2+2mt^2,\ mt^2-2mt^2,\ -2mt+2mt]$$
$$=[-2mt^2,\ -mt^2,\ 0]\ \cdots\cdots⑥$$ となる。 ……………………………(答)

外積 $\boldsymbol{r}\times\boldsymbol{p}$ の計算

$t \quad -2t \quad t^2 \quad t$

$m \quad -2m \quad 2mt \quad m$

$-2mt+2mt]\,[-4mt^2+2mt^2,\ mt^2-2mt^2,$

⑥より，$\boldsymbol{L}$ を時刻 t で微分すると，

$$\frac{d\boldsymbol{L}}{dt}=[(-2mt^2)',\ (-mt^2)',\ 0']$$
$$=[-4mt,\ -2mt,\ 0]$$ となって，これは，⑤の $\boldsymbol{N}$ と一致する。

よって，位置ベクトル $\boldsymbol{r}(t)=[t,\ -2t,\ t^2]$ で運動する質点 P について，

回転の運動方程式：$\boldsymbol{N}=\dfrac{d\boldsymbol{L}}{dt}$ ……(*) が成り立つことが確認できた。

………(終)

講義3 ●運動の法則　公式エッセンス

1. 運動の第1法則：慣性の法則

物体に外力が作用しない限り，その物体は静止し続けるか，等速度運動を続ける。これから，慣性系が設定される。

2. 運動の第2法則：運動方程式

$\boldsymbol{f} = \frac{d\boldsymbol{p}}{dt} = \frac{d}{dt}(m\boldsymbol{v})$　特に，m 一定のときは，$\boldsymbol{f} = m\boldsymbol{a}$　$\left(\boldsymbol{a} = \frac{d\boldsymbol{v}}{dt}\right)$

3. 運動の第3法則：作用・反作用の法則

物体1が物体2に力 $\boldsymbol{f}_{12}$ を及ぼせば，物体2は物体1に大きさが等しく逆向きの力 $\boldsymbol{f}_{21}$ を及ぼす：$\boldsymbol{f}_{12} = -\boldsymbol{f}_{21}$

4. 2つの物体の運動量保存則

$t_1 \leqq t \leqq t_2$ の間，2つの物体1と2が外力を受けず，内力のみで運動するとき，それぞれの運動量の和は保存される：

$\boldsymbol{p}_1(t_1) + \boldsymbol{p}_2(t_1) = \boldsymbol{p}_1(t_2) + \boldsymbol{p}_2(t_2)$

5. 回転の運動方程式

物体の角運動量 $\boldsymbol{L}(= \boldsymbol{r} \times \boldsymbol{p})$ の変化率 $\frac{d\boldsymbol{L}}{dt}$ は，その物体に作用する力のモーメント $\boldsymbol{N}(= \boldsymbol{r} \times \boldsymbol{f})$ に等しい：$\boldsymbol{N} = \frac{d\boldsymbol{L}}{dt}$

6. 万有引力の法則

距離 r だけ離れた質量 M と m の2つの物体には，互いに引き合う万有引力が作用し，その大きさ f は質量の積 Mm に比例し，距離 r の2乗に反比例する：

$f = G\frac{Mm}{r^2}$　(万有引力定数 $G = 6.672 \times 10^{-11}\ (\mathrm{Nm^2/kg^2})$)

7. ケプラーの法則

(i) 第1法則：惑星は太陽を1つの焦点とするだ円軌道上を運動する。

(ii) 第2法則：惑星と太陽を結ぶ線分が同一時間に通過してできる図形の面積は一定である。(面積速度一定の法則)

(iii) 第3法則：惑星の公転周期 T の2乗は惑星のだ円軌道の長半径 a の3乗に比例する。

講　義
Lecture
4

仕事とエネルギー

テーマ

▶ 仕事と運動エネルギー

$$\left(\int_{P_1}^{P_2} \boldsymbol{f}\cdot d\boldsymbol{r} = \frac{1}{2}mv_2^2 - \frac{1}{2}mv_1^2\right)$$

▶ 保存力，ポテンシャル（位置エネルギー）

$$\left(\boldsymbol{f}_c = -\mathbf{grad}\,U = -\nabla U = -\left[\frac{\partial U}{\partial x},\ \frac{\partial U}{\partial y},\ \frac{\partial U}{\partial z}\right]\right)$$

▶ 力学的エネルギーの保存則

$$\left(\frac{1}{2}mv_1^2 + U(\mathrm{P}_1) = \frac{1}{2}mv_2^2 + U(\mathrm{P}_2)\right)$$

§1. 仕事と運動エネルギー

前回の講義では，力 $\boldsymbol{f}$ を時間で積分した“**力積**”が“**運動量**”(ベクトル)に変化を与えることを学んだ。今回はこの力 $\boldsymbol{f}$ を質点の描く軌道に沿って積分して“**仕事**”(スカラー)を求めよう。文字通り，これは力が物体になした仕事の量を表す。そして，その結果，物体の“**運動エネルギー**”(スカラー)が変化することも示そう。

今回は，新たな数学として，“**接線線積分**(せっせんせんせきぶん)”の手法を用いることになるんだけれど，また分かりやすく教えるから，すべて理解できるはずだ。頑張ろう！

● 仕事は、接線線積分により求められる

仕事 W の基本を図1に示そう。まさつのない床面に質量 m(kg) の物体Pをおき，これに力 f を水平方向に加えて同じ向きに L だけ移動させたものとする。このとき，力 f が物体Pになした**仕事**を W とおくと，

$\underline{W = f \cdot L}$ ……① となる。

（まず，(仕事)＝(力)×(距離) と覚えよう！）

図1 仕事 $W = f \cdot \Delta x$

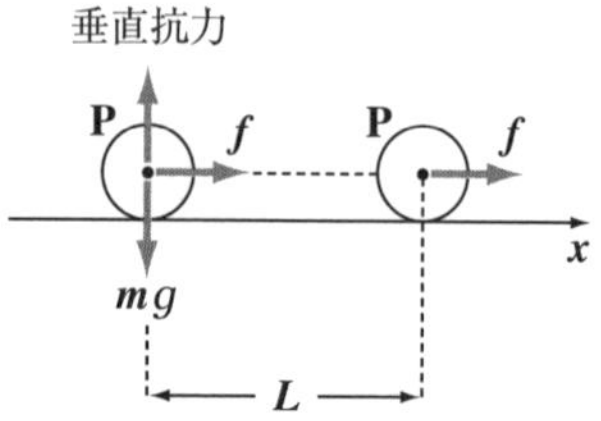

①より，仕事 W の単位は $[\underline{\mathrm{N} \times \mathrm{m}}]$ より，これを[J](ジュール)で表す。これは，

（$f \times L$）

エネルギーと同じ単位なんだね。

また，図1の物体Pには，鉛直方向に重力 mg とこれに対する垂直な力 N が働くが，互いに打ち消し合って，0 となる。しかし，これら物体の運動の向きと垂直な力がたとえ 0 にならずに存在したとしても，仕事には一切関係ないので，仕事 W の計算では無視できる。あくまでも，仕事 W に寄与(きよ)する力は，物体(質点)Pの運動する向き(つまり，速度 $\boldsymbol{v}(t)$ の向き)と同じ向きのものだけなんだね。よって，物体Pが平面や空間上をある曲線を描きながら運動する場合，速度 $\boldsymbol{v}(t)$ の向き(つまり，曲線の接線の向き $d\boldsymbol{r}$)は時々刻々変化するので，この場合の仕事 W の計算には，“**接線線積分**(せっせんせんせきぶん)”が必要になるんだね。

ン? 意味がよく分からないって!? いいよ。これから，“**仕事**”の一般論について，詳しく解説しよう。

図 2(i) に示すように，xyz 座標空間内を質量 m をもつ質点 P が，力 $\boldsymbol{f}=[f_x,\ f_y,\ f_z]$ を受けながら点 P_1 から P_2 まで曲線(軌跡) C を描いて移動するものとする。図 2(i) から分かるように，曲線(変位)の向きは常に変化するので，ここではまず，力 $\boldsymbol{f}$ が質点 P に働いて微小変位 $d\boldsymbol{r}=[dx,\ dy,\ dz]$ の長さ $\|d\boldsymbol{r}\|$ だけ移動する場合の微小な仕事 dW を求めることにしよう。図 2(ii) に示すように，$\boldsymbol{f}$ と $d\boldsymbol{r}$ のなす角を θ とおくと，dW は $\boldsymbol{f}$ の $d\boldsymbol{r}$ の向きの成分 $\|\boldsymbol{f}\|\cos\theta$ (**$\boldsymbol{f}$ の $d\boldsymbol{r}$ に対する正射影の大きさ**) と微小変位の大きさ $\|d\boldsymbol{r}\|$ との積になるので，

図 2(i) 接線線積分による仕事の表現(I)

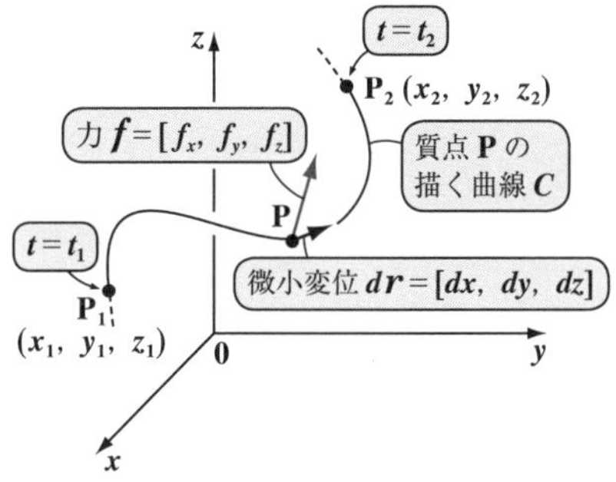

(ii)

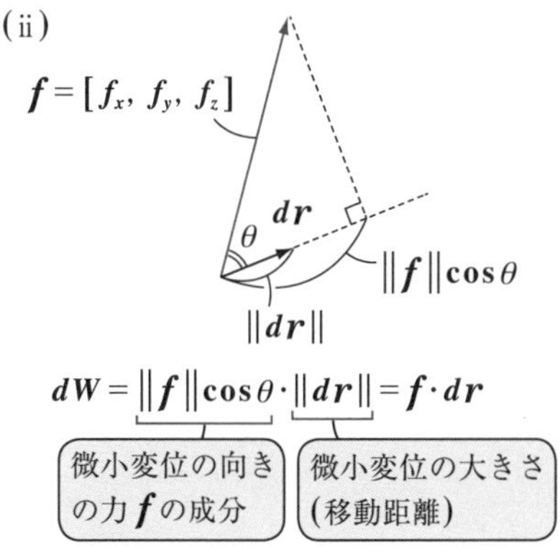

$$dW=\underbrace{\|\boldsymbol{f}\|\cos\theta}_{\text{接線方向の力}}\cdot\underbrace{\|d\boldsymbol{r}\|}_{\text{微小な距離}}=\|\boldsymbol{f}\|\cdot\|d\boldsymbol{r}\|\cdot\cos\theta=\boldsymbol{f}\cdot d\boldsymbol{r}\ \cdots\cdots②$$ となる。よって，

(これは，$\boldsymbol{f}$ と $d\boldsymbol{r}$ の内積)

② を点 $P_1(x_1,\ y_1,\ z_1)$ から点 $P_2(x_2,\ y_2,\ z_2)$ まで積分することにより，この間に力 $\boldsymbol{f}$ が質点 P になした仕事 W は，

$$W=\int_{P_1}^{P_2}\boldsymbol{f}\cdot d\boldsymbol{r}\ \cdots\cdots(*1)$$ と求まるんだね。(この力 $\boldsymbol{f}$ は $x,\ y,\ z$ の関数と考える。)

(力 $\boldsymbol{f}=[f_x,\ f_y,\ f_z]$，微小変位 $d\boldsymbol{r}=[dx,\ dy,\ dz]$)

$(*1)$ の右辺は，力のベクトル $\boldsymbol{f}$ を，曲線(軌道)の接線方向に沿って積分しているので，“**接線線積分**(せっせんせんせきぶん)”と呼ばれる。また，$(*1)$ を具体的に成分表示で表すと，

$$W=\int_{P_1}^{P_2} \boldsymbol{f}\cdot d\boldsymbol{r}=\int_{P_1}^{P_2}[f_x,\ f_y,\ f_z]\cdot[dx,\ dy,\ dz]$$

$$\therefore W=\int_{P_1}^{P_2}(f_x dx+f_y dy+f_z dz)\ \cdots\cdots(*2)$$

$\boldsymbol{a}\cdot\boldsymbol{b}=[a_1,\ a_2,\ a_3]\cdot[b_1,\ b_2,\ b_3]=a_1b_1+a_2b_2+a_3b_3$

となる。この表し方は，この後に解説する“**ポテンシャル**”のところで重要な役割を演じるので，覚えておこう。

では，次の**2**次元問題で実際に仕事Wを計算してみよう。

例題 **24** 2次元平面上で，質点Pが力$\boldsymbol{f}=[1,\ 1]$を受けながら，位置ベクトル$\boldsymbol{r}(x)=[x,\ x^2]$で，原点O(0, 0)から点A(2, 4)まで移動する。このとき，力$\boldsymbol{f}$がPになした仕事Wを求めよう。

今回の位置ベクトル$\boldsymbol{r}(x)=[x,\ x^2]$（$x^2 = y$）は時刻$t$の関数ではなくて，$x$の関数になっているんだね。質点Pが力$\boldsymbol{f}=[1,\ 1]$を受けながら右図のような曲線$y=x^2\ (0\leqq x\leqq 2)$上を原点Oから点A(2, 4)まで移動するとき，$\boldsymbol{f}$がPになす仕事$W$は(*1)，(*2)より，

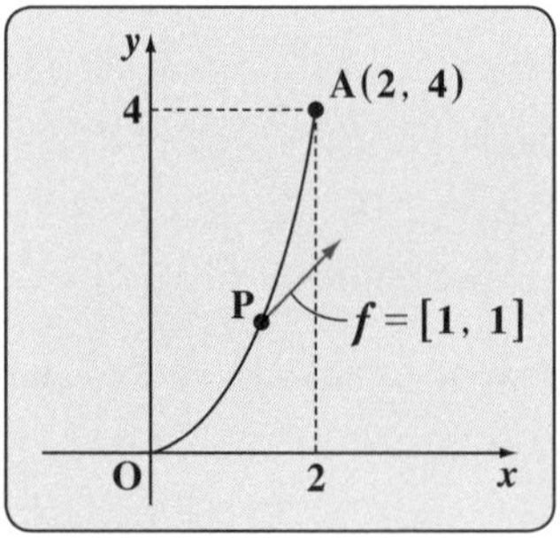

$$W=\int_O^A \boldsymbol{f}\cdot d\boldsymbol{r}=\int_O^A[1,\ 1]\cdot[dx,\ dy]$$

2次元問題なので，当然z成分はない！

$1\cdot dx+1\cdot dy=dx+2xdx$

$y=x^2$より，$dy=\dfrac{dy}{dx}\cdot dx=\dfrac{d(x^2)}{dx}\cdot dx=2xdx$となる。

$$W=\int_0^2(dx+2xdx)=\int_0^2(2x+1)dx=[x^2+x]_0^2$$

xでの積分なので，積分区間はO→Aを，x：0→2に変化させる。

$=4+2-0=6$ となって，Wが求められる。大丈夫だった？

では次に，仕事Wが加えられることにより，物体Pの運動エネルギーが変化することについて，解説しよう。

● 仕事と運動エネルギーの関係を調べよう！

もっと，この仕事 W を調べてみよう。加速度 $\boldsymbol{a}$ は質点Pの描く曲線(軌道)の接線方向と主法線方向に分解されて，

$$\boldsymbol{a}=\frac{dv}{dt}\boldsymbol{t}+\frac{v^2}{R}\boldsymbol{n} \quad \cdots\cdots ③$$

$\left(\begin{array}{l}\boldsymbol{t}：単位接線ベクトル\\ \boldsymbol{n}：単位主法線ベクトル\end{array}\right)$

と表される(P54)ことは既に解説した。よって図3に示すように，質点Pに働く力 $\boldsymbol{f}$ も③を使って，$\boldsymbol{t}$ と $\boldsymbol{n}$ で，

図3 接線線積分による仕事の表現(Ⅱ)

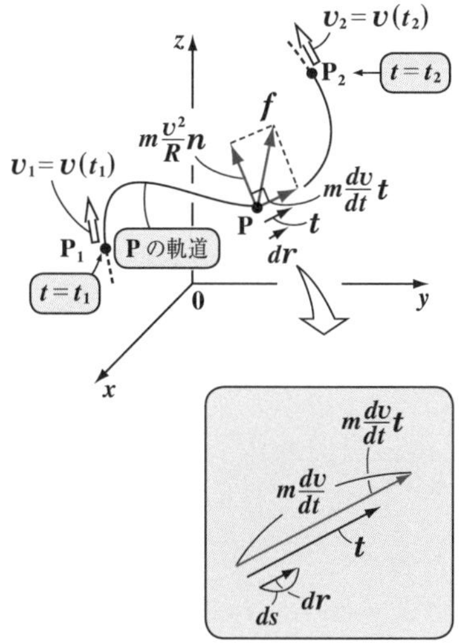

$$\boldsymbol{f}=m\boldsymbol{a}=m\left(\frac{dv}{dt}\boldsymbol{t}+\frac{v^2}{R}\boldsymbol{n}\right)$$

$$\boldsymbol{f}=m\frac{dv}{dt}\boldsymbol{t}+m\frac{v^2}{R}\boldsymbol{n} \quad \cdots\cdots ④$$

と表すことができるんだね。

また，微小変位 $\boldsymbol{dr}$ の大きさを

$ds=\|\boldsymbol{dr}\|$ とおくと，$\boldsymbol{dr}=ds\boldsymbol{t}$ ……⑤ となるのも大丈夫だね。

（$\boldsymbol{dr}$ は，単位ベクトル $\boldsymbol{t}$ に大きさ ds をかけたものとして表される。）

よって，仕事の公式：$W=\int_{P_1}^{P_2}\boldsymbol{f}\cdot\boldsymbol{dr}$ ……(＊1) に④と⑤を代入して，

$$W=\int_{P_1}^{P_2}\underbrace{\left(m\frac{dv}{dt}\boldsymbol{t}+m\frac{v^2}{R}\boldsymbol{n}\right)}_{\boldsymbol{f}}\cdot\underbrace{ds\boldsymbol{t}}_{\boldsymbol{dr}}$$

$$=\int_{P_1}^{P_2}\left(m\frac{dv}{dt}ds\underbrace{\|\boldsymbol{t}\|^2}_{1^2}+m\frac{v^2}{R}ds\underbrace{\boldsymbol{n}\cdot\boldsymbol{t}}_{0}\right)$$

（進行方向と垂直な力の成分は無視し，進行と平行な力の成分だけが，仕事に寄与するんだね。）

$$\therefore W=m\int_{P_1}^{P_2}\frac{dv}{dt}ds \text{ となる。}\left(\because \|\boldsymbol{t}\|=1,\ \boldsymbol{n}\cdot\boldsymbol{t}=0\right)$$

（$\because \boldsymbol{n}\perp\boldsymbol{t}$ だからね。）

ここで，$\dfrac{ds}{dt}=v\ (=\|\boldsymbol{v}\|)$ より，この定積分を変形すると，

$$W=m\int_{P_1}^{P_2}\frac{dv}{dt}\underline{ds}=m\int_{t_1}^{t_2}v\cdot\dot{v}\,dt$$

$\dfrac{ds}{dt}\cdot dt=v\cdot dt$

t での積分に切り替えたので，積分区間も，$t:t_1\to t_2$ に変えた。

公式 $\int f\cdot f'dx=\dfrac{1}{2}f^2+C$ を使った。

$$=m\left[\frac{1}{2}v(t)^2\right]_{t_1}^{t_2}=\frac{1}{2}m\{v(t_2)^2-v(t_1)^2\}$$

ここで，時刻 t_1，t_2，すなわち点 P_1，P_2 における質点 P の速さをそれぞれ v_1，v_2 とおくと，仕事 W は次のように表すことができる。

$v_1 = v(t_1)$，$v_2 = v(t_2)$

$$W=\frac{1}{2}mv_2^2-\frac{1}{2}mv_1^2\ \cdots\cdots(*3)$$

ここで，$\dfrac{1}{2}mv^2$ という量（スカラー）を"**運動エネルギー**"と呼び，これを K で表すこともある。(*3) を変形して，

$\dfrac{1}{2}mv_2^2=\dfrac{1}{2}mv_1^2+W$ ……⑥ とおくと，⑥は，

「元々 $\dfrac{1}{2}mv_1^2$ の運動エネルギーをもっていた質点 P に仕事 W がなされると，W の分だけ運動エネルギーが増えて，$\dfrac{1}{2}mv_2^2$ になる」と言っているんだね。

ン？これって，**P74** で学んだ運動量と力積の関係とよく似ているって !?
そうだね。…
スカラーとベクトルの違いはあるけれど，これらは同じ形をしているので，下に対比して，示しておこう。

仕事と運動エネルギーの関係

$$\frac{1}{2}mv_2^2=\frac{1}{2}mv_1^2+\int_{P_1}^{P_2}f\cdot dr$$

（$\frac{1}{2}mv_2^2$：仕事後の運動エネルギー，$\frac{1}{2}mv_1^2$：はじめの運動エネルギー，$\int_{P_1}^{P_2}f\cdot dr$：なされた仕事）

力積と運動量の関係

$$mv_2=mv_1+\int_{t_1}^{t_2}f\,dt$$

（mv_2：力積後の運動量，mv_1：はじめの運動量，$\int_{t_1}^{t_2}f\,dt$：加えられた力積）

それでは，仕事と運動エネルギーの公式をもう 1 度まとめておこう。

仕事と運動エネルギー

力 $\boldsymbol{f}=[f_x,\ f_y,\ f_z]=m\dfrac{dv}{dt}\boldsymbol{t}+m\dfrac{v^2}{R}\boldsymbol{n}$ を受けながら，質量 m をもった質点 P が，点 P_1 から点 P_2 まである軌道 $\boldsymbol{r}(t)$ を描いて運動するとき，この力 $\boldsymbol{f}$ が P になした仕事 W は次式で求められる。

$$W=\underbrace{\int_{P_1}^{P_2}\boldsymbol{f}\cdot d\boldsymbol{r}}_{(*1)}=\underbrace{\int_{P_1}^{P_2}(f_x dx+f_y dy+f_z dz)}_{(*2)}=\underbrace{\frac{1}{2}mv_2{}^2-\frac{1}{2}mv_1{}^2}_{(*3)}$$

（ただし，v_1，v_2 は点 P_1，P_2 における質点 P の速さ）

それでは，例題で練習しておこう。

例題 25　質量 m(kg) の物体 P を地上 10(m) の高さから，初速度 $v_0=0$ (m/s) で自由落下させる。空気抵抗はないものとして，P が地上に到達する直前の速さ v(m/s) を仕事と運動エネルギーの式から求めよう。（ただし，重力加速度 $g=9.8$ (m/s²) とする。）

右図のように，高さ 10(m) の点を原点として，鉛直下向きに x 軸をとる。初速度 $v_0=0$ (m/s) の状態から物体 P を自由落下させて，着地する直前の速さを v (m/s) とおくと，その間に重力が P になした仕事は，重力 mg と P の運動の向きとが一致するので，

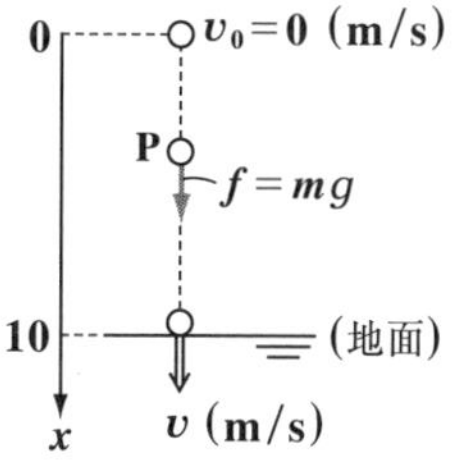

$$W=\int_0^{10}mg\,dx=mg[x]_0^{10}=mg\cdot 10=98m\ \text{(J)}$$

となる。よって，仕事と運動エネルギーの式より，

$$\underbrace{\frac{1}{2}mv^2}_{\text{着地寸前の運動エネルギー}}=\underbrace{\cancel{\frac{1}{2}m\cdot 0^2}}_{0\ (\because v_0=0)}+\underbrace{W}_{98m}\qquad \cancel{m}v^2=2\times 98\cancel{m}\ \text{より，}$$

$v^2=2\times 98=4\times 49$　　$\therefore v=\sqrt{4\times 49}=2\times 7=14$ (m/s) となることが分かる。

演習問題 7	● 仕事 W の計算 ●

2 次元平面上で，質点 $\mathbf{P}$ が力 $\boldsymbol{f}=[2,\ -1]$ を受けながら，位置ベクトル $\boldsymbol{r}(x)=[x,\ \sin x]$ で原点 $\mathrm{O}(0,\ 0)$ から点 $\mathrm{A}\left(\dfrac{\pi}{2},\ 1\right)$ まで移動する。

このとき，力 $\boldsymbol{f}$ が質点 P になした仕事 W を求めよ。

ヒント！ 位置ベクトル $\boldsymbol{r}(x)$ で，力 $\boldsymbol{f}=[2,\ -1]$ を受けながら，2 次元運動する質点 P に対して，力 $\boldsymbol{f}$ のなす仕事 W は，$W=\int_{\mathrm{O}}^{\mathrm{A}}\boldsymbol{f}\cdot d\boldsymbol{r}=\int_{\mathrm{O}}^{\mathrm{A}}(2dx-1dy)$ となる。これを x での積分に置き換えて計算すればいいんだね。頑張ろう！

解答＆解説

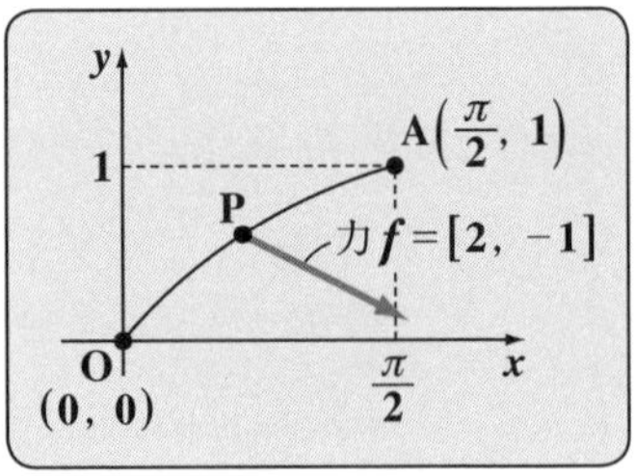

位置ベクトル $\boldsymbol{r}(x)=[x,\ \underbrace{\sin x}_{y}]$ より，質点 P は，右図に示すような曲線 $y=\sin x$ $\left(0\leqq x\leqq\dfrac{\pi}{2}\right)$ を描いて，点 $\mathrm{O}(0,\ 0)$ から点 $\mathrm{A}\left(\dfrac{\pi}{2},\ 1\right)$ まで，力 $\boldsymbol{f}=[2,\ -1]$ を受けながら移動する。このとき，力 $\boldsymbol{f}$ が質点 P になす仕事 W は，

$$W=\int_{\mathrm{O}}^{\mathrm{A}}\boldsymbol{f}\cdot d\boldsymbol{r}=\int_{\mathrm{O}}^{\mathrm{A}}[2,\ -1]\cdot[dx,\ dy]=\int_{\mathrm{O}}^{\mathrm{A}}(2dx-dy)$$

$y=\sin x$ より，dy は，$\dfrac{dy}{dx}dx=(\sin x)'dx=\cos x dx$ となる。
このとき，$\mathrm{O}\to\mathrm{A}$ は，$x:0\to\dfrac{\pi}{2}$ となる。

$$=\int_0^{\frac{\pi}{2}}(2dx-\cos x dx)=\int_0^{\frac{\pi}{2}}(2-\cos x)dx=[2x-\sin x]_0^{\frac{\pi}{2}}$$

$$=2\cdot\frac{\pi}{2}-\underbrace{\sin\frac{\pi}{2}}_{1}-(\underbrace{2\cdot 0}_{0}-\underbrace{\sin 0}_{0})=\pi-1$$ である。 ……………………………(答)

演習問題 8 ● 仕事と運動エネルギーの関係式 ●

長さ $l=10\,(\mathrm{m})$ の軽い糸の先に質量 $m\,(\mathrm{kg})$ の重り(質点)**P** をつけた振り子を水平方向に張った状態から静かに手を離した。この振り子の質点 **P** が最下点に達したときの速さ v を求めよ。ただし，重力加速度の大きさ $g=9.8\,(\mathrm{m/s^2})$ で，空気抵抗はないものとする。

ヒント！ 振り子の質点 **P** は，初速度 $v_0=0\,(\mathrm{m/s})$ で手を離すので，初めの運動エネルギーは 0 であり，これに，**P** が最下点に達するまでの仕事 W を加えたものが，最下点での **P** の運動エネルギー $\frac{1}{2}mv^2$ と一致する。つまり，$\frac{1}{2}mv^2=0+W$ の関係式が成り立つんだね。

解答＆解説

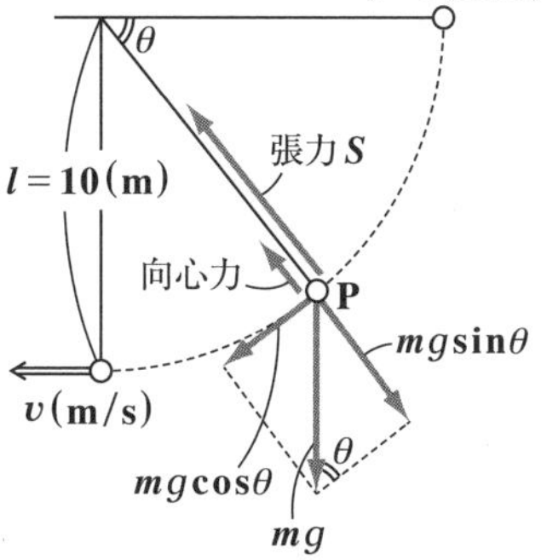

右図のように，振り子の振れ角 θ をとる。質点 **P** の初速度 v_0 は，$v_0=0\,(\mathrm{m/s})$ であり，**P** が最下点に達したときの速さを v とおく。振れ角が θ のとき，重力 mg の，**P** の進向方向成分は $mg\cos\theta$ であり，そのときの **P** の微小な移動距離 ds は $ds=\underbrace{10}_{l}\cdot d\theta$ である。よって，この微小仕事 dW は，

$dW=mg\cos\theta\cdot 10\cdot d\theta$ となる。

よって，$\theta:0\rightarrow\frac{\pi}{2}$ で，重力が **P** になす仕事 W は，

$$W=\int_0^{\frac{\pi}{2}}mg\cos\theta\cdot 10d\theta=10m\underbrace{g}_{9.8}\underbrace{[\sin\theta]_0^{\frac{\pi}{2}}}_{1-0=1}=98m$$

である。

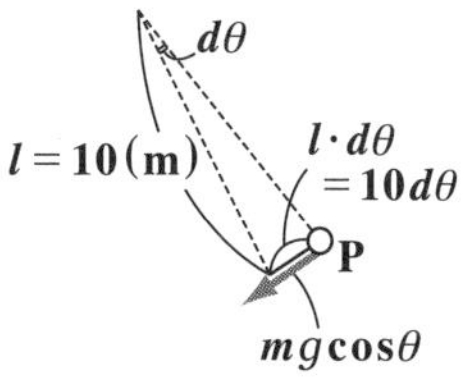

よって，仕事と運動エネルギーの関係式より，

$$\frac{1}{2}mv^2=\cancel{\frac{1}{2}m\cdot 0^2}+\underbrace{98m}_{W}$$ より，

$v=\sqrt{2\times 98}=\sqrt{2^2\times 7^2}=14\,(\mathrm{m/s})$ となる。

………(答)

S は糸の張力で，質点 **P** の運動の軌跡を円形に保つ束縛力だ。$S-mg\sin\theta=m\cdot\frac{v^2}{l}$ (向心力)となるが，これらは **P** の進向方向と垂直な力なので，仕事には寄与しない。

§2. 保存力とポテンシャル

これから“保存力(ほぞんりょく)”と“ポテンシャル”について解説しよう。1次元，2次元，3次元に関わらず，もし力 f が保存力であれば，ポテンシャルと呼ばれる U という1つの関数だけで表すことができるんだね。また，これから“力学的エネルギーの保存則(ほぞんそく)”も導くことができる。

今回は数学的にも，“偏微分(へんびぶん)”だけでなく，∇(ナブラ)(または，grad(グラディエント))といった演算子の解説もすることになる。難しそうだって!?…そうだね。でも，今回も分かりやすく親切に解説するから心配は無用です。

ではまず，偏微分の計算のやり方から，講義を始めよう！

● 偏微分では、他の変数は定数扱いにする！

$f(x)$ や $g(y)$ など，1変数関数の微分 $f'(x)=\dfrac{df}{dx}$ や $g'(y)=\dfrac{dg}{dy}$ などのことを“常微分(じょうびぶん)”といい，これに対して，$U(x, y)$ や $U(x, y, z)$ など，多変数関数について，たとえば，$\dfrac{\partial U}{\partial x}$ や $\dfrac{\partial U}{\partial y}$ などのことを，“偏微分(へんびぶん)”というんだね。

これは，“ラウンド U，ラウンド x”などと読む。常微分と区別するために，“d”ではなく“∂(ラウンド)”という記号を使うことにも注意しよう。

そして，$U(x, y, z)$ を x で偏微分する場合，x 以外の他の変数 y や z は定数と見なして微分することがコツなんだね。これは，例題で練習することが一番だから早速次の例題を解いてみよう。

例題 26 次の問いに答えよう。

(1) $U(x, y)=x^2y+xy^2$ のとき，$\dfrac{\partial U}{\partial x}$ と $\dfrac{\partial U}{\partial y}$ を求めよう。

(2) $U(x, y, z)=2xy+y^2z^2$ のとき，$\dfrac{\partial U}{\partial x}$ と $\dfrac{\partial U}{\partial y}$ と $\dfrac{\partial U}{\partial z}$ を求めよう。

(1) $U(x, y) = x^2y + xy^2$ のとき，← x と y の 2 変数関数

$$\frac{\partial U}{\partial x} = \frac{\partial}{\partial x}(x^2y + xy^2) = (x^2)' \cdot y + x' \cdot y^2 = 2x \cdot y + 1 \cdot y^2 = 2xy + y^2$$

（定数扱い）← x で偏微分するとき，y は定数として扱う。

$$\frac{\partial U}{\partial y} = \frac{\partial}{\partial y}(x^2y + xy^2) = x^2 \cdot y' + x(y^2)' = x^2 \cdot 1 + x \cdot 2y = x^2 + 2xy$$

（定数扱い）← y で偏微分するとき，x は定数として扱う。

(2) $U(x, y, z) = 2xy + y^2z^2$ のとき，← x と y と z の 3 変数関数

$$\frac{\partial U}{\partial x} = \frac{\partial}{\partial x}(2y \cdot x + y^2z^2) = 2y \cdot x' + (y^2z^2)' = 2y \cdot 1 = 2y$$

（定数扱い）（$(y^2z^2)'$ は 0）← y と z は定数扱い

$$\frac{\partial U}{\partial y} = \frac{\partial}{\partial y}(2x \cdot y + y^2 \cdot z^2) = 2x \cdot y' + (y^2)' \cdot z^2 = 2x \cdot 1 + 2yz^2 = 2x + 2yz^2$$

（定数扱い）← x と z は定数扱い

$$\frac{\partial U}{\partial z} = \frac{\partial}{\partial z}(2xy + y^2z^2) = (2xy)' + y^2(z^2)' = y^2 \cdot 2z = 2y^2z$$

（定数扱い）（$(2xy)'$ は 0）← x と y は定数扱い

どう？これで偏微分の計算のやり方も分かったでしょう？

● 保存力 f_c は、1 つのポテンシャルで表せる！

準備も整ったので“保存力(ほぞんりょく)”について解説しよう。一般の力 $\boldsymbol{f}$ の中で，その成分がすべて 1 つのポテンシャル U の偏微分に㊀を付けたもので表されるとき，特にこれを保存力と呼び，f_c で表すことにする。まだ，ピンとこない方がほとんどだと思うけれど，これから具体的に f_c が(i) 1 次元，(ii) 2 次元，(iii) 3 次元の場合について，下に示そう。

(Ⅰ) 保存力 f_c が 1 次元の場合，

ポテンシャル $U(x)$ によって，f_c は次のように表される。

$$f_c = -\frac{dU}{dx} \quad \cdots\cdots (*a)$$

← U は 1 変数関数なので，右辺は常微分で表される。

(Ⅱ) 保存力 $\boldsymbol{f_c}$ が 2 次元の場合，

ポテンシャル $U(x, y)$ によって，$\boldsymbol{f_c}$ は次のように表される。

$$\boldsymbol{f_c} = [f_x, f_y] = \left[-\frac{\partial U}{\partial x}, -\frac{\partial U}{\partial y}\right] \quad \cdots\cdots (*b)$$

← U は，2 変数関数なので，右辺は偏微分で表される。

(Ⅲ) 保存力 $\boldsymbol{f_c}$ が 3 次元の場合，

ポテンシャル $U(x, y, z)$ によって，$\boldsymbol{f_c}$ は次のように表される。

$$\boldsymbol{f_c} = [f_x, f_y, f_z] = \left[-\frac{\partial U}{\partial x}, -\frac{\partial U}{\partial y}, -\frac{\partial U}{\partial z}\right] \quad \cdots\cdots (*c)$$

← U は，3 変数関数なので，右辺は偏微分で表される。

以上で，保存力 $\boldsymbol{f_c}$ とポテンシャル U の関係が分かったでしょう。では具体的にどのようなポテンシャル U と保存力 $\boldsymbol{f_c}$ があるのか，考えてみよう。

(Ⅰ)・1 次元の f_c と U の例として，右図に示すように，質量 m の質点に働く重力 $-mg$ がある。つまり，$f_c = -mg$ であり，このポテンシャル U は，$U = mgx$ なんだね。この U は，高校の物理で習った位置エネルギーのことだね。これだと，ナルホド

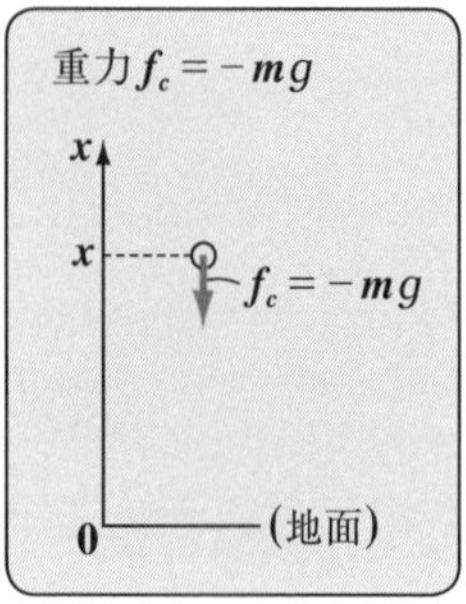

$$-\frac{dU}{dx} = -(mgx)' = -mg \cdot 1 = -mg = f_c$$

となって，U と f_c の関係式 $f_c = -\dfrac{dU}{dx}$ ……$(*a)$ をみたすからだ。

したがって，一般論として，U は "**ポテンシャル・エネルギー**" や "**位置エネルギー**" と呼ばれることも覚えておこう。

・もう一つの例として，右図に示すような水平ばね振り子のばねの復元力 $-kx$ が保存力 f_c になる。つまり，$f_c = -kx$ (k：ばね定数，x：変位) であり，このポテンシャル U は，$U = \dfrac{1}{2}kx^2$ になる。これも，実際に調べてみると，

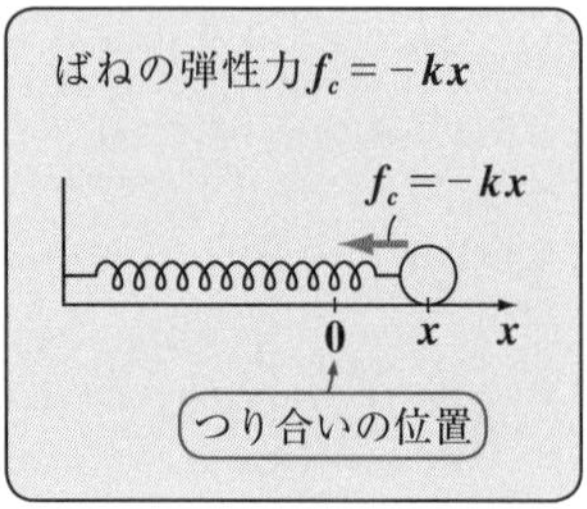

$-\frac{dU}{dx}=-\left(\frac{1}{2}kx^2\right)'=-\frac{1}{2}k\cdot 2x=-kx=f_c$ となって，(＊a)の公式をみ

（$\frac{1}{2}k$：定数）

たすことが分かるはずだ。

(Ⅱ) 2次元の f_c と U の例としては，演習問題7(P98)で扱った力 $f=[2,\ -1]$ が，保存力 f_c となるのは分かるだろう？このときのポテンシャル U は，$U=-2x+y$ となるんだね。これも調べてみると，ポテンシャル $U(x,\ y)$ によって，f_c は次のように表される。

$$\left[-\frac{\partial U}{\partial x},\ -\frac{\partial U}{\partial y}\right]=[-(-2\cdot 1),\ -1]=[2,\ -1]=f_c$$ となって，(＊b)の公式

$-2\cdot x'+y'=-2\cdot 1$（y：定数扱い）

$(-2x)'+y'=1$（$-2x$：定数扱い）

$U=-2x+y+C$ (C：定数) としてもいいんだけれど，ポテンシャルは2つの点の差が意味をもつので，一般に定数 C は省略する。

をみたすからだね。では次，

(Ⅲ) 3次元の f_c と U の例は，(Ⅱ)のときと同様に，f_c が定ベクトル，たとえば，$f_c=[1,\ -2,\ 1]$ であれば，これが保存力の例になる。何故ならポテンシャル U を $U=-x+2y-z$ とすれば，ポテンシャル $U(x,\ y,\ z)$ によって，f_c は次のように表される。

$$\left[-\frac{\partial U}{\partial x},\ -\frac{\partial U}{\partial y},\ -\frac{\partial U}{\partial z}\right]=[-(-1),\ -2,\ -(-1)]=[1,\ -2,\ 1]=f_c$$ と

$-x'+(2y-z)'=-1$（$2y-z$：定数扱い）

$(-x)'+(2y)'-z'=2\cdot 1=2$（$-x$, z：定数扱い）

$(-x+2y)'-z'=-1$（$-x+2y$：定数扱い）

$U=-x+2y-z+C$ (C：定数) としてもいいんだけれど，一般に C は略す。ポテンシャル U は，その差が意味がある(P105)ので，C があっても，どうせ打ち消し合ってなくなるからだ。

なって，(＊c)の公式をみたすことが分かるからなんだね。

では，次の例題でさらに練習しておこう。

> 例題27　次の各ポテンシャルに対して，その保存力 f_c を求めよう。
>
> (1) $U(x,\ y)=x^2y$ のとき，2次元の保存力 f_c
>
> (2) $U(x,\ y,\ z)=xy-z^2$ のとき，3次元の保存力 f_c

今回は，与えられたポテンシャル U を基に，(＊b)や(＊c)を使って，2次元と3次元の保存力 f_c を求めてみよう。

(1) $U(x, y) = x^2y$ のとき，これをポテンシャルとする保存力 f_c は，

$$f_c = \left[-\frac{\partial U}{\partial x},\ -\frac{\partial U}{\partial y}\right] = [-(x^2)'\cdot \underbrace{y}_{},\ -\underbrace{x^2}_{}\cdot y'] = [-2x\cdot y,\ -x^2\cdot 1]$$

（定数扱い）

$= [-2xy,\ -x^2]$ となる。では次，

(2) $U(x, y, z) = xy - z^2$ のとき，これをポテンシャルとする保存力 f_c は，ポテンシャル $U(x, y, z)$ によって，f_c は次のように表される。

$$f_c = \left[-\frac{\partial U}{\partial x},\ -\frac{\partial U}{\partial y},\ -\frac{\partial U}{\partial z}\right] = [-(x'\cdot y - 0),\ -(x\cdot y' - 0),\ -\{0 - (z^2)'\}]$$

$= [-y,\ -x,\ 2z]$ となるんだね。大丈夫？

● 保存力のなす仕事は、ポテンシャルの差で表せる！

それでは，これから，**3** 次元の保存力 f_c がなす仕事を W とおいて，これを調べてみよう。でも，その前に，数学的な準備として，“**全微分**（ぜんびぶん）”と“**偏微分**”の関係式を示しておこう。

全微分と偏微分

(Ⅰ) **2** 変数関数 $U(x, y)$ について，これが全微分可能であるとき，

$$dU = \frac{\partial U}{\partial x}dx + \frac{\partial U}{\partial y}dy \quad \cdots\cdots(*d)$$ と表され，

（偏微分）（偏微分）

この dU のことを U の“**全微分**”という。

(Ⅱ) **3** 変数関数 $U(x, y, z)$ について，これが全微分可能であるとき，

$$dU = \frac{\partial U}{\partial x}dx + \frac{\partial U}{\partial y}dy + \frac{\partial U}{\partial z}dz \quad \cdots\cdots(*e)$$ と表され，

（偏微分）（偏微分）（偏微分）

この dU のことを U の“**全微分**”という。

一般，本書で扱う関数はすべて全微分可能と考えていい。上記の例題 **27** (**P103**) の **2** つの関数 U を用いて，それぞれの全微分を求める。

(1) $U = x^2y$ のとき，$\frac{\partial U}{\partial x} = 2xy$，$\frac{\partial U}{\partial y} = x^2$ より，この全微分 dU は，公式 $(*d)$

より，$dU = \frac{\partial U}{\partial x}dx + \frac{\partial U}{\partial y}dy = 2xydx + x^2dy$ となる。次に，

(2) $U = xy - z^2$ のとき，$\frac{\partial U}{\partial x} = y$，$\frac{\partial U}{\partial y} = x$，$\frac{\partial U}{\partial z} = -2z$ より，この全微分 dU は，公式 $(*e)$ より，

$$dU = \frac{\partial U}{\partial x}dx + \frac{\partial U}{\partial y}dy + \frac{\partial U}{\partial z}dz = ydx + xdy - 2zdz$$ となるんだね。

では，準備も整ったので，これから，全微分可能な **3** 変数関数 $U(x, y, z)$ をポテンシャルにもつ **3** 次元の保存力 $f_c = [f_x, f_y, f_z] = \left[-\frac{\partial U}{\partial x}, -\frac{\partial U}{\partial y}, -\frac{\partial U}{\partial z}\right]$ ……① によりなされる仕事 W_c を調べてみよう。公式 $(*1)$, $(*2)$ (P93，P94) より，

$$W_c = \int_{P_1}^{P_2} f_c \cdot dr = \int_{P_1}^{P_2} [f_x, f_y, f_z] \cdot [dx, dy, dz]$$

$$= \int_{P_1}^{P_2} (f_x dx + f_y dy + f_z dz)$$

（$f_x = -\frac{\partial U}{\partial x}$，$f_y = -\frac{\partial U}{\partial y}$，$f_z = -\frac{\partial U}{\partial z}$ (①より)）

$$= -\int_{P_1}^{P_2} \left(\frac{\partial U}{\partial x}dx + \frac{\partial U}{\partial y}dy + \frac{\partial U}{\partial z}dz\right) \quad (①より)$$

（$= dU$ ($\because U$ は全微分可能)）

ここで，ポテンシャル U は全微分可能な関数なので，

$$W_c = -\int_{P_1}^{P_2} dU = -[U(P)]_{P_1}^{P_2} = -\{U(P_2) - U(P_1)\}$$

（$U(P_2)$：点 P_2 におけるポテンシャルで，U_2 とおく。 $U(P_1)$：点 P_1 におけるポテンシャルで，U_1 とおく。）

$$= -U_2 + U_1 \qquad (ただし，U_1 = U(P_1)，U_2 = U(P_2))$$

$\therefore W_c = U_1 - U_2$ ……② となって，W_c は超簡単な式になってしまった！

この②式の意味は「点 P_1 から点 P_2 まで保存力 f_c が質点になした仕事はその途中の経路とは関係なく，**2** 点 P_1 と P_2 のポテンシャルの差 $(U_1 - U_2)$ だけで

決まる」ということだ。つまり，図1に示すように，保存力 f_c のみが質点に作用して，点 P_1 から点 P_2 までになした仕事 W_c は，質点の軌道，すなわち積分経路 C_1，C_2，C_3，C_4，… によらず，$W_c = U_1 - U_2$ のみで決まってしまうんだね。だから，保存力 f_c のなす仕事 W_c には，"接線線積分" といった積分操作は不要になる。

図1 保存力 f_c による仕事 W_c

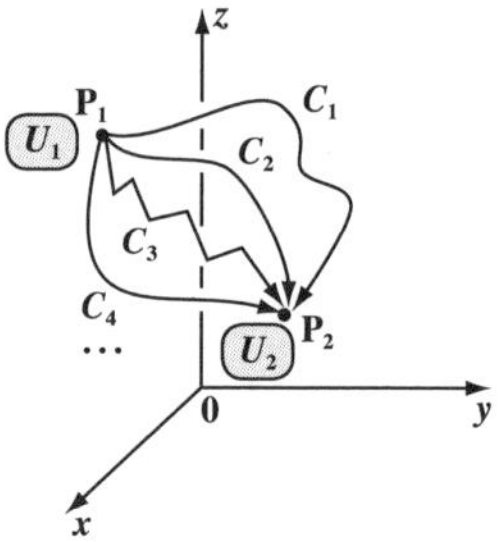

どう？ これで，保存力 f_c やポテンシャル U の威力がよく分かっただろう。

● 力学的エネルギーの保存則も導こう！

一般に，物体に作用する力 f はこれまで解説した保存力 f_c と，そうでない非保存力 $\tilde{f}$ の2つに分解することができる。つまり，

$f = f_c + \tilde{f}$ ……③ と表せる。

③の両辺について，点 P_1 から点 P_2 まで質点Pのある軌道に沿った接線線積分を行うと，

$$\underbrace{\int_{P_1}^{P_2} f \cdot dr}_{W} = \int_{P_1}^{P_2} (f_c + \tilde{f}) \cdot dr = \underbrace{\int_{P_1}^{P_2} f_c \cdot dr}_{W_c} + \underbrace{\int_{P_1}^{P_2} \tilde{f} \cdot dr}_{\widetilde{W}}$$ となる。

これから，力 f が質点Pになした仕事 W も，保存力によるもの W_c と非保存力によるもの $\widetilde{W}$ に分けることができる。よって，

$W = W_c + \widetilde{W}$ ……④ となる。

ここで，$W = \underbrace{\frac{1}{2}mv_2^2}_{K_2} - \underbrace{\frac{1}{2}mv_1^2}_{K_1}$ ……(*3) ← P96 と，

$W_c = U_1 - U_2$ ……② を④に代入すると，

$K_2 - K_1 = U_1 - U_2 + \widetilde{W}$ となり，これから，

$K_1 + U_1 + \widetilde{W} = K_2 + U_2$ ……⑤ が成り立つんだね。

非保存力 $\tilde{f}$ がなした仕事 ← これが0のとき，力学的エネルギーが保存される。

非保存力 $\tilde{\boldsymbol{f}}$ が $\mathbf{0}$ か，または $\mathbf{0}$ でなくとも運動(変位)の向きに対して垂直な力のみの場合，$\widetilde{W}=\int_{P_1}^{P_2}\tilde{\boldsymbol{f}}\cdot d\boldsymbol{r}=0$ となるので，このとき⑤から，

（たとえば，"垂直抗力"や振り子の重りに働く糸の"張力"などの"束縛力"がそうだね。）

$K_1+U_1=K_2+U_2$ ……(*f) が導ける。

ここで，運動エネルギー $K=\dfrac{1}{2}mv^2$ と位置エネルギー U の和を E で表し，（"ポテンシャル"のこと）

これを"(全)**力学的エネルギー**"と呼ぶ。つまり，

　全力学的エネルギー $E=K+U=\dfrac{1}{2}mv^2+U$ と表せるんだね。

したがって，(*f) は点 P_1 と点 P_2 において全力学的エネルギーは変化しないことを示している。したがって，これは，

$K_1+U_1=K_2+U_2=E$ (一定) ……(*f)′

と表すことができ，これを"(全)**力学的エネルギーの保存則**"と呼ぶ。

　それでは例題を解いてみよう。

例題 28　質量 m(kg)の物体Pを地上10(m)の高さから，初速度 $v_0=0$(m/s)で自由落下させる。空気抵抗は考えないものとして，Pが地上に到達する直前の速さ v(m/s)を，力学的エネルギーの保存則から求めよう。(ただし，重力加速度 $g=9.8$ (m/s²)とする。)

右図に示すように，

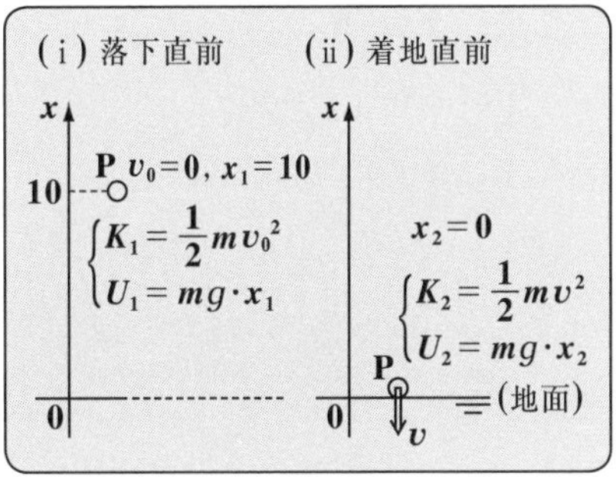

(i) 落下直前

$$\begin{cases} K_1=\dfrac{1}{2}mv_0^2=\dfrac{1}{2}m\cdot 0^2=0 \\ U_1=mg\cdot 10=98m \end{cases}$$ であり，

(ii) 着地直前

$$\begin{cases} K_2=\dfrac{1}{2}mv^2 \\ U_2=mg\cdot 0=0 \end{cases}$$ である。よって，

力学的エネルギーの保存則より，

$$\underbrace{0}_{K_1}+\underbrace{98m}_{U_1}=\underbrace{\frac{1}{2}mv^2}_{K_2}+\underbrace{0}_{U_2}\qquad v^2=2\times98$$

$$\begin{cases}K_1=0\\U_1=98m\end{cases}\quad\begin{cases}K_2=\dfrac{1}{2}mv^2\\U_2=0\end{cases}$$

$\therefore v=\sqrt{4\times49}=\sqrt{2^2\times7^2}=2\times7=14\ (\mathrm{m/s})$ となる。

これは，例題**25**(**P97**)と同じ設定の問題だったんだけれど，同じ結果が導けたんだね。今回，$x=0$(地面)のときのポテンシャルエネルギーU_2を$U_2=0$(基準)とした。ポテンシャルエネルギーは，その絶対値そのものには意味はなく，U_1とU_2の差が重要であることに気をつけよう。

この抵抗のない自由落下と関連して言っておくと，まさつのない斜面を質点がすべり落ちる場合や，振り子の重りが抵抗を受けずに運動する場合においても，それぞれの束縛力である垂直抗力Nや糸の張力Sは運動の方向と直交して，仕事には寄与しないので，同様に力学的エネルギーの保存則が成り立つ。

初速度$v_0=0$，落差$l=10$でこれらが運動するとき，最下点での質点(重り)の速さvは，同じ力学的エネルギーの保存則：

$\cancel{\frac{1}{2}m\cdot0^2}+mg\cdot10=\frac{1}{2}mv^2+\cancel{mg\cdot0}$ が利用できるので，いずれも同じ$v=14$ (m/s)になる。この様子を**3**つまとめて，次の図**2**(ⅰ)(ⅱ)(ⅲ)に示す。

図2　力学的エネルギーの保存則

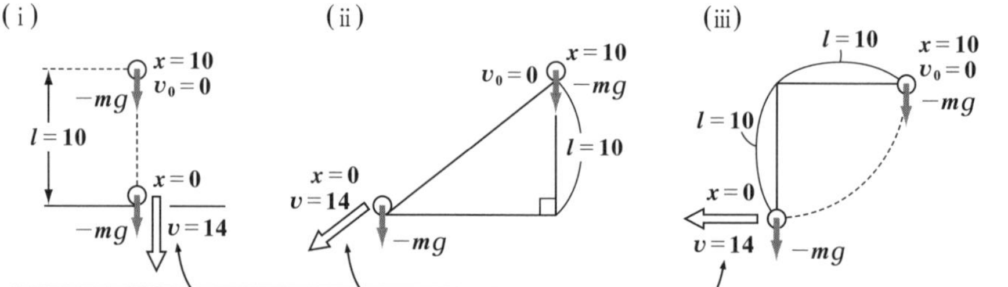

(ⅱ)(ⅲ)では束縛力が働くために速度の向きは自由落下の場合と異なるが，同じ保存力(重力)による運動なので，最下点での速さは経路によらず，どれも同じ$v=14$になる。

図**2**(ⅲ)は，演習問題**8**(**P99**)と同じ設定の問題で，結果も$v=14$となって一致するんだね。

● $\nabla U = \mathbf{grad}\,U$ の記号法に慣れよう！

これから，2次元と3次元の保存力 $\boldsymbol{f}_c$ とポテンシャル U の関係式を，∇(ナブラ)や grad(グラディエント)の記号法を使って，簡潔に表す方法を教えよう。

(Ⅰ) 2次元の保存力 $\boldsymbol{f}_c = [f_x,\ f_y]$ の場合，

ポテンシャル $U(x,\ y)$ を用いると，

$\boldsymbol{f}_c = [f_x,\ f_y] = \left[-\dfrac{\partial U}{\partial x},\ -\dfrac{\partial U}{\partial y}\right]$ ……① と表されるんだね。

ここで，新たな演算子(えんざんし)として，$\nabla = \left[\dfrac{\partial}{\partial x},\ \dfrac{\partial}{\partial y}\right]$ を定義し，これがポテンシャル U に作用して，

$\nabla U = \left[\dfrac{\partial}{\partial x},\ \dfrac{\partial}{\partial y}\right]U = \left[\dfrac{\partial U}{\partial x},\ \dfrac{\partial U}{\partial y}\right]$ となると考えるんだね。

さらに，∇U は $\mathbf{grad}\,U$ と表しても同じなので，①は簡潔に

（"ナブラU"）（"グラディエントU" または "Uの勾配(こうばい)ベクトル" と読む。）

$\boldsymbol{f}_c = -\nabla U$ または $\boldsymbol{f}_c = -\mathbf{grad}\,U$ と表せる。同様に，

(Ⅱ) 3次元の保存力 $\boldsymbol{f}_c = [f_x,\ f_y,\ f_z]$ の場合，

ポテンシャル $U(x,\ y,\ z)$ を用いて，

$\boldsymbol{f}_c = [f_x,\ f_y,\ f_z] = \left[-\dfrac{\partial U}{\partial x},\ -\dfrac{\partial U}{\partial y},\ -\dfrac{\partial U}{\partial z}\right]$ ……①′ と表せる。

ここで同様に演算子(えんざんし) $\nabla = \left[\dfrac{\partial}{\partial x},\ \dfrac{\partial}{\partial y},\ \dfrac{\partial}{\partial z}\right]$ を定義し，これがポテンシャル U に作用して，

$\nabla U = \left[\dfrac{\partial}{\partial x},\ \dfrac{\partial}{\partial y},\ \dfrac{\partial}{\partial z}\right]U = \left[\dfrac{\partial U}{\partial x},\ \dfrac{\partial U}{\partial y},\ \dfrac{\partial U}{\partial z}\right]$ となると考えよう。

さらに，∇U は $\mathbf{grad}\,U$ と表しても同じなので，①′は，

$\boldsymbol{f}_c = -\nabla U$ または $\boldsymbol{f}_c = -\mathbf{grad}\,U$ と表すことができるんだね。

この演算子 $\nabla = \left[\dfrac{\partial}{\partial x},\ \dfrac{\partial}{\partial y},\ \dfrac{\partial}{\partial z}\right]$ はベクトルのような形をしているけれど，これだけでは意味をなさない。あくまでも，U などのスカラーの関数に作用して初めて，$\nabla U = \left[\dfrac{\partial U}{\partial x},\ \dfrac{\partial U}{\partial y},\ \dfrac{\partial U}{\partial z}\right]$ と，ベクトルになるんだね。

● ポテンシャルと保存力をグラフで考えよう！

これから，1次元と2次元の保存力 f_c について，ポテンシャル U と保存力 f_c の関係をグラフを使ってビジュアルに考えてみよう。

(Ⅰ) 1次元の保存力 f_c の場合

ポテンシャルを x の関数として $U(x)$ とおくと，$f_c = -\dfrac{dU(x)}{dx}$ だから，図3に示すように，点 x_0 における保存力 f_c は，曲線 $U(x)$ の $x = x_0$ における接線の傾きに㊀をつけたものになるんだね。

図3 1次元の f_c と $U(x)$ の関係

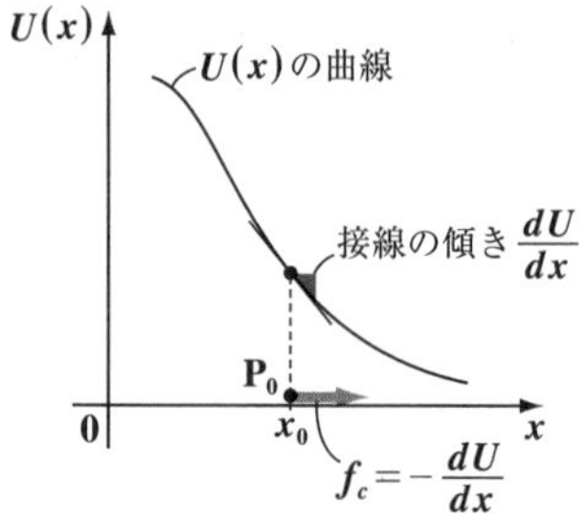

(Ⅱ) 2次元の保存力 f_c の場合

点 (x, y) が与えられると $U(x, y)$ の値が決まるので，xyU 座標系で考えると図4(ⅰ)に示すように，ポテンシャル $U(x, y)$ のグラフがある曲面または平面として描けるのは大丈夫だね。そして，点 $P_0(x_0, y_0)$ に対応する U の値は $U(x_0, y_0)$ なので，

$U(x, y) = U(x_0, y_0)$ ← これはある定数

となるような曲線が存在するはずだね。これは同じポテンシャル $U(x_0, y_0)$ の値をとる曲線なので，"**等ポテンシャル線**"と呼ぶ。そして，ここでは証明は略すけれど，点 P_0 における保存力 $f_c = [f_x, f_y] = -\mathbf{grad}\, U = \left[-\dfrac{\partial U}{\partial x}, -\dfrac{\partial U}{\partial y}\right]$ は，点 P_0 において最大の下り勾配の向きを示すベクトルになる。よって，図4(ⅱ)に示すように，ベクトル f_c は必ず等ポテンシャル線と直交するんだね。

（等ポテンシャル線：地図における"等高線"と同じようなものだ。）

図4 等ポテンシャル線と保存力

(ⅰ)

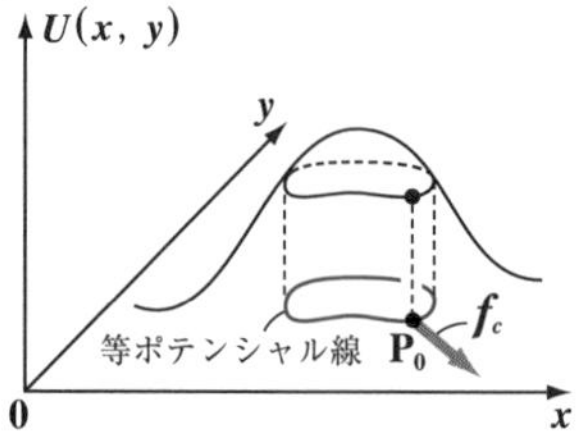

(ⅱ)

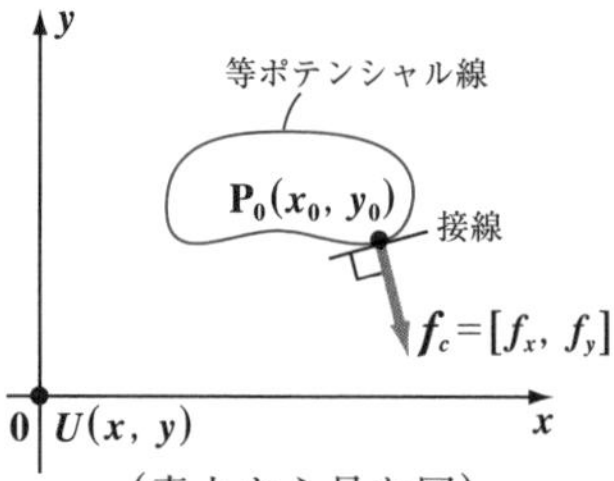

(真上から見た図)

例題 29　2次元の保存力 $\boldsymbol{f}_c$ のポテンシャルが $U(x, y) = -x^2 - y$ である。点 $P_0(1, -3)$ を通る等ポテンシャル線を描き，点 P_0 における保存力 $\boldsymbol{f}_c$ を求めて図示してみよう。

点 $P_0(\underset{x}{1}, \underset{y}{-3})$ の座標を，ポテンシャル $U(x, y) = -x^2 - y$ に代入すると，

$U(1, -3) = -1^2 - (-3) = -1 + 3 = 2$

よって，点 P_0 を通る等ポテンシャル線は，

$U(x, y) = \boxed{-x^2 - y = 2}$ より，

$y = -x^2 - 2$ ……① となり，これを右のグラフに示す。

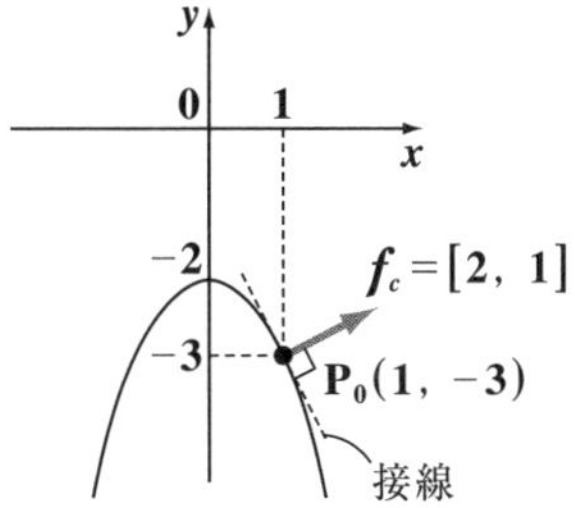

また，このときの保存力 $\boldsymbol{f}_c$ は，

$$\boldsymbol{f}_c = -\nabla U = \left[-\frac{\partial U}{\partial x}, -\frac{\partial U}{\partial y}\right]$$

$-\frac{\partial}{\partial x}(-x^2 - y) = -(-2x)$

$-\frac{\partial}{\partial y}(-x^2 - y) = -(-1)$

$= [2x, 1]$ より，点 $P_0(1, -3)$ における保存力 $\boldsymbol{f}_c$ は，

$\boldsymbol{f}_c = [2 \cdot 1, 1] = [2, 1]$ となる。これも上のグラフに示す。

等ポテンシャル線を $y = f(x) = -x^2 - 2$ ……①とおくと，この導関数は $f'(x) = -2x$ よって，点 P_0 における接線の傾きは $f'(1) = -2$ となる。よって，この接線の方向ベクトルを $\boldsymbol{d}$ とおくと，$\boldsymbol{d} = [1, -2]$ となる。ここで，P_0 での保存力 $\boldsymbol{f}_c = [2, 1]$ と $\boldsymbol{d}$ の内積をとると，$\boldsymbol{f}_c \cdot \boldsymbol{d} = [2, 1] \cdot [1, -2] = 2 \times 1 + 1 \times (-2) = 2 - 2 = 0$ となって，これらが直交することも確認できるんだね。大丈夫？

● 与えられた力が保存力かどうか確認しよう！

これから，**1** 次元と **2** 次元の力が与えられたとき，それが保存力か否かを判定する方法について解説しよう。

(Ⅰ) **1** 次元の力 $\boldsymbol{f}$ の場合

力 $\boldsymbol{f}$ が，定数関数も含めて一般に $\boldsymbol{x}$ の関数として，$\boldsymbol{f}=\boldsymbol{f}(\boldsymbol{x})$ で与えられて

（たとえば，$f=2x-1$ や $f=\cos x$ や $f=-x^2$，$f=3$ など）

いて，$\boldsymbol{f}(\boldsymbol{x})$ が $\boldsymbol{x}$ で積分可能ならば，このポテンシャル $\boldsymbol{U}$ は，

$\boldsymbol{U}(\boldsymbol{x})=-\int \boldsymbol{f}(\boldsymbol{x})\boldsymbol{dx}$ で求められるので，$\boldsymbol{f}$ は **1** 次元の保存力の条件：

（ポテンシャルを求める場合，積分定数 C は省略する。）

$\boldsymbol{f}_c=-\dfrac{\boldsymbol{dU}}{\boldsymbol{dx}}$ をみたす。よって，$\boldsymbol{f}$ は保存力 $\boldsymbol{f}_c$ と言える。

(Ⅱ) **2** 次元の力 $\boldsymbol{f}$ の場合

$\boldsymbol{f}=[f_x,\ f_y]$ が，保存力 $\boldsymbol{f}_c=-\nabla U=\left[-\dfrac{\partial U}{\partial x},\ -\dfrac{\partial U}{\partial y}\right]$ となるための条件は，

$f_x=-\dfrac{\partial U}{\partial x}$，$f_y=-\dfrac{\partial U}{\partial y}$ から，

$$\frac{\partial f_x}{\partial y}=-\frac{\partial}{\partial y}\left(\frac{\partial U}{\partial x}\right)=-\frac{\partial^2 U}{\partial y\partial x}=-\frac{\partial^2 U}{\partial x\partial y}=-\frac{\partial}{\partial x}\left(\frac{\partial U}{\partial y}\right)=\frac{\partial f_y}{\partial x}$$

（$\dfrac{\partial^2 U}{\partial y\partial x}$ と $\dfrac{\partial^2 U}{\partial x\partial y}$ が共に連続ならば，$\dfrac{\partial^2 U}{\partial y\partial x}=\dfrac{\partial^2 U}{\partial x\partial y}$ が成り立つ。(シュワルツの定理)）

$\therefore\ \dfrac{\partial f_x}{\partial y}=\dfrac{\partial f_y}{\partial x}$ ……(＊) が，$\boldsymbol{f}$ が保存力であるための判定条件になるんだね。

このとき，$f_x=-\dfrac{\partial U}{\partial x}$ より，$U=-\int f_x dx+F(y)$

（積分定数の代わりに y の任意関数になる。）

これを $\boldsymbol{y}$ で偏微分して⊖をつけたものが f_y となることから，$F(y)$ が求まり，$\boldsymbol{U}$ が定まるんだね。

では，例題で練習しておこう。

> 例題 30　力 $\boldsymbol{f}=[-2xy,\ -x^2+2]$ が保存力であることを示し，このポテンシャル $U(x,\ y)$ を求めよう。

力 $\boldsymbol{f}=[f_x,\ f_y]=[-2xy,\ -x^2+2]$ が保存力であるかどうか調べよう。

$$\frac{\partial f_x}{\partial y}=\frac{\partial}{\partial y}(\underbrace{-2x}_{\text{定数扱い}}\cdot y)=-2x,\quad \frac{\partial f_y}{\partial x}=\frac{\partial}{\partial x}(-x^2+2)=-2x$$

> $\boldsymbol{f}=[f_x,\ f_y]$ で $\dfrac{\partial f_x}{\partial y}=\dfrac{\partial f_y}{\partial x}$ が成り立てば，$\boldsymbol{f}$ は保存力 $\boldsymbol{f}_c$ である。

$\therefore\ \dfrac{\partial f_x}{\partial y}=\dfrac{\partial f_y}{\partial x}$ が成り立つので，この力 $\boldsymbol{f}$ は保存力 $\boldsymbol{f}_c$ である。

よって，$\boldsymbol{f}_c=[f_x,\ f_y]=[-2xy,\ -x^2+2]=\left[-\dfrac{\partial U}{\partial x},\ -\dfrac{\partial U}{\partial y}\right]$ より，

まず，$-\dfrac{\partial U}{\partial x}=-2xy$ より，$\dfrac{\partial U}{\partial x}=2xy$

$$\therefore\ U(x,\ y)=\int 2xy\,dx+F(y)=x^2y+F(y)\ \cdots\cdots①$$

> $\underbrace{2y}_{\text{定数扱い}}\displaystyle\int x\,dx=2y\cdot\frac{1}{2}x^2$

> U は 2 変数関数より，これは積分定数 C ではなくて，ある何か y の関数だね。

次に $-\dfrac{\partial U}{\partial y}=-x^2+2$ より，$\dfrac{\partial U}{\partial y}=x^2-2\ \cdots\cdots②$ となる。

ここで，①を y で偏微分すると，$\dfrac{\partial U}{\partial y}=\underbrace{x^2}_{\text{定数扱い}}\cdot y'+F'(y)=x^2+F'(y)\ \cdots\cdots①'$

②と①′を比較して，$F'(y)=-2$ となる。これから，$F(y)=-2y\ \cdots\cdots③$

> 数学的には，$F(y)=-2y+C$（C：定数）とするのが正しいんだけれど，ポテンシャルは，U_1-U_2 のように，その差が重要なので，どうせ C を付けても，打ち消し合う。よって，一般に U の計算では，C（定数）は省略するんだね。

③を①に代入して，求めるポテンシャル $U(x,\ y)$ は，

$U(x,\ y)=x^2y-2y$ である。大丈夫だった？

演習問題 9　● 保存力とポテンシャル (I) ●

2次元の保存力 $\boldsymbol{f}_c$ のポテンシャルが $U(x, y) = x - y^2$ である。

(1) $U(x, y) = 0, 1, 2$ のときのそれぞれの等ポテンシャル線のグラフを xy 平面上に図示せよ。

(2) 点 A(2, 1) における保存力 $\boldsymbol{f}_{cA}$ を求めよ。

ヒント！ (1) $U = 0, 1, 2$ のとき，xy 平面上にそれぞれ3本の放物線が描けるはずだ。(2) 保存力の公式：$\boldsymbol{f}_c = -\mathrm{grad}\,U = \left[-\dfrac{\partial U}{\partial x},\ -\dfrac{\partial U}{\partial y}\right]$ から $\boldsymbol{f}_c$ を求め，これに，$y = 1$ を代入して $\boldsymbol{f}_{cA}$ を求めよう。

解答＆解説

(1) (i) $U(x, y) = x - y^2 = 0$ のとき，

等ポテンシャル線は $x = y^2$ である。

(ii) $U(x, y) = x - y^2 = 1$ のとき，

等ポテンシャル線は $x = y^2 + 1$ である。

(iii) $U(x, y) = x - y^2 = 2$ のとき，

等ポテンシャル線は $x = y^2 + 2$ である。

以上のグラフを右に示す。 ……………(答)

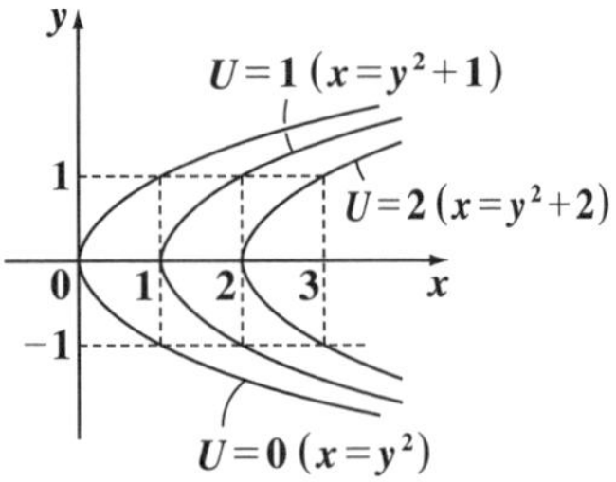

(2) $U(x, y) = x - y^2$ の保存力 $\boldsymbol{f}_c$ は，

$$\boldsymbol{f}_c = -\mathrm{grad}\,U = \left[-\frac{\partial U}{\partial x},\ -\frac{\partial U}{\partial y}\right] = \left[-\frac{\partial}{\partial x}(x - y^2),\ -\frac{\partial}{\partial y}(x - y^2)\right]$$

$= [-1,\ 2y]$ ……① となる。

よって，点 A(2, 1) における保存力 $\boldsymbol{f}_{cA}$ は，①に $y = 1$ を代入して，

$\boldsymbol{f}_{cA} = [-1,\ 2]$ である。 ……………(答)

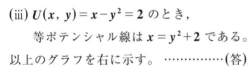

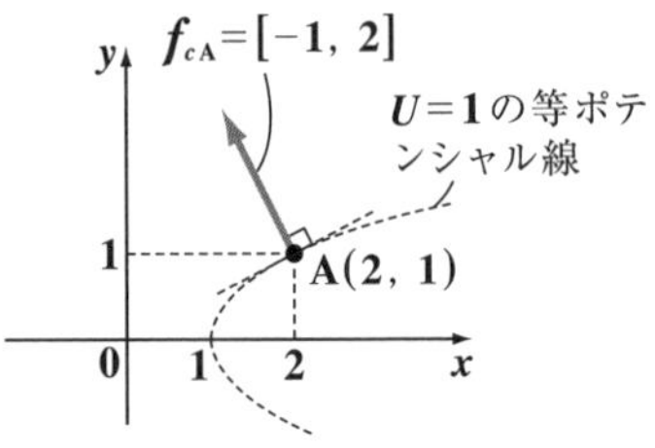

点 A(2, 1) は，$U = 1$ の等ポテンシャル線上の点で，$\boldsymbol{f}_{cA}$ は，点 A におけるこの曲線の接線と直交する。

演習問題 10 ● 保存力とポテンシャル (II) ●

2 次元の保存力 f_c のポテンシャルが $U(x,\ y)=e^{2-x-y}$ である。

(1) $U(x,\ y)=1,\ e,\ e^2$ のときのそれぞれの等ポテンシャル線のグラフを xy 平面上に図示せよ。

(2) 点 $A(1,\ 0)$ における保存力 f_{cA} を求めよ。

ヒント! (1) $U=1,\ e,\ e^2$ のとき，xy 平面上にそれぞれ 3 本の直線が描けるはずだ。(2) 保存力の公式：$f_c=-\nabla U=\left[-\dfrac{\partial U}{\partial x},\ -\dfrac{\partial U}{\partial y}\right]$ から f_c を求め，これに，$x=1,\ y=0$ を代入して f_{cA} を求めればいいんだね。

解答＆解説

(1) (i) $U(x,\ y)=e^{2-x-y}=1=e^{0}$ のとき，

$2-x-y=0$ より，等ポテンシャル線は，

$y=-x+2$ である。

(ii) $U(x,\ y)=e^{2-x-y}=e^{1}$ のとき，

$2-x-y=1$ より，等ポテンシャル線は，

$y=-x+1$ である。

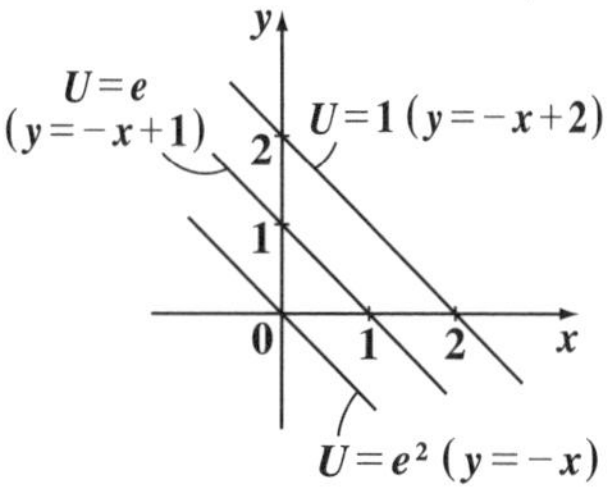

(iii) $U(x,\ y)=e^{2-x-y}=e^{2}$ のとき，

$2-x-y=2$ より，等ポテンシャル線は，$y=-x$ である。

これらのグラフを右上に示す。……………………………………(答)

(2) $U(x,\ y)=e^{2-x-y}$ の保存力 f_c は，

$$f_c=-\nabla U=\left[-\frac{\partial U}{\partial x},\ -\frac{\partial U}{\partial y}\right]=[-\underbrace{e^{2-y}}_{\text{定数扱い}}\cdot\underbrace{(e^{-x})'}_{-e^{-x}},\ -\underbrace{e^{2-x}}_{\text{定数扱い}}\cdot\underbrace{(e^{-y})'}_{-e^{-y}}]$$

$$=[e^{2-y}\cdot e^{-x},\ e^{2-x}\cdot e^{-y}]=[e^{2-x-y},\ e^{2-x-y}]\ \cdots\cdots①$$ となる。

よって，点 $A(1,\ 0)$ における保存力 f_{cA} は，①に $x=1,\ y=0$ を代入して，

$f_{cA}=[e^{2-1-0},\ e^{2-1-0}]=[e,\ e]$ である。

………(答)

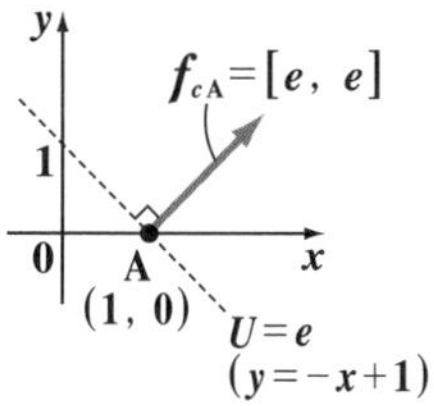

講義 4 ●仕事とエネルギー　公式エッセンス

1．仕事 W の計算

(ⅰ) **2** 次元の力 $\boldsymbol{f}=[f_x,\ f_y]$ がなす仕事 W は，

$$W=\int_{P_1}^{P_2}\boldsymbol{f}\cdot d\boldsymbol{r}=\int_{P_1}^{P_2}(f_x dx+f_y dy)$$ である。

(ⅱ) **3** 次元の力 $\boldsymbol{f}=[f_x,\ f_y,\ f_z]$ がなす仕事 W は，

$$W=\int_{P_1}^{P_2}\boldsymbol{f}\cdot d\boldsymbol{r}=\int_{P_1}^{P_2}(f_x dx+f_y dy+f_z dz)$$ である。

2．仕事と運動エネルギー，力積と運動量の関係

(ⅰ) 仕事と運動エネルギーの関係

$$\frac{1}{2}mv_1^2+\int_{P_1}^{P_2}\boldsymbol{f}\cdot d\boldsymbol{r}=\frac{1}{2}mv_2^2$$

$\frac{1}{2}mv_1^2$：はじめの運動エネルギー，$\int_{P_1}^{P_2}\boldsymbol{f}\cdot d\boldsymbol{r}$：なされた仕事，$\frac{1}{2}mv_2^2$：仕事後の運動エネルギー

(ⅱ) 力積と運動量の関係

$$m\boldsymbol{v}_1+\int_{t_1}^{t_2}\boldsymbol{f}dt=m\boldsymbol{v}_2$$

$m\boldsymbol{v}_1$：はじめの運動量，$\int_{t_1}^{t_2}\boldsymbol{f}dt$：加えられた力積，$m\boldsymbol{v}_2$：力積後の運動量

3．保存力 $\boldsymbol{f}_c$ のなす仕事 W_c

保存力 $\boldsymbol{f}_c$ のみが質点 P に作用して，点 P_1 から点 P_2 までなした仕事 W_c は，その途中の経路によらず，2 点 P_1 と P_2 におけるポテンシャルの差 U_1-U_2 だけで決まる：$W_c=U_1-U_2$

4．全力学的エネルギーの保存則

点 P_1 から点 P_2 まで質点 P に仕事をする力が保存力のみのとき，点 P_1 と点 P_2 における質点 P のもつ力学的エネルギー E は保存される：

$K_1+U_1=K_2+U_2=E$（一定）

5．保存力となるための条件とその求め方

(Ⅰ) **1** 次元の力 $f=f(x)$ が保存力であるための条件は，$f(x)$ が積分可能であること。そして，そのポテンシャル $U(x)$ は，

$$U(x)=-\int f(x)dx$$ で求まる。←（1 次元の保存力の定義：$f_c=-\dfrac{dU(x)}{dx}$ より。）

(Ⅱ) **2** 次元の力 $\boldsymbol{f}=[f_x,\ f_y]$ が，保存力 $\boldsymbol{f}_c=-\nabla U=\left[-\dfrac{\partial U}{\partial x},\ -\dfrac{\partial U}{\partial y}\right]$ となるための条件は，$\dfrac{\partial f_x}{\partial y}=\dfrac{\partial f_y}{\partial x}$ が成り立つこと。

講 義
Lecture
5

さまざまな運動

テーマ

▶ 放物運動
（速度に比例する空気抵抗を受ける場合の放物運動）

▶ 円運動（向心力 $\boldsymbol{f} = -m\omega^2\boldsymbol{r}$）

▶ 単振動（$\ddot{x} = -\omega^2 x$ の解法）

▶ 減衰振動
（$\ddot{x} + a\dot{x} + bx = 0$ の解法）

§1. 放物運動

前回までの講義で，力学の基本的な解説が終わったので，この講義では，典型的な運動として，"**放物運動**"，"**円運動**"，"**単振動と減衰振動**"について，具体的に例題を解きながら勉強していこう。

この節では "**放物運動**" について解説する。ただし，その前段階として，"**投げ上げ運動**" について，空気抵抗のない場合とある場合について調べた後，放物運動についても，空気抵抗のない場合とある場合について，それぞれ例題を解きながら，その違いを学んでいこう。

今回は例題による演習が中心になるんだね。

● まず、投げ上げ問題から始めよう！

空気抵抗のない投げ上げ問題については，例題 15 (P67) で既に解説しているんだけれど，復習も兼ねてもう 1 度次の例題を解いてみよう。

例題 31　地面 ($y = 0\,(\mathrm{m})$) から，質量 $m\,(\mathrm{kg})$ の物体 P を時刻 $t = 0$ のとき，初速度 $v_0 = 98\,(\mathrm{m/s})$ で鉛直上方に投げ上げたとき，物体 P が達する最高点 $y_{\max}$ とそれに達するまでの時間 t_1 を求めよう。
（ただし，重力加速度 $g = 9.8\,(\mathrm{m/s^2})$ とし，空気抵抗は働かないものとする。）

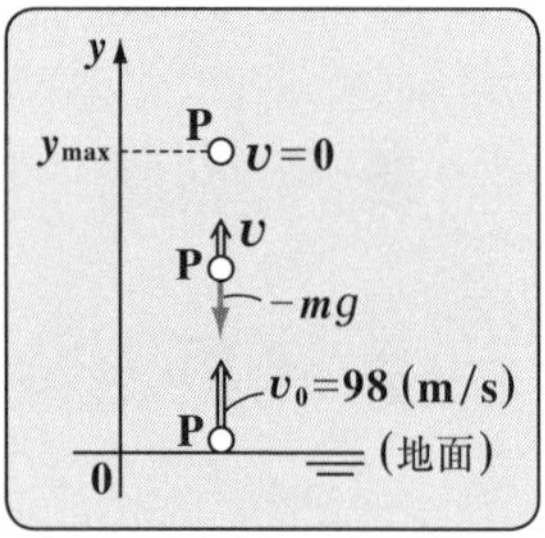

地面を原点 0 として，鉛直上向きに y 軸をとる。運動方程式は，鉛直下向きに $-mg$ の重力が働くだけなので，次のようになる。

$$\underset{\boxed{\dot{v}(t)}}{\cancel{m}\ddot{y}(t)} = -\cancel{m}g \quad \begin{pmatrix} \text{初期条件：} y(0) = 0\,(\mathrm{m}) \\ v_0 = v(0) = 98\,(\mathrm{m/s}) \end{pmatrix}$$

$\dot{v}(t) = -g$ より，この両辺を時刻 t で積分して，

$$v(t) = -\int g\,dt = -gt + v_0 \quad (\because v(0) = v_0 = 98\,(\mathrm{m/s})) \leftarrow \boxed{\text{初期条件}}$$

$$\therefore v(t) = -9.8t + v_0 \quad \cdots\cdots ①$$

よって，$v = 0$ となる時刻を t_1 とおくと ① より，

$v(t_1) = \boxed{-9.8t_1 + 98 = 0}$　　$9.8t_1 = 98$　　$\therefore t_1 = 10\ (\mathrm{s})$ となる。

①をさらに t で積分して，

初期条件

$$y(t) = \int v(t)dt = -9.8 \cdot \frac{1}{2}t^2 + 98t = -4.9t^2 + 98t \quad (\because y(0) = 0)$$

$t = t_1 = 10\ (\mathrm{s})$ のとき，$v(t_1) = 0$ となって，物体 P は最高点 $y_{max} = y(10)$ に達するので，

$y_{max} = y(10) = -4.9 \times 10^2 + 98 \times 10 = -490 + 980 = 490\ (\mathrm{m})$ になる。

どう？もうこの程度の問題はサクッと解けたでしょう？もちろん，y_{max} を求めるだけなら，重力 $-mg$ は保存力なので，力学的エネルギーの保存則より，

$\frac{1}{2} \cdot m \cdot v_0^2 + \cancel{mg \cdot 0} = \cancel{\frac{1}{2} \cdot m \cdot 0^2} + mg \cdot y_{max}$ として，y_{max} を求めても構わない。

$$\left[\underbrace{K_1 + U_1}_{\text{初期状態}} = \underbrace{K_2 + U_2}_{\text{最高点}} \right]$$

それでは今度は，速度に比例する空気抵抗が働く場合の投げ上げ問題についても，次の例題で練習しておこう。

例題 32　地面 $(y = 0\ (\mathrm{m}))$ から，質量 $m\ (\mathrm{kg})$ の物体 P を時刻 $t = 0$ のとき，初速度 $v_0 = 98\ (\mathrm{m/s})$ で鉛直上方に投げ上げるものとする。(ただし，重力加速度 $g = 9.8\ (\mathrm{m/s^2})$ とし，速度に比例する空気抵抗が働くものとする。)　このとき，

(1) 微分方程式：$\ddot{y} = -(bv + g)$ ……(*)　(b：比例定数)
が成り立つことを示そう。

(2) $b = 0.1$ のとき，物体 P が達する最高点 y_{max} と，それに達するまでの時間 t_1 を求めよう。

---

(1) 例題 31 に比べて，物体 P には重力 $-mg$ 以外に空気抵抗 $-Bv$ (B：正の比例定数)

(ⅰ) $v > 0$ のとき，$-Bv < 0$，(ⅱ) $v < 0$ のとき，$-Bv > 0$ となって，常に P の運動を妨げる向きに働く力だ。

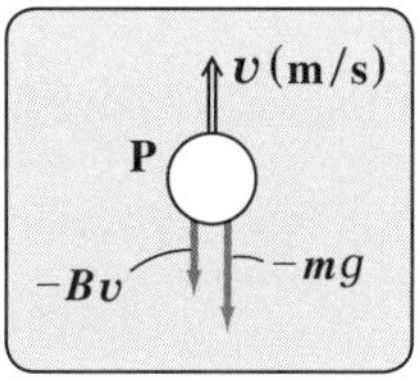

が働くので，この P の運動方程式は

$m\ddot{y}(t) = -mg - Bv$ ……②　となる。

②の両辺を m で割って，$\frac{B}{m} = b$ とおくと，

$m\ddot{y}(t) = -mg - Bv$ ……②

$\ddot{y} = -g - bv = -(bv + g)$ ……(∗) が導ける。

$\ddot{y} = \dot{v}$

（初期条件：$y(0) = 0\,(\mathrm{m})$，$v_0 = v(0) = 98\,(\mathrm{m/s})$）

(2) $b = 0.1$ のとき，(∗) は，

$\frac{dv}{dt} = -(0.1v + 9.8)$ となり，

$$10 \cdot \int \frac{0.1}{0.1v + 9.8} dv = -\int 1 \cdot dt$$

変数分離形 $\int (v\text{の式})dv = \int (t\text{の式})dt$ の形にもち込む。

$\int \frac{f'}{f} dv = \log|f|$

$-t + C_1$（積分定数 C_1 はまとめて 1 つとした。）

$$10\log|0.1v + 9.8| = -t + C_1 \quad \log|0.1v + 9.8| = -\frac{t}{10} + C_2 \quad \left(C_2 = \frac{C_1}{10}\right)$$

$$0.1v + 9.8 = \pm e^{-\frac{t}{10} + C_2} = \pm e^{C_2} \cdot e^{-\frac{t}{10}}$$

両辺に 10 をかけて，まとめると，

$$v(t) = \pm 10e^{C_2} \cdot e^{-\frac{t}{10}} - 98 = Ce^{-\frac{t}{10}} - 98 \text{ ……③ となる。}$$

$\pm 10e^{C_2}$：C とおく

ここで，初期条件：$v(0) = 98$ より，③に $t = 0$ を代入して，

$v(0) = C \cdot e^0 - 98 = 98\ (= v_0)$ より，$\therefore C = 196$

$e^0 = 1$

これを③に代入して，

$$v(t) = 98\left(2e^{-\frac{t}{10}} - 1\right) \text{ ……④ となる。}$$

よって，物体 P が最高点 y_{max} に達した $t = t_1$ のとき，$v(t_1) = 0$ となるので，

④より，$v(t_1) = 98\left(2e^{-\frac{t_1}{10}} - 1\right) = 0$

$2e^{-\frac{t_1}{10}} - 1 = 0$

公式：$\log x^m = m\log x$

$$2e^{-\frac{t_1}{10}} - 1 = 0 \qquad e^{-\frac{t_1}{10}} = \frac{1}{2} \qquad -\frac{t_1}{10} = \log\frac{1}{2} = \log 2^{-1} = -\log 2$$

$e^b = c$ のとき，$b = \log_e c = \log c$ となる。

$\therefore t_1 = 10\log 2 \fallingdotseq 6.93\,(\mathrm{s})$ となる。

$\log 2 = 0.693\cdots$

空気抵抗のない例題 31 のときの $t_1 = 10\,(\mathrm{s})$ より，早く最高点に達する。

次に，④を t で積分して，$y(t)$ を求めると，

$$y(t)=\int v(t)\,dt=98\int\left(2e^{-\frac{1}{10}t}-1\right)dt$$

$$=98\cdot\left\{2\cdot(-10)e^{-\frac{1}{10}t}-t\right\}+C'$$

← $\int e^{kt}dt=\frac{1}{k}e^{kt}+C$

$$y(t)=-98\left(20e^{-\frac{t}{10}}+t\right)+C' \quad \cdots\cdots⑤$$

ここで，初期条件：$y(0)=0$ より，⑤に $t=0$ を代入すると，

$y(0)=-98(20\cdot \underbrace{e^0}_{1}+0)+C'=-20\times98+C'=0$ より，$C'=20\times98$

これを⑤に代入して，

$$y(t)=-98\left(20e^{-\frac{t}{10}}+t\right)+20\times98=98\left(20-20e^{-\frac{t}{10}}-t\right)$$

$\therefore y(t)=98\left\{20\left(1-e^{-\frac{t}{10}}\right)-t\right\}$ ……⑥ となる。

そして，$t=t_1=10\cdot\log2$ のとき，y は最高点 $y_{max}=y(10\log2)$ となる。

$\therefore y_{max}=y(10\log2)=98\left\{20\left(1-\underbrace{e^{-\log2}}_{}\right)-10\log2\right\}$

$e^{\log2^{-1}}=e^{\log\frac{1}{2}}=\frac{1}{2}$ ←

$e^{\log\alpha}=x$ とおくと，
両辺の自然対数をとって，
$\log e^{\log\alpha}=\log x$
$\log\alpha\cdot\underbrace{\log e}_{1}=\log x$
$\log\alpha=\log x$ より，$x=\alpha$
$\therefore e^{\log\alpha}=\alpha$ となる。

$=98\left\{\underbrace{20\left(1-\frac{1}{2}\right)}_{10}-10\log2\right\}$ より，

$\therefore y_{max}=980(1-\underbrace{\log2}_{0.693\cdots})\fallingdotseq300.7\,(\mathrm{m})$ と

なって，答えだ！

速度にかかる空気抵抗の係数は $b=0.1$ とそれ程大きな値ではないんだけれど，これによる空気抵抗 $-0.1v$ の影響は相当大きいことが分かったんだね。例題 **31** の空気抵抗がない場合の物体 **P** の最高到達点は $y_{max}=490\,(\mathrm{m})$ であったことに対して，空気抵抗が働く場合の **P** の最高点は $y_{max}\fallingdotseq300.7\,(\mathrm{m})$ となって，約 **190**(m) も小さく(低く)なっていることが導き出されたからだ。

例題 **32** の解法では，かなり計算が大変だったかも知れないけれど，良い計算練習になるので，最終結果が導けるまで何回でも復習してマスターしよう！

では，いよいよ，これから“**放物運動**”について例題で解説しよう。

● まず、空気抵抗のない放物運動をマスターしよう！

次の例題で，空気抵抗が存在しない場合の"**放物運動**"の問題を解こう！

> 例題 33　右図に示すように，xy 座標をとり，質量 m の質点 P を時刻 $t=0$ のとき，地表の原点 0 から仰角 $\theta\left(0<\theta<\frac{\pi}{2}\right)$，初速度 $\boldsymbol{v}_0=[v_{0x},\ v_{0y}]$ で投げ上げるとき，動点 P の位置 $\boldsymbol{r}(t)=[x(t),\ y(t)]$ を求めよう。$(t \geqq 0)$
> (ただし，空気抵抗は考えないものとする。また，v_x，v_y は速度 $\boldsymbol{v}$ の x 成分と y 成分を表す。)
>
> 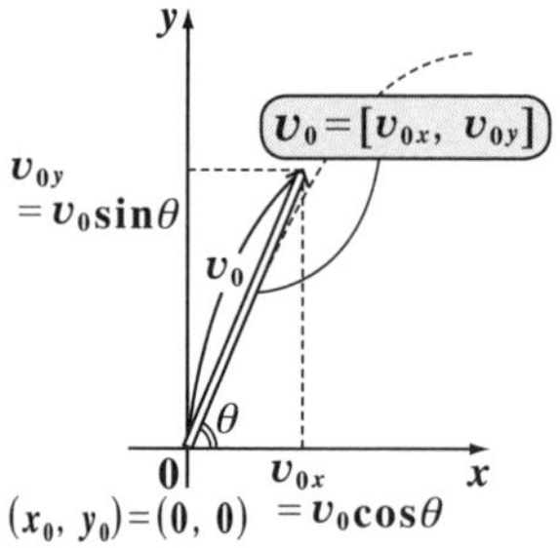
>

初速度 $\boldsymbol{v}_0=[v_{0x},\ v_{0y}]$ の大きさ(速さ)を v_0 とおくと，P を原点 0 から仰角 θ で投げ上げるので，

$$\begin{cases} v_{0x}=v_0\cos\theta \\ v_{0y}=v_0\sin\theta \end{cases} \quad \cdots\cdots ①$$

$$\left(0<\theta<\frac{\pi}{2}\right)$$

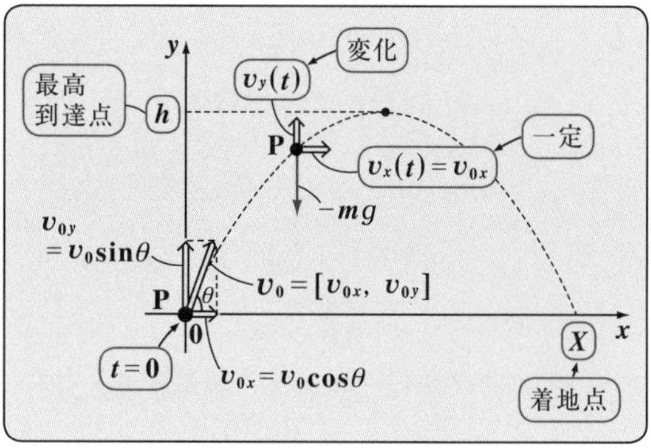

となる。また，質点 P に働く力は，鉛直下向き (y の ⊖ の向き) に重力 $-mg$ だけだね。このような 2 次元の運動方程式は，(Ⅰ) x 軸方向と (Ⅱ) y 軸方向に分解して立てて解いていけばいいんだね。

(Ⅰ) x 軸方向における運動方程式：

$$m\frac{d^2x}{dt^2}=\underline{0} \cdots\cdots ② \quad \left(\text{初期条件：} x_0=0,\ v_x(0)=v_{0x}[=v_0\cos\theta]\right)$$

(P に x 軸方向に作用する力は 0)

を解いてみよう。②の両辺を $m(>0)$ で割って，

$$\frac{d^2x}{dt^2}=0 \qquad \text{この両辺を } t \text{ で積分して，}$$

積分定数（初期条件）

$v_x(t) = \dfrac{dx}{dt} = \boxed{v_{0x}}$　この両辺をさらに t で積分して,

0（初期条件）

$x(t) = v_{0x}t + \boxed{x_0}$

$\therefore x(t) = v_{0x}t$ ……………………………③

または, $x(t) = v_0\cos\theta \cdot t$ ……③´

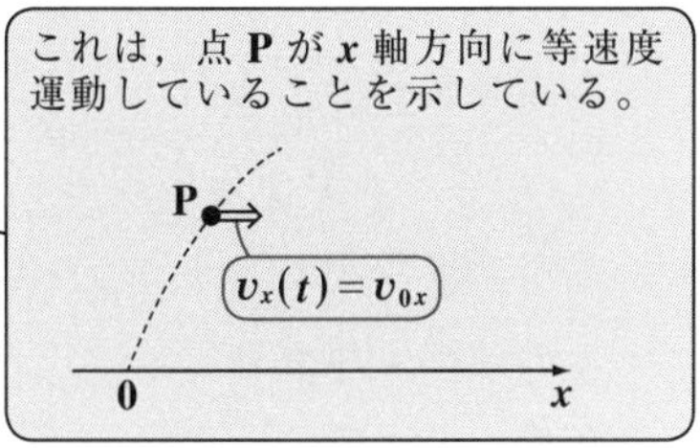

これは, 点 P が x 軸方向に等速度運動していることを示している。
P
$v_x(t) = v_{0x}$
0
x

(Ⅱ) y 軸方向における運動方程式：

$$m\frac{d^2y}{dt^2} = \underline{-mg} \quad \cdots\cdots④ \quad (\text{初期条件}: y_0 = 0,\ v_y(0) = v_{0y}[= v_0\sin\theta])$$

P に y 軸方向に作用する力は, 重力（保存力）のみだね。

を解いてみよう。④の両辺を $m(>0)$ で割って,

$\dfrac{d^2y}{dt^2} = -g$　この両辺を t で積分して,

積分定数（初期条件）

$v_y(t) = \dfrac{dy}{dt} = -gt + \boxed{v_{0y}}$　この両辺をさらに t で積分して,

0（初期条件）

$y(t) = -\dfrac{1}{2}gt^2 + v_{0y}t + \boxed{y_0}$

$\therefore y(t) = -\dfrac{1}{2}gt^2 + v_{0y}t$ ……………………⑤

または, $y(t) = -\dfrac{1}{2}gt^2 + v_0\sin\theta \cdot t$ …⑤´

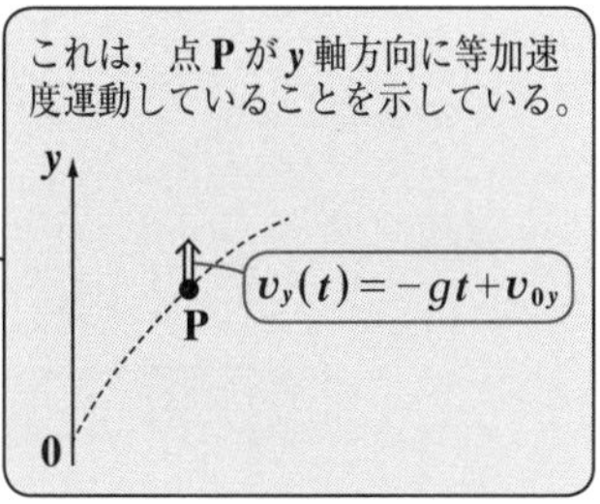

これは, 点 P が y 軸方向に等加速度運動していることを示している。
y
P
$v_y(t) = -gt + v_{0y}$
0

以上の結果をまとめておこう。

(Ⅰ) x 軸方向

v_{0x}（①より）

$$\begin{cases} v_x(t) = \boxed{v_0\cos\theta} \quad (\text{一定}) \\ x(t) = v_0\cos\theta \cdot t \quad \cdots\cdots③' \end{cases}$$

(Ⅱ) y 軸方向

v_{0y}（①より）

$$\begin{cases} v_y(t) = -gt + \boxed{v_0\sin\theta} \\ y(t) = -\dfrac{1}{2}gt^2 + v_0\sin\theta \cdot t \quad \cdots\cdots⑤' \end{cases}$$

以上③´, ⑤´より, 動点 P の位置 $\boldsymbol{r}(t) = [x(t),\ y(t)]$ は,

$\boldsymbol{r}(t) = [x(t),\ y(t)] = \left[v_0t\cos\theta,\ -\dfrac{1}{2}gt^2 + v_0t\sin\theta\right]$ となるんだね。

(Ⅰ) x 軸方向

$$\begin{cases} v_x(t) = v_0\cos\theta \\ x(t) = v_0 t\cos\theta \quad \cdots\cdots③' \end{cases}$$

(Ⅱ) y 軸方向

$$\begin{cases} v_y(t) = -gt + v_0\sin\theta \\ y(t) = -\dfrac{1}{2}gt^2 + v_0 t\sin\theta \quad \cdots\cdots⑤' \end{cases}$$

では，この放物運動の最高到達点 h と，着地点 X の座標を求めてみよう。

(i) 最高到達点 h について，

$t = t_1$ のとき P が最高到達点に達したとすると，その瞬間 $v_y = 0$ となる。よって，

$$v_y(t_1) = -gt_1 + v_0\sin\theta = 0 \text{ より，}$$

$$t_1 = \frac{v_0\sin\theta}{g} \quad \cdots\cdots⑥$$

となる。⑥を⑤´に代入すると，求める h は，

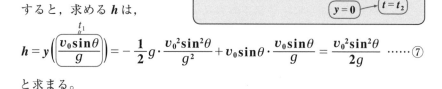

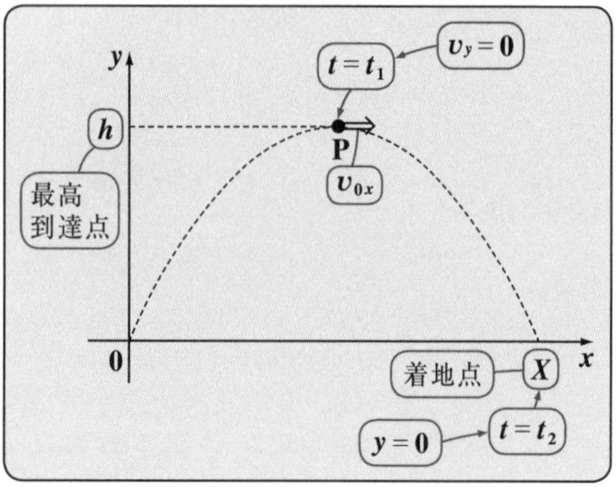

$$h = y\left(\underbrace{\frac{v_0\sin\theta}{g}}_{t_1}\right) = -\frac{1}{2}g\cdot\frac{v_0^2\sin^2\theta}{g^2} + v_0\sin\theta\cdot\frac{v_0\sin\theta}{g} = \frac{v_0^2\sin^2\theta}{2g} \quad \cdots\cdots⑦$$

と求まる。

(ii) 着地点 X について，

$t = t_2$ のとき P が地表に着地するものとすると，

$$y(t_2) = -\frac{1}{2}gt_2^2 + v_0\sin\theta\cdot t_2 = 0$$

$$t_2\left(-\frac{1}{2}gt_2 + v_0\sin\theta\right) = 0 \qquad \text{ここで，} t_2 > 0 \text{ より，}$$

$$t_2 = \frac{2v_0\sin\theta}{g} \quad \cdots\cdots⑧ \text{ となる。}$$ ← $t_2 = 2t_1$ が成り立っている！

よって，⑧を③´に代入すると，着地点 X が，

$$X = x\left(\underbrace{\frac{2v_0\sin\theta}{g}}_{t_2}\right) = v_0\cos\theta\cdot\frac{2v_0\sin\theta}{g} = \frac{v_0^2}{g}\underbrace{(2\sin\theta\cos\theta)}_{\sin2\theta\,(2\text{倍角の公式より})} = \frac{v_0^2}{g}\underbrace{\sin2\theta}_{1\text{のとき最大}}$$

と求まる。

ここで，v_0 は定数より，最も遠くまで点 **P** が飛ぶ，すなわち X が最大となる仰角 θ は，$\sin 2\theta = 1$ より，$\theta = \dfrac{\pi}{4}\ (=45°)$ であることが分かる。

では次，空気抵抗がある場合の放物運動の問題も解いてみよう。

例題 **34**　速度に比例した空気抵抗を受ける質点 **P** の放物運動は，次の微分方程式（運動方程式）で表されることを示そう。
（ただし，b は正の定数）

(Ⅰ) x 軸方向 $\dfrac{dv_x}{dt} = -bv_x$ ………(＊)

(Ⅱ) y 軸方向 $\dfrac{dv_y}{dt} = -bv_y - g$ ……(＊)′

(＊), (＊)′ を初期条件：$t=0$ のとき，$v_x = v_{0x}$，$v_y = v_{0y}$，$x = y = 0$ の下で解こう。（ただし，v_x，v_y は速度の x 成分と y 成分を表す。）

(Ⅰ) x 軸方向の運動方程式は，

$m\ddot{x} = -Bv_x$ ……① となる。（$\ddot{x} = \dot{v}_x$）

（B：正の定数）

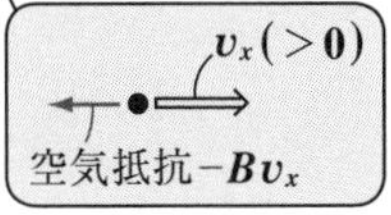

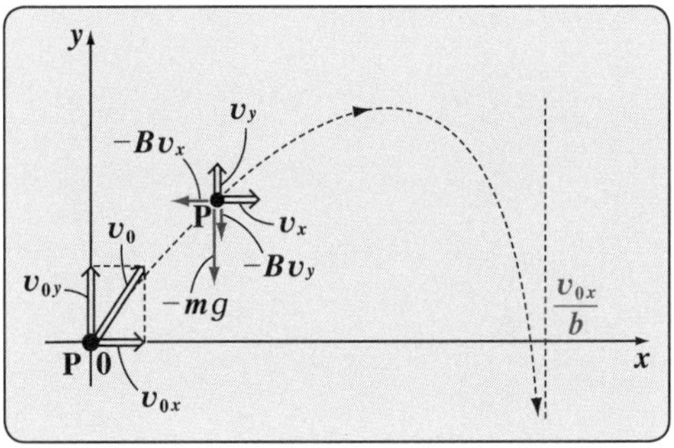

両辺を m で割り，$\dfrac{B}{m} = b$ とおくと，

$\dfrac{dv_x}{dt} = -bv_x$ ……(＊) が導かれる。(＊) より，

変数分離形の解法
$\int (v_x の式)dv_x = \int (t の式)dt$

$$\int \frac{1}{v_x} dv_x = -b\int 1\cdot dt$$

$\log v_x = -bt + C_1$　（v_x：⊕，C_1：積分定数）　$\therefore v_x(t) = e^{-bt+C_1} = C_2 e^{-bt}$ ……②　（$C_2 = e^{C_1}$：新たな積分定数）

初期条件：$v_x(0) = v_{0x}$（定数）より，②は，

$v_x(0) = C_2 e^{-b\cdot 0} = C_2 = v_{0x}$　（$e^{-b\cdot 0} = 1$）　$\therefore C_2 = v_{0x}$ ……③ となる。

③を②に代入して，$v_x(t) = v_{0x}e^{-bt}$ ……④ となる。

④の両辺をさらに t で積分して，　　$v_x(t)=v_{0x}e^{-bt}$ ……④

$$x(t)=\int v_{0x}e^{-bt}dt=-\frac{v_{0x}}{b}e^{-bt}+C_3 \quad\cdots\cdots⑤$$

公式：$\int e^{ct}dt=\frac{1}{c}e^{ct}$

初期条件：$x(0)=0$ より，⑤は，

$$x(0)=-\frac{v_{0x}}{b}\underbrace{e^{-b\cdot 0}}_{1}+C_3=0 \qquad \therefore C_3=\frac{v_{0x}}{b} \quad\cdots\cdots⑥ \text{ となる。}$$

⑥を⑤に代入して，$x(t)=\frac{v_{0x}}{b}(1-e^{-bt})$ となる。

(Ⅱ) y 軸方向の運動方程式は，

$m\ddot{y}=-mg-Bv_y$ ……⑦ となる。（B：正の定数）

$\ddot{y}=\dot{v}_y$

鉛直下向きに，重力 $(-mg)$ と P の運動を妨げる向きの空気抵抗 $(-Bv_y)$ の和

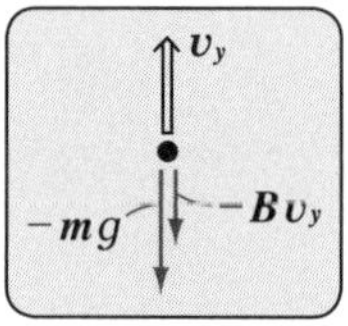

⑦の両辺を m で割り，$\frac{B}{m}=b$ とおくと，

$\frac{dv_y}{dt}=-bv_y-g$ ……(∗)′ （b：正の定数）が導ける。 ← この v_y は，⊕，⊖いずれも取り得る。

（初期条件：$y(0)=0$，$v_y(0)=v_{0y}$）

(∗)′ を変数分離形により解くと，

変数分離形の解法 $\int(v_y\text{の式})dv_y=\int(t\text{の式})dt$

$$\int\frac{b}{bv_y+g}dv_y=-\int b\,dt$$

$\log|bv_y+g|=-bt+A_1$　　$bv_y+g=\pm e^{-bt+A_1}=A_2e^{-bt}$　　$(A_2=\pm e^{A_1})$

（bv_y+g：⊕ or ⊖）（A_1：積分定数）（A_2：新たな積分定数）

$$\therefore v_y(t)=\frac{1}{b}(A_2e^{-bt}-g) \quad\cdots\cdots⑧$$

初期条件：$v_y(0)=v_{0y}$ より，⑧は， ← $t=0$ のとき，$v_y=v_{0y}$

$$v_y(0)=\frac{1}{b}(A_2\underbrace{e^{-b\cdot 0}}_{1}-g)=v_{0y} \qquad \therefore A_2=bv_{0y}+g \quad\cdots\cdots⑨$$

⑨を⑧に代入して，

$$\underline{\underline{v_y(t)}}=\frac{1}{b}\{(bv_{0y}+g)e^{-bt}-g\}=\underline{\underline{\left(v_{0y}+\frac{g}{b}\right)e^{-bt}-\frac{g}{b}}} \quad \cdots\cdots ⑩$$ となる。

⑩の両辺をさらに t で積分して，

$$y(t)=\int\left\{\left(v_{0y}+\frac{g}{b}\right)e^{-bt}-\frac{g}{b}\right\}dt=-\frac{1}{b}\left(v_{0y}+\frac{g}{b}\right)e^{-bt}-\frac{g}{b}t+A_3 \quad \cdots\cdots ⑪$$

（A_3：積分定数）

初期条件：$y(0)=0$ より，⑪は，

$$y(0)=-\frac{1}{b}\left(v_{0y}+\frac{g}{b}\right)\underbrace{e^{-b\cdot 0}}_{1}-\frac{g}{b}\cdot 0+A_3=0 \quad \therefore A_3=\frac{1}{b}\left(v_{0y}+\frac{g}{b}\right) \quad \cdots\cdots ⑫$$

⑫を⑪に代入して，

$$\underline{\underline{y(t)}}=-\frac{1}{b}\left(v_{0y}+\frac{g}{b}\right)e^{-bt}-\frac{g}{b}t+\frac{1}{b}\left(v_{0y}+\frac{g}{b}\right)$$

$$=\underline{\underline{\frac{1}{b}\left(v_{0y}+\frac{g}{b}\right)(1-e^{-bt})-\frac{g}{b}t}}$$ となる。

以上（Ⅰ）（Ⅱ）より，

$$\therefore \begin{cases} v_x=v_{0x}e^{-bt} \\ v_y(t)=\left(v_{0y}+\frac{g}{b}\right)e^{-bt}-\frac{g}{b} \end{cases} \qquad \begin{cases} x=\frac{v_{0x}}{b}(1-e^{-bt}) \\ y=\frac{1}{b}\left(v_{0y}+\frac{g}{b}\right)(1-e^{-bt})-\frac{g}{b}t \end{cases}$$

> $t\to\infty$ のとき $e^{-bt}\to 0$ より，$\lim_{t\to\infty}v_x=0$，$\lim_{t\to\infty}x=\frac{v_{0x}}{b}$　よって，$t\to\infty$ のとき $v_x\to 0$ となって，$x=\frac{v_{0x}}{b}$ に近づきながらほぼ鉛直下向きに落下するんだね。もう 1 度，P125 の放物線のグラフを見て確認しておこう。

今回は，例題を使って十分に問題演習したので，特に演習問題は設けていない。

§2. 円運動

では次，“**円運動**”について解説しよう。まず，基本の“**等速円運動**”から教えるけれど，これについては，その加速度が常に円の中心に向かうことを，**P45**で解説した。今回は，これを“**向心力**（こうしんりょく）”という力で考えることにする。さらに，これと対比して，“**遠心力**（えんしんりょく）”についても教えよう。さらに，等速でない円運動についても解説しよう。

また，回転半径 $\boldsymbol{r}$，角速度 ω，速さ $\boldsymbol{v}$ について，$r\omega = v$（スカラー）の関係式が成り立つけれど，外積を使ったこのベクトルヴァージョンの方程式についても教えるつもりだ。

今回も，内容満載だけれど，またできるだけ分かりやすく教えるつもりだ。

● 等速円運動では、向心力が働く！

図1 等速円運動と向心力

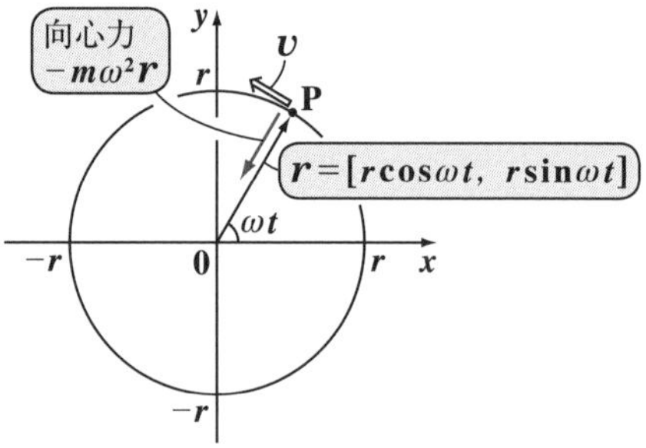

質量 m の質点 P が原点 0 を中心とする半径 r の円周上を角速度 ω で“**等速円運動**”するとき，xy 座標系での点 P の位置ベクトルは，図1より，

（(周)速度 $v = r\omega$）

$$\boldsymbol{r} = [x,\ y] = [r\cos\omega t,\ r\sin\omega t]$$

となり，この速度 $\boldsymbol{v}$，加速度 $\boldsymbol{a}$ は，

$$\boldsymbol{v} = [\dot{x},\ \dot{y}] = [-r\omega\sin\omega t,\ r\omega\cos\omega t]$$

$$\boldsymbol{a} = [\ddot{x},\ \ddot{y}] = [-r\omega^2\cos\omega t,\ -r\omega^2\sin\omega t]$$

（合成関数の微分）

$$= -\omega^2[r\cos\omega t,\ r\sin\omega t] = -\omega^2\boldsymbol{r}$$ となる。

よって，図1に示すように，等速円運動を行う質点 P には，常に中心 0 に向かう力，すなわち“**向心力**（こうしんりょく）”$\boldsymbol{f}_0 = m\boldsymbol{a} = -m\omega^2\boldsymbol{r}$ が働くことが分かる。そして，この向心力 $\boldsymbol{f}_0$ の大きさ（ノルム）f_0 は，

$$f_0 = \|\boldsymbol{f}_0\| = \|-m\omega^2\boldsymbol{r}\| = m\omega^2\underbrace{\|\boldsymbol{r}\|}_{r} = mr\omega^2 \left(\text{または } m\frac{v^2}{r}\right) \quad \cdots\cdots①$$ となる。

（$r\omega = v$ より，$\omega = \dfrac{v}{r}$　よって，$mr\omega^2 = mr\left(\dfrac{v}{r}\right)^2 = m\dfrac{v^2}{r}$ となる。）

ここで，この等速円運動の周期を T とおくと，$\omega T=2\pi$ より，

$T=\dfrac{2\pi}{\omega}$ で計算できることも，頭に入れておこう。

それでは，次の例題で練習しておこう。

例題 35　右図に示すような円すいの滑らかな内面を，質量 m(kg) の質点 P が何の抵抗も受けることなく水平に半径 $r=\dfrac{\sqrt{3}}{5}$(m) の円運動をしている。この円運動の角速度 ω (1/s) を求めよう。
(ただし，重力加速度 $g=9.8$ (m/s²) とする。)

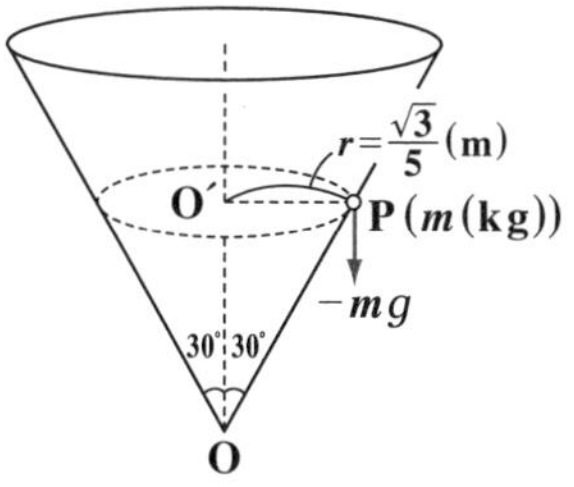

滑らかな円すいの内面を水平に半径 $r=\dfrac{\sqrt{3}}{5}$(m) の円運動をする質点 P に働く力は，右図に示すように，鉛直下向きに重力 $-mg$(N) と円すい内面からの垂直抗力 (束縛力) N(N) である。そして，

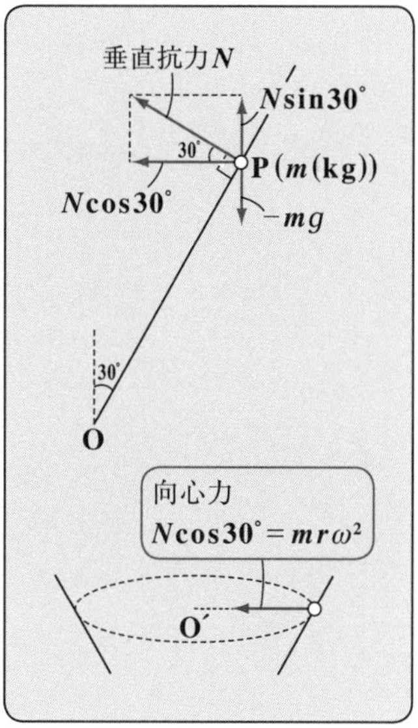

(i) 鉛直方向について

$N\sin 30^\circ=\dfrac{1}{2}N$ と重力 $-mg$ がつり合うので，

$\dfrac{1}{2}N-mg=0$

$\therefore N=2mg$ ……① となる。

(ii) 水平方向について

$N\cos 30^\circ=\dfrac{\sqrt{3}}{2}N$ により，質点 P の円運動の向心力は与えられるので，

$\dfrac{\sqrt{3}}{2}N=mr\omega^2$ より，$\dfrac{\sqrt{3}}{5}m\omega^2=\dfrac{\sqrt{3}}{2}N$　　$\therefore m\omega^2=\dfrac{5}{2}N$ ……②

①, ②より，Nを消去して，また，$g=9.8\,(\mathrm{m/s^2})$より，

$N=2mg$ ……①
$m\omega^2=\dfrac{5}{2}N$ ……②

$$m\omega^2=\frac{5}{2}\cdot 2mg \qquad \omega^2=5\times 9.8=49$$

∴質点Pの角速度ωは，$\omega=\sqrt{49}=7\,(1/\mathrm{s})$となるんだね。大丈夫？

参考

例題35の解説で，(ⅱ)水平方向の向心力が$N\cos 30°$により与えられるという表現が分かりづらい方のために解説しておこう。

高校時代の物理では，右図に示すように，質点Pに働く遠心力$mr\omega^2$と$N\cos 30°$がつり合うので，$N\cos 30°=mr\omega^2=\dfrac{\sqrt{3}}{5}m\omega^2$から②を導いたと思う。

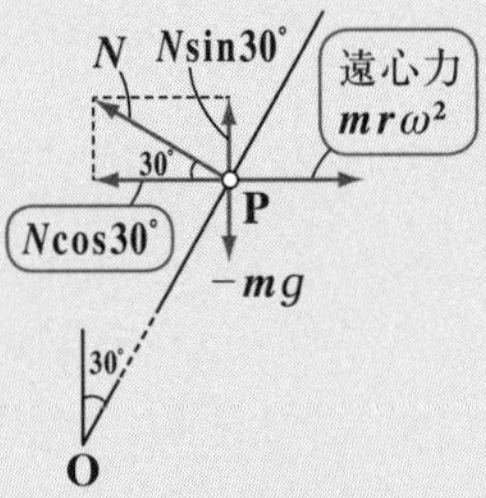

この2つの解法の差は，実は，この円運動を観察している座標系の違いから生じるんだね。

(Ⅰ) 静止した座標系，すなわち慣性系から見た場合，質点Pは円運動をしているので，Pには必ず向心力$mr\omega^2\left(\text{または}\ m\dfrac{v^2}{r}\right)$が働き，この向心力は，$N\cos 30°$で与えられることになるんだね。これに対して，

(Ⅱ) 質点Pに乗った人から見た場合，質点Pは当然静止して見えるはずだ。したがって，向心力$N\cos\theta$と同じ大きさで外側に働く遠心力$mr\omega^2$とがつり合っていることになるんだね。この遠心力は，回転座標系で生ずる見かけ上の力で，“慣性力(かんせいりょく)”と呼ばれることも覚えておこう。

（正確には，質点Pと共に，回転する座標系から見た場合）

急カーブを曲がる電車や車の中などで，ボク達はいつもこの遠心力(外にはじき出されそうな力)を実感として経験している。だから，(Ⅱ)の解法の方が，より分かりやすく感じるのかも知れないね。

● 等速でない円運動でも、同じ向心力が働く！

図2に示すように，一般に質点Pが円に限らずある曲線（軌跡）を描きながら運動するとき，その加速度 $\boldsymbol{a}(t)$ は接線方向と主法線方向に分解されて，

$$\boldsymbol{a} = \frac{dv}{dt}\boldsymbol{t} + \frac{v^2}{R}\boldsymbol{n} \quad \cdots\cdots ①$$

（接線方向成分）（主法線方向成分）

$\begin{pmatrix} \boldsymbol{t}：単位接線ベクトル \\ \boldsymbol{n}：単位主法線ベクトル \end{pmatrix}$

と表されるんだね。 P54参照

図2　$\boldsymbol{a} = \frac{dv}{dt}\boldsymbol{t} + \frac{v^2}{R}\boldsymbol{n}$

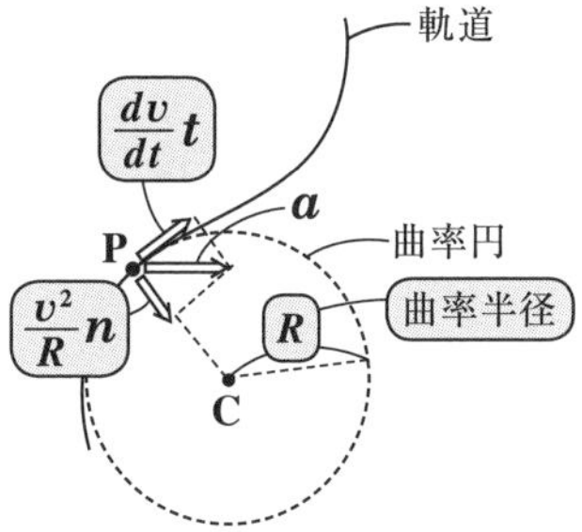

この①は当然，質量 m の質点Pが図3のような半径 r（一定）の等速でない円運動をするときでも成り立つ。よって，①の曲率半径 R が定数 r に置き変わるだけで，円運動する質点Pに働く力を $\boldsymbol{f}$ とおくと，

図3　等速でない円運動

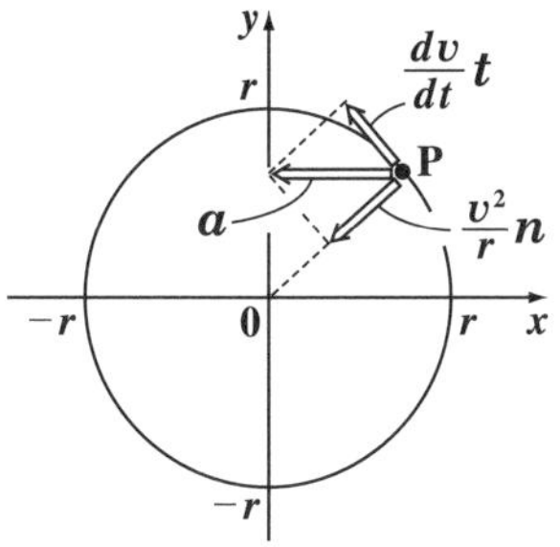

$$\boldsymbol{f} = m\boldsymbol{a} = m\left(\frac{dv}{dt}\boldsymbol{t} + \frac{v^2}{r}\boldsymbol{n}\right)$$

$$\boldsymbol{f} = m\frac{dv}{dt}\boldsymbol{t} + m\frac{v^2}{r}\boldsymbol{n} \quad \cdots\cdots ②$$

（接線方向に働く力）（向心力）

となり，②から等速円運動のときと同様に，点Pには，向心力 $m\frac{v^2}{r}$（$= mr\omega^2$（ω：角速度））が働くんだね。

したがって，等速でない円運動のときは，接線方向の周速度 v も変化するので，当然 $m\frac{dv}{dt} \neq 0$ となるが，向心力は同じ $m\frac{v^2}{r}$ が働くことを示している。逆に，$m\frac{dv}{dt} = 0$，つまり $\frac{dv}{dt} = 0$ で，v が一定の特殊な場合が等速円運動を表しているんだね。

それでは，次の例題で等速でない円運動の問題を解いてみよう。

例題 36　右図に示すように，長さ l の軽い糸の一端を天井に固定して原点 0 とし，他端に質量 m の質点(重り)$\mathbf{P}$ をつけた振り子を作る。初め，右図に示すように，糸を張った状態で質点 $\mathbf{P}$ を天井の位置から静かに離すと，$\mathbf{P}$ は円弧を描き振り子となる。図に示すような振れ角 θ $(0^\circ \leqq \theta \leqq 90^\circ)$ のとき，糸の張力 S を m と重力加速度 g で表してみよう。

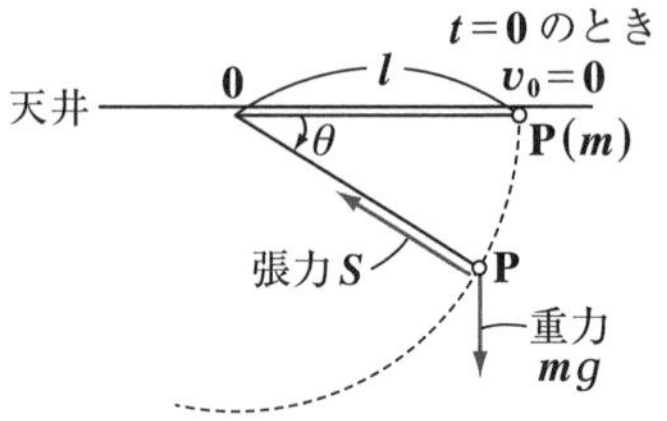

質点 $\mathbf{P}$ は，円運動をするけれど，速さ v は θ の増加と共に大きくなるので，速度が一定でない円運動をすることになるんだね。

右図のように，鉛直上方に y 軸をとり，天井の位置に原点 0 をとる。

初めの状態 $(v_0 = 0,\ y = 0)$ と，振れ角が θ の状態 $(v,\ y = -l\sin\theta)$ のときについて，力学的エネルギーの保存則を用いると，

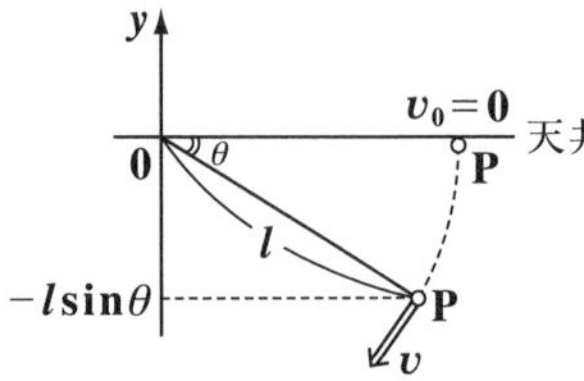

$$\frac{1}{2}m\cdot 0^2 + mg\cdot 0 = \frac{1}{2}mv^2 + mg(-l\sin\theta)$$
$$[\quad K_1 \quad + \quad U_1 \quad = \quad K_2 \quad + \quad U_2 \quad]$$

ポテンシャル(位置エネルギー)U は，その絶対値に意味はなく，U_1 と U_2 の差に意味がある。だから，$U_1 = 0$ (基準)とすると，当然 U_2 は㊀になるが，それでも構わないんだね。

よって，$\frac{1}{2}mv^2 = mgl\sin\theta$

$v^2 = 2gl\sin\theta$ ……①　$(0^\circ \leqq \theta \leqq 90^\circ)$ となる。

ここで，$\mathbf{P}$ は速さ v で円運動しているので，このときの $\mathbf{P}$ に働く向心力は $m\frac{v^2}{l}$ となる。

これに①を代入して，

$$m\frac{v^2}{l} = m\frac{2gl\sin\theta}{l}$$
$$= 2mg\sin\theta \quad \text{……②} \quad となる。$$

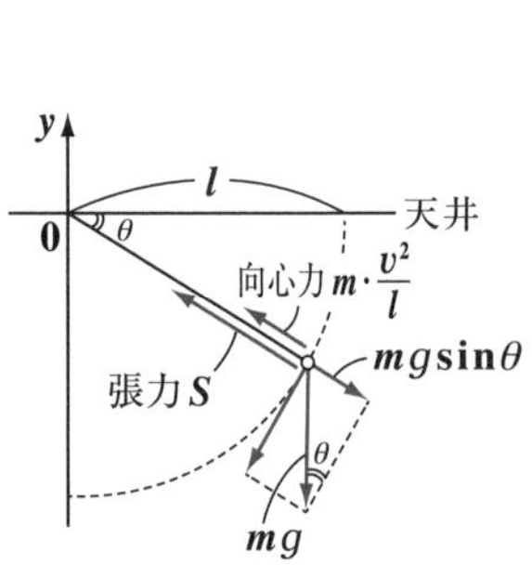

そして，右図より，この向心力を与えるのは，

$S - mg\sin\theta$ (S：糸の張力) であるので，②より，

$S - mg\sin\theta = 2mg\sin\theta$ となる。

これから，求める糸の張力 S は，$S = 3mg\sin\theta$ となって，求まるんだね。

大丈夫だった？

● ベクトル公式 $\boldsymbol{\omega} \times \boldsymbol{r} = \boldsymbol{v}$ も覚えよう！

半径 r の円周上を角速度 ω で円運動している点 P の速さ v は，公式：$r\omega = v$ で求められるけれど，この公式のベクトルヴァージョンも紹介しておこう。

図 4 $\boldsymbol{\omega} \times \boldsymbol{r} = \boldsymbol{v}$

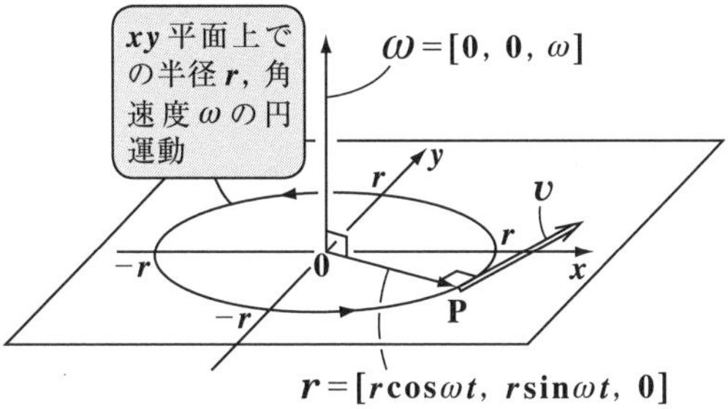

図 4 に示すように，xy 平面上で原点 0 を中心とする半径 r の円周上を角速度 ω で回転する点 P の位置 $\boldsymbol{r}(t)$ と速度 $\boldsymbol{v}(t)$ は，

$\boldsymbol{r}(t) = [r\cos\omega t,\ r\sin\omega t,\ 0]$

$\boldsymbol{v}(t) = \dot{\boldsymbol{r}}(t) = [-r\omega\sin\omega t,\ r\omega\cos\omega t,\ 0]$

となるのは大丈夫だね。

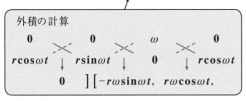

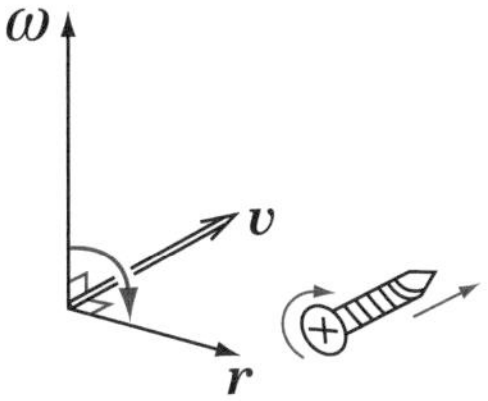

ここで，z 軸の正の向きに **"角速度ベクトル"** $\boldsymbol{\omega}$ として，

$\boldsymbol{\omega} = [0,\ 0,\ \omega]$ をとり，外積 $\boldsymbol{\omega} \times \boldsymbol{r}$ を計算すると，

$\boldsymbol{\omega} \times \boldsymbol{r} = [-r\omega\sin\omega t,\ r\omega\cos\omega t,\ 0]$

外積の計算

$$\begin{array}{cccc} 0 & 0 & \omega & 0 \\ r\cos\omega t & r\sin\omega t & 0 & r\cos\omega t \end{array}$$

$0 \quad] [-r\omega\sin\omega t,\ r\omega\cos\omega t,$

となって，ナルホド $\boldsymbol{v}$ が導けていることが分かるはずだ。したがって，

公式：$\boldsymbol{\omega} \times \boldsymbol{r} = \boldsymbol{v}$ が成り立つ。これも頭に入れておこう！

$\boldsymbol{r} \times \boldsymbol{\omega}$ ではなく，$\boldsymbol{\omega} \times \boldsymbol{r}$ であることに要注意だね。

§3. 単振動と減衰振動

さァ，これから“**単振動**”と“**減衰振動**”について解説しよう。単振動の速度や加速度などの基本については既に **P37** や **P45** で解説したね。ここでは，さらに詳しく，ニュートンの運動方程式から，この単振動の方程式を導いてみよう。その際に“**2 階定数係数線形微分方程式**”の解法についても教えよう。さらに，単振動に働く復元力は保存力なので，単振動の力学的エネルギーの保存則についても解説しよう。

また，単振動に，速度に比例した抵抗が働く場合，その振動が徐々に減衰していくことになる。この“**減衰振動**”についても教えるつもりだ。

今回も盛り沢山の内容だけれど，また分かりやすく解説しよう！

● 単振動の運動方程式を解いてみよう！

“**単振動**”(または，“**調和振動**”)の物理モデルは，図 **1** に示すような“**水平ばね振り子**”なんだね。これは，滑らかな(まさつのない)床面で，バネに取り付けた質量 m の重り(質点) **P** が空気抵抗を受けることなく，左右にビョーンビョーンと動く振動運動のことだね。

図 **1** 単振動を表す水平ばね振り子

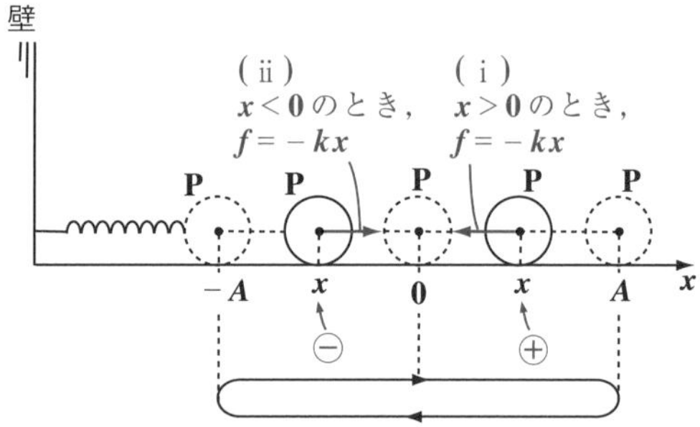

ここで，図 **1** のように x 軸をとり，原点 **0** を **P** のつり合いの位置にとったとき，質点 **P** の位置 x が，

$$\begin{cases} (\text{i})\ x>0 \text{ のとき，バネにより質点 P は負側に } -k\underset{\oplus}{x} \text{ の力を受け，} \\ (\text{ii})\ x<0 \text{ のとき，バネにより質点 P は正側に } -k\underset{\ominus}{x} \text{ の力を受ける。} \end{cases}$$

この力は，バネが自然長に戻ろうとする復元力(弾性力)のことで，この力を f とおくと，(i)(ii) いずれにせよ，

$f=-kx$ ……① (k：ばね定数(N/m))と表される。これを“**フックの法則**”という。

質点Pの質量はmより，$f=ma=m\dfrac{d^2x}{dt^2}=m\ddot{x}$ ……② だね。

②を①に代入すると，この単振動を表す，次の運動方程式：

$m\ddot{x}=-kx$ ……③ ($m>0$，$k>0$)が導かれるんだね。

③の両辺を$m(>0)$で割って，$\dfrac{k}{m}=\omega^2$とおくと，より一般的な単振動の微分方程式：$\ddot{x}=-\omega^2x$ ……④ (または，$\ddot{x}+\omega^2x=0$ ……④′)が導ける。

(ここで，ωは角振動数を表す。)

具体的に④式は，$\omega=5$のとき，$\ddot{x}=-25x$となるし，$\omega=2\pi$のとき，$\ddot{x}=-4\pi^2x$となる。このように，④は係数がすべて定数で，2階微分$\ddot{x}$を含む線形方程式なので，これを“**2階定数係数線形微分方程式**(にかいていすうけいすうせんけいびぶんほうていしき)”と呼ぶんだね。

ン？何か難しそうだって!?でも，この解法パターンはハッキリと決っているので，比較的簡単に解けるんだよ。その際，

オイラーの公式：$e^{i\theta}=\cos\theta+i\sin\theta$ ……(＊) (i：虚数単位($i^2=-1$))

(P26)を利用することになる。

それでは，④のような2階定数係数線形微分方程式の解法を教えよう。

まず，④の微分方程式の基本解は，$x=e^{\lambda t}$ ……⑤ (λ：定数)の形であることを予測することから始める。λは定数で，このλを決定できればいいんだね。

実際に，⑥をtで2回(2階)微分すると，

(数学では，慣例として，こう表現する。)

$$\ddot{x}=(e^{\lambda t})''=\{\underbrace{(e^{\lambda t})'}_{\lambda e^{\lambda t}}\}'=\lambda\underbrace{(e^{\lambda t})'}_{\lambda e^{\lambda t}}=\lambda^2e^{\lambda t}\ \cdots\cdots⑤'$$ となる。

よって，⑤と⑤′を④に代入すると，

$\underbrace{\lambda^2e^{\lambda t}}_{\ddot{x}}=-\omega^2\underbrace{e^{\lambda t}}_{x}$ となり，この両辺を$e^{\lambda t}(\neq 0)$で割ると，

$\underbrace{\lambda}_{未知数}{}^2=-\underbrace{\omega}_{\omega は正の定数}{}^2$ ……⑥ となる。これは，λの2次方程式で“**特性方程式**(とくせいほうていしき)”と呼ぶ。

(これは具体的には，たとえば，$\lambda^2=-25$や，$\lambda^2=-4\pi^2$，…などのことだね。)

よって，⑥の特性方程式の解は，

$\lambda = \pm\omega i$ ……⑦ （i：虚数単位）となる。

$$\begin{cases} \ddot{x} = -\omega^2 x & \cdots\cdots④ \\ x = e^{\lambda t} & \cdots\cdots⑤ \\ \lambda^2 = -\omega^2 & \cdots\cdots⑥ \end{cases}$$

⑦を⑤に代入すると，④の微分方程式の基本解は，

$x = e^{i\omega t}$ または $x = e^{-i\omega t}$ となる。よって，この **1 次結合**

$x = B_1 e^{i\omega t} + B_2 e^{-i\omega t}$ ……⑧ （B_1, B_2：任意定数）が，④の微分方程式の "**一般**（いっぱん）

解（かい）" になるんだね。

> ここでは，**2** つの基本解の独立性やロンスキアンについての解説は省略する。次のステップとして「**力学キャンパス・ゼミ**」で勉強しよう。ただし，④の **2** 階の微分方程式の場合，その一般解には **2** つの未定係数（B_1 と B_2）が現われることは，覚えておこう!

参考

実際に⑧を，④の左辺に代入すると，

（④の左辺）$= \ddot{x} = (B_1 e^{i\omega t} + B_2 e^{-i\omega t})''$

> $(e^{ct})' = ce^{ct}$ より，
> $(e^{ct})'' = c^2 e^{ct}$
> （c：定数）となる。

$= B_1 \underbrace{(e^{i\omega t})''}_{\substack{(i\omega)^2 e^{i\omega t} \\ = -\omega^2 e^{i\omega t}}} + B_2 \underbrace{(e^{-i\omega t})''}_{\substack{(-i\omega)^2 e^{-i\omega t} \\ = i^2\omega^2 e^{-i\omega t} = -\omega^2 e^{-i\omega t}}}$ （∵ $i^2 = -1$）

"なぜなら"記号

$= -\omega^2 B_1 e^{i\omega t} - \omega^2 B_2 e^{-i\omega t}$

$= -\omega^2 \underbrace{(B_1 e^{i\omega t} + B_2 e^{-i\omega t})}_{x \text{のこと（⑨より）}} = -\omega^2 x =$（④の右辺）となって

⑧は④をみたすので，⑧が④の微分方程式の一般解になっていることが分かるんだね。

● 単振動の一般解は 4 つの形がある!

単振動の一般解は⑧でもいいんだけれど，オイラーの公式：$e^{i\theta} = \cos\theta + i\sin\theta$ ……(*)を用いて，より見やすい形に変形できる。オイラーの公式より，

$$\begin{cases} e^{i\omega t} = \cos\omega t + i\sin\omega t \\ e^{-i\omega t} = \cos(-\omega t) + i\sin(-\omega t) = \underline{\cos\omega t - i\sin\omega t} \end{cases} \quad \cdots\cdots⑨$$ となる。ここで，

⑨を，$x = B_1 e^{i\omega t} + B_2 e^{-i\omega t}$ ……⑧ に代入して，変形すると，

$$x = B_1(\cos\omega t + i\sin\omega t) + B_2(\cos\omega t - i\sin\omega t)$$

$$= \underbrace{i(B_1 - B_2)}_{C_1}\sin\omega t + \underbrace{(B_1 + B_2)}_{C_2\text{とおく}}\cos\omega t$$

よって，④の一般解は次のようになる。

$x = C_1\sin\omega t + C_2\cos\omega t$ ……(a) （C_1，C_2：未定係数）

(a) に三角関数の合成を用いて，$A_1 = \sqrt{C_1{}^2 + C_2{}^2}$ とおくと，

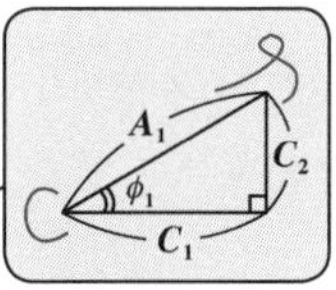

$$x = \underbrace{A_1}_{\sqrt{C_1{}^2+C_2{}^2}}\left(\underbrace{\frac{C_1}{A_1}}_{\cos\phi_1}\sin\omega t + \underbrace{\frac{C_2}{A_1}}_{\sin\phi_1\,(\text{右図より})}\cos\omega t\right)$$

$$= A_1(\sin\omega t\cos\phi_1 + \cos\omega t\sin\phi_1)$$

$\therefore x = A_1\sin(\omega t + \phi_1)$ ……(b)

三角関数の加法定理
$\sin\alpha\cos\beta + \cos\alpha\sin\beta = \sin(\alpha + \beta)$

（A_1，ϕ_1：未定係数）となる。

さらに，(a) の C_1 と C_2 を入れ替えて，

$x = C_1\cos\omega t + C_2\sin\omega t$ ……(c) と表してもいいし，

(c) の C_2 を $-C_2$ に置き替えて三角関数の合成を用いると，

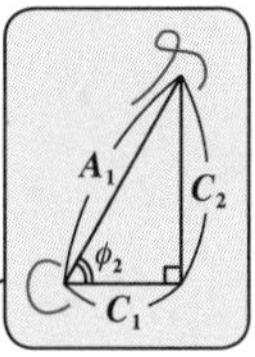

$$x = C_1\cos\omega t - C_2\sin\omega t$$

$$= \underbrace{A_1}_{\sqrt{C_1{}^2+C_2{}^2}}\left(\underbrace{\frac{C_1}{A_1}}_{\cos\phi_2}\cos\omega t - \underbrace{\frac{C_2}{A_1}}_{\sin\phi_2}\sin\omega t\right) \quad \left(A_1 = \sqrt{C_1{}^2 + C_2{}^2}\right)$$

$$= A_1(\cos\omega t\cos\phi_2 - \sin\omega t\sin\phi_2)$$

$\therefore x = A_1\cos(\omega t + \phi_2)$ ……(d) と表せる。

三角関数の加法定理
$\cos\alpha\cos\beta - \sin\alpha\sin\beta = \cos(\alpha + \beta)$

（A_1，ϕ_2：未定係数）

ン？解が多すぎるって!? でも，この **4** つはいずれも問題にあわせて使い分けていけばいいんだね。もう **1** 度，単振動の微分方程式：$\ddot{x} = -\omega^2 x$ ……④の **4** つの一般解をまとめて下に示しておこう。

$$x(t) = C_1\sin\omega t + C_2\cos\omega t \;\cdots\cdots(a) \quad (C_1,\ C_2：\text{未定係数})$$

$$= A\sin(\omega t + \phi) \;\cdots\cdots\cdots\cdots(b) \quad (A：\text{未定係数},\ \phi：\text{初期位相})$$

$$= C_1\cos\omega t + C_2\sin\omega t \;\cdots\cdots(c) \quad (C_1,\ C_2：\text{未定係数})$$

$$= A\cos(\omega t + \phi) \;\cdots\cdots\cdots\cdots(d) \quad (A：\text{未定係数},\ \phi：\text{初期位相})$$

それでは，次の例題で練習しておこう。

例題 **37** 次の各単振動の微分方程式の一般解を求めてみよう。

(1) $\ddot{x}=-4x$ ……①　　(2) $\ddot{x}=-25x$ ……②

(3) $\ddot{x}=-5x$ ……③　　(4) $\ddot{x}=-2\pi^2x$ ……④

単振動の微分方程式：$\ddot{x}=-\omega^2x$ の一般解は $x=C_1\sin\omega t+C_2\cos\omega t$ など **4** つあるが，いずれを使ってもいいんだね。

もちろん，$x=A\sin(2t+\phi)$
$=C_1\cos2t+C_2\sin2t$
$=A\cos(2t+\phi)$ としてもいい。

(1) $\ddot{x}=-\underbrace{2^2}_{\omega^2}x$ ……① の一般解は，

$x(t)=C_1\sin2t+C_2\cos2t$ (C_1, C_2：定数) である。

他の問題も，同様に他に **3** 通りの表し方がある。

(2) $\ddot{x}=-\underbrace{5^2}_{\omega^2}x$ ……② の一般解は，

$x(t)=A\sin(5t+\phi)$ (A, ϕ：定数) である。

(3) $\ddot{x}=-\underbrace{(\sqrt{5})^2}_{\omega^2}x$ ……③ の一般解は，

$x(t)=C_1\cos\sqrt{5}t+C_2\sin\sqrt{5}t$ (C_1, C_2：定数) である。

(4) $\ddot{x}=-\underbrace{(\sqrt{2}\pi)^2}_{\omega^2}x$ ……④ の一般解は，

$x(t)=A\cos(\sqrt{2}\pi t+\phi)$ (A, ϕ：定数) である。

もちろん，問題文で「一般解を導け」と問われていたら，前述したように，基本解 $x=e^{\lambda t}$ とおいて，λ の特性方程式を解いて，一般解を導けばいいんだね。(1)～(4) のいずれの一般解の表し方をしても，**2** 階の微分方程式の一般解では **2** つの未定定数が存在することに気をつけよう。そして，これらの未定定数を決定するためには "**初期条件**(しょきじょうけん)" として，時刻 $t=0$ のときの位置 $x(0)$ や速さ $v(0)$ など…の値が与えられていなければならない。そして，これらの定数が決定された解を "**特殊解**(とくしゅかい)" というんだね。

それでは，次の例題では，この特殊解を実際に求めてみよう。

例題 38 次の各単振動の微分方程式の特殊解を求めてみよう。

(1) $\ddot{x} = -4x$ ………(a) （初期条件：$x(0)=3$，$v(0)=0$）

(2) $\ddot{x} = -2\pi^2 x$ ……(b) （初期条件：$x(0)=5$，$v(0)=2\pi$）

(1) $\ddot{x} = -2^2 x$ ……(a) の一般解は，

$x(t) = C_1\sin 2t + C_2\cos 2t$ ……(c) である。(c) を t で微分して，

$v(t) = \dot{x}(t) = C_1\underbrace{(\sin 2t)'}_{2\cos 2t} + C_2\underbrace{(\cos 2t)'}_{-2\sin 2t}$

$(\sin mt)' = m\cos mt$
$(\cos mt)' = -m\sin mt$

$= 2C_1\cos 2t - 2C_2\sin 2t$ ……(d) となる。

ここで，初期条件：$x(0)=3$，$v(0)=0$ より，

(c) と (d) に，$t=0$ を代入して，

$x(0) = C_1\cdot\underbrace{\sin 0}_{0} + C_2\cdot\underbrace{\cos 0}_{1} = \boxed{C_2 = 3}$　　$\therefore C_2 = 3$

初期条件から，C_1 と C_2 を決定する。

$v(0) = 2C_1\cdot\underbrace{\cos 0}_{1} - 2C_2\cdot\underbrace{\sin 0}_{0} = \boxed{2C_1 = 0}$　　$\therefore C_1 = 0$

以上の結果：$C_1=0$，$C_2=3$ を (c) に代入して，求める (a) の特殊解は，

$x(t) = 3\cos 2t$ となって，答えだ！

(2) $\ddot{x} = -2\pi^2 x$ ……(b) の一般解は，

$x(t) = C_1\cos\sqrt{2}\pi t + C_2\sin\sqrt{2}\pi t$ ……(e) である。(e) を t で微分して，

$v(t) = \dot{x}(t) = -\sqrt{2}\pi C_1\sin\sqrt{2}\pi t + \sqrt{2}\pi C_2\cos\sqrt{2}\pi t$ ……(f) となる。

ここで，初期条件：$x(0)=5$，$v(0)=2\pi$ より，

(e) と (f) に，$t=0$ を代入して，

$x(0) = C_1\cdot\underbrace{\cos 0}_{1} + C_2\cdot\underbrace{\sin 0}_{0} = \boxed{C_1 = 5}$　　$\therefore C_1 = 5$

$v(0) = -\sqrt{2}\pi C_1\cdot\underbrace{\sin 0}_{0} + \sqrt{2}\pi C_2\cdot\underbrace{\cos 0}_{1} = \boxed{\sqrt{2}\pi C_2 = 2\pi}$　$\therefore C_2 = \dfrac{2\pi}{\sqrt{2}\pi} = \sqrt{2}$

以上の結果：$C_1=5$，$C_2=\sqrt{2}$ を (e) に代入して，求める (b) の特殊解は，

$x(t) = 5\cos\sqrt{2}\pi t + \sqrt{2}\sin\sqrt{2}\pi t$ となるんだね。大丈夫だった？

● 単振動では力学的エネルギーの保存則が成り立つ！

単振動している物体に働く復元力 f は，$f=-kx$ ……① であり，これは位置 x のみの関数なので，次のようなポテンシャル U によって表すことができるんだったね。(P112)

$f=-\dfrac{dU}{dx}$ ……②　　②に①を代入して，$-kx=-\dfrac{dU}{dx}$ より，$U'=kx$

この両辺を x で積分して，U を求めると，

$U=\int kx\,dx=\dfrac{1}{2}kx^2$ ……③　$(-A\leqq x\leqq A)$ ← 振幅を A とし，$x=0$ を基準点 $U=0$ とした。

となる。この単振動のポテンシャル・エネルギー U は特に“**ばねの弾性エネルギー**”や“**ばねの位置エネルギー**”と呼ばれることもある。今回の単振動の振幅を A として，その方程式を，

$x=A\sin(\omega t+\phi)$ ……④

$\left(\omega=\sqrt{\dfrac{k}{m}},\ \phi：初期位相\right)$

(今回は，4つの公式の内，これを使う。)

とおくと，$-A\leqq x\leqq A$ の範囲におけるポテンシャル・エネルギー U のグラフは，③より，図2のようになるんだね。

図2　ばねのポテンシャル・エネルギー U

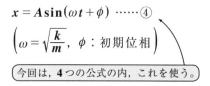

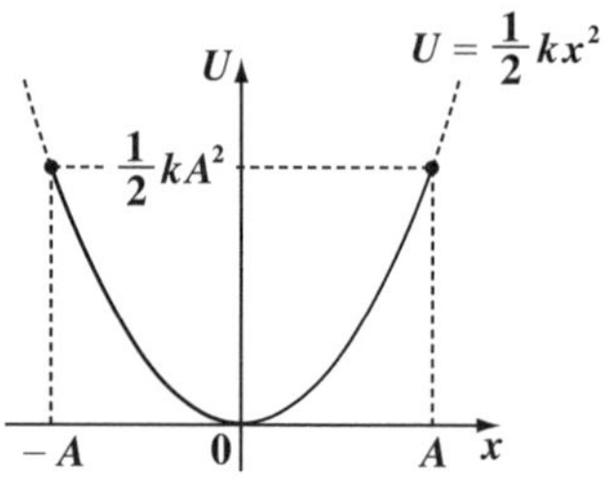

図2より，$x=0$ のとき，$U=0$ で最小となり，$x=\pm A$ のとき，$U=\dfrac{1}{2}kA^2$ となって最大値をとるんだね。

ここで，力学的エネルギー E の保存則とは，この振動子の運動エネルギー $K=\dfrac{1}{2}mv^2$ とポテンシャル・エネルギー $U=\dfrac{1}{2}kx^2$ ……③の和，すなわち全力学的エネルギー $E\ (=K+U)$ が x の値に関わらず，一定となるということなんだね。この E の保存則が成り立つことを証明してみよう。

④を t で微分して，速度 v を求めると，

$v = \dot{x} = \frac{d}{dt}\{A\sin(\omega t+\phi)\} = A\cdot\omega\cos(\omega t+\phi)$ ……⑤ となる。

よって，この単振動子 (調和振動子) の全力学的エネルギー E は，

$$E = K + U = \frac{1}{2}m\underbrace{v^2}_{A^2\omega^2\cos^2(\omega t+\phi)\ (⑤より)} + \frac{1}{2}k\underbrace{x^2}_{A^2\sin^2(\omega t+\phi)\ (④より)} \quad \left(\omega^2 = \frac{k}{m}\right)$$

$$= \frac{1}{2}m\frac{k}{m}A^2\cos^2(\omega t+\phi) + \frac{1}{2}kA^2\sin^2(\omega t+\phi)$$

$$= \frac{1}{2}kA^2\{\underbrace{\cos^2(\omega t+\phi)+\sin^2(\omega t+\phi)}_{1}\}$$

$= \frac{1}{2}\underbrace{kA^2}_{定数}$ (一定) となって，ナルホド位置変数 x の値に関わらず常に一定であること，つまり，単振動における力学的エネルギーの保存則が成り立つことが証明されたんだね。図3に，$E = K + U$ (=(一定)) のグラフを示す。これから，

(i) $x = 0$ のとき，

K は最大値 $\frac{1}{2}kA^2$ をとり，

U は最小値 0 をとることが分かり，また

(ii) $x = \pm A$ のとき，

K は最小値 0 をとり，

U は最大値 $\frac{1}{2}kA^2$ をとることが分かるんだね。

図3 単振動における力学的エネルギー E の保存則

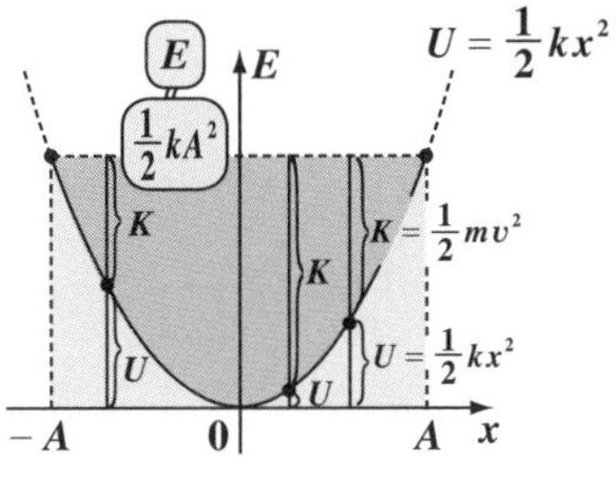

ばねの力学的エネルギーの保存則がヴィジュアルに分かって，面白かったでしょう？

● 減衰振動の解法もマスターしよう！

前回解説した“**単振動**”する物体に速度に比例する抵抗が働くと，その振動は減衰していきやがては止まることになる。この現象を“**減衰振動**（げんすいしんどう）”というんだね。これから，この減衰振動の **2** 階定数係数線形微分方程式を導き，これを解いてみよう。

図 **4** に示すように，水平ばね振り子の質量 m の振動子 **P** に働く力が，ばねによる復元力 $-kx$ と速さ v に比例する抵抗力 $-Bv$（B：正の定数）である場合を考える。このとき，図 **4** (i)(ii) にそれぞれ示すように，

(i) $v>0$ のとき，$-Bv$ は，負側に働き，
(ii) $v<0$ のとき，$-Bv$ は，正側に働く。

図 **4** 速度に比例する抵抗がある場合の振動

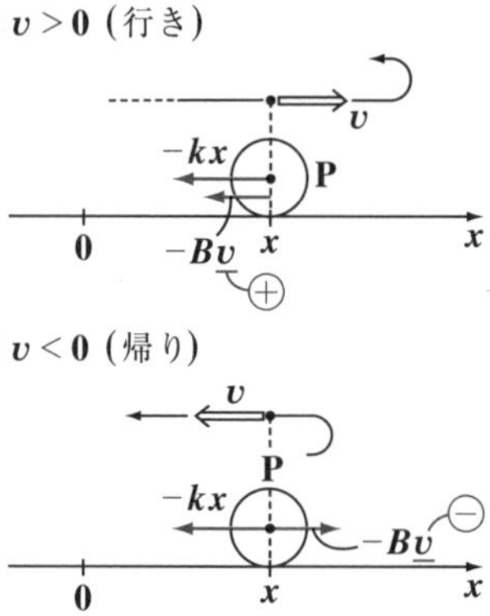

つまり，いずれの場合にも $-Bv$ が振動子 **P** の運動を妨げる向きに抵抗として働いていることが分かるはずだ。これから，**P** に働く力 f は，

$f=-kx-B\dot{x}$ ………① であり，また，

$f=m\ddot{x}$ ………………② より，①，②から f を消去して，

$m\ddot{x}=-B\dot{x}-kx$ ……③（m：質量，B：正の定数，k：ばね定数）

となる。③の両辺を m で割ってまとめると，次のような減衰振動の微分方程式が導ける。

$\ddot{x}+a\dot{x}+bx=0$ ……④ $\left(ただし，a=\dfrac{B}{m}，b=\dfrac{k}{m}\right)$ となる。

④は，具体的には，$\ddot{x}+4\dot{x}+13x=0$ や $\ddot{x}+x+\dfrac{5}{4}=0$ など…のことで，これは単振動の微分方程式と同様に，**2** 階定数係数線形微分方程式なんだね。ということは，単振動のときと同様に基本解として，

$x=e^{\lambda t}$（λ：未定定数）とおいて，$\dot{x}=\lambda e^{\lambda t}$，$\ddot{x}=\lambda^2e^{\lambda t}$ として，

これらを④に代入すると，

$\lambda^2 e^{\lambda t} + a\lambda e^{\lambda t} + b e^{\lambda t} = 0$ となる。

よって，この両辺を $e^{\lambda t}$ $(\neq 0)$ で割ると，λ の特性方程式（2 次方程式）：

$\lambda^2 + a\lambda + b = 0$ が導ける。

よって，この解を λ_1，λ_2 とおくと，減衰振動の場合，これらは虚数解：

$\lambda_1 = -\alpha + \beta i$，$\lambda_2 = -\alpha - \beta i$　（ただし，$\alpha > 0$，$\beta > 0$）となる。

よって，これらの基本解 $e^{\lambda_1 t}$ と $e^{\lambda_2 t}$ の 1 次結合が，④の一般解となるんだね。

$$x = B_1 e^{\lambda_1 t} + B_2 e^{\lambda_2 t} = B_1 e^{-\alpha t + i\beta t} + B_2 e^{-\alpha t - i\beta t}$$

$$= e^{-\alpha t}\left(B_1 \underbrace{e^{i\beta t}}_{(\cos\beta t + i\sin\beta t)} + B_2 \underbrace{e^{-i\beta t}}_{(\cos\beta t - i\sin\beta t)}\right)$$

オイラーの公式：
$$\begin{cases} e^{i\theta} = \cos\theta + i\sin\theta \\ e^{-i\theta} = \cos\theta - i\sin\theta \end{cases}$$

$$= e^{-\alpha t}\left\{B_1(\cos\beta t + i\sin\beta t) + B_2(\cos\beta t - i\sin\beta t)\right\}$$

$$= e^{-\alpha t}\left\{\underbrace{(B_1 + B_2)}_{C_1}\cos\beta t + \underbrace{i(B_1 - B_2)}_{C_2 \text{とおく}}\sin\beta t\right\}$$

これから，一般解は，

$x(t) = e^{-\alpha t}(C_1\cos\beta t + C_2\sin\beta t)$ ……⑤（C_1，C_2：未定定数）

となる。2 階の微分方程式なので，⑤の一般解には 2 つの未定定数が含まれているんだね。

⑤の解は複雑に見えるかも知れないけれど，⑤の右辺の（ ）内は角振動数が β の単振動の方程式そのものであり，これに時間と供に減少していく指数関数 $e^{-\alpha t}$ がかかることにより，振動しながら減衰していく現象が表されるんだね。

そして，⑤にさらに，初期条件として，$x(0)$ や $v(0)$ などの値が与えられればこれを基に，2 つの定数 C_1 と C_2 を決定することができる。その結果，特殊解を求めることができるんだね。

どう？これで，減衰振動の微分方程式の解法の大きな流れがつかめたでしょう？後は，実際に例題で減衰振動の微分方程式を解いてみることだね。それでは，次の例題で減衰振動の特殊解を求めてみよう。

例題 **39** 速度に比例する抵抗を受けて振動する水平ばね振り子の振動子 **P**の変位(位置)が，次の微分方程式で表されるとき，これを解いて特殊解を求めよう。

$\ddot{x}+4\dot{x}+13x=0$ ……①

（$4=\frac{B}{m}$, $13=\frac{k}{m}$）

(初期条件：$x(0)=0$，$v(0)=6$)

①は，**2**階定数係数線形微分方程式なので，この基本解は，

$x=e^{\lambda t}$ (λ：定数)と推定できる。

これをtで**1**階，**2**階微分して，

$\dot{x}=\lambda e^{\lambda t}$，$\ddot{x}=\lambda^2 e^{\lambda t}$ となる。 （公式：$(e^{ct})'=ce^{ct}$）

これを①に代入すると，

$\lambda^2 e^{\lambda t}+4\lambda e^{\lambda t}+13e^{\lambda t}=0$ となる。

この両辺を$e^{\lambda t}$ $(\neq 0)$で割ると，次のようなλの特性方程式が導かれる。

$\lambda^2+4\lambda+13=0$ これを解いて，

$\lambda=-2\pm\sqrt{2^2-1\times 13}=-2\pm\sqrt{-9}=-2\pm 3i$

（$ax^2+2b'x+c=0$ の解 $x=\frac{-b'\pm\sqrt{b'^2-ac}}{a}$）

$\therefore \lambda_1=-2+3i$，$\lambda_2=-2-3i$ より，

2つの基本解 $x=e^{(-2+3i)t}$，$e^{(-2-3i)t}$ が得られる。よって，これらの**1**次結合が，①の微分方程式の一般解となる。

一般解 $x(t)=B_1e^{-2t+i3t}+B_2e^{-2t-i3t}$ (B_1，B_2：定数)

$=e^{-2t}(B_1e^{i3t}+B_2e^{-i3t})$

（$e^{i3t}=(\cos 3t+i\sin 3t)$，$e^{-i3t}=(\cos 3t-i\sin 3t)$）

（オイラーの公式：$\begin{cases} e^{i\theta}=\cos\theta+i\sin\theta \\ e^{-i\theta}=\cos\theta-i\sin\theta \end{cases}$）

$=e^{-2t}\{B_1(\cos 3t+i\sin 3t)+B_2(\cos 3t-i\sin 3t)\}$

$=e^{-2t}\{(B_1+B_2)\cos 3t+i(B_1-B_2)\sin 3t\}$

（新たに，B_1+B_2をC_1，$i(B_1-B_2)$をC_2とおく）

$\therefore$一般解 $x(t)=e^{-2t}(C_1\cos 3t+C_2\sin 3t)$ ……② と表される。

(ただし，$C_1=B_1+B_2$，$C_2=i(B_1-B_2)$)

ここで，初期条件：$x(0)=0$ より，②に $t=0$ を代入すると，

$$x(0)=\underbrace{e^0}_{1}(C_1\underbrace{\cos 0}_{1}+\cancel{C_2\underbrace{\sin 0}_{0}})=\boxed{C_1=0}\qquad \therefore C_1=0$$

これを②に代入して，

$x(t)=C_2e^{-2t}\sin 3t$ ……②′ となる。

②′を t で微分して，

$$\dot{x}(t)=C_2\{\underbrace{(e^{-2t})'}_{-2e^{-2t}}\cdot\sin 3t+e^{-2t}\underbrace{(\sin 3t)'}_{3\cos 3t}\}$$

公式：
$(f\cdot g)'=f'\cdot g+f\cdot g'$

公式：
$(e^{ct})'=ce^{ct}$
$(\sin mt)'=m\cos mt$

$$=C_2\left(-2e^{-2t}\sin 3t+3e^{-2t}\cos 3t\right)\ \cdots\cdots③\ \text{となる。}$$

ここで，初期条件：$v(0)=\dot{x}(0)=6$ より，③に $t=0$ を代入すると，

$$v(0)=\dot{x}(0)=C_2\left(\cancel{-2\cdot\underbrace{e^0}_{1}\cdot\underbrace{\sin 0}_{0}}+3\cdot\underbrace{e^0}_{1}\cdot\underbrace{\cos 0}_{1}\right)=\boxed{3C_2=6}$$

$\therefore C_2=2$

これを②′に代入すると，①の微分方程式の特殊解が次のように求められる。

$x(t)=2e^{-2t}\sin 3t$

［このグラフの概形を右に示す。これから減衰振動の様子がよく分かると思う。］

これは，

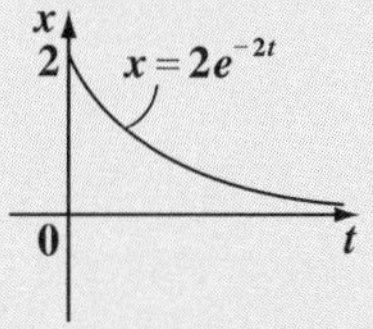

と

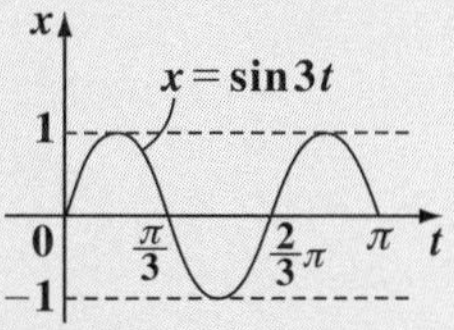

の積なので，次のような減衰振動のグラフが得られるんだね。

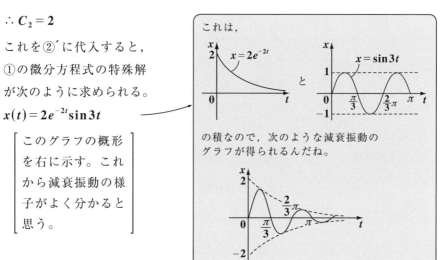

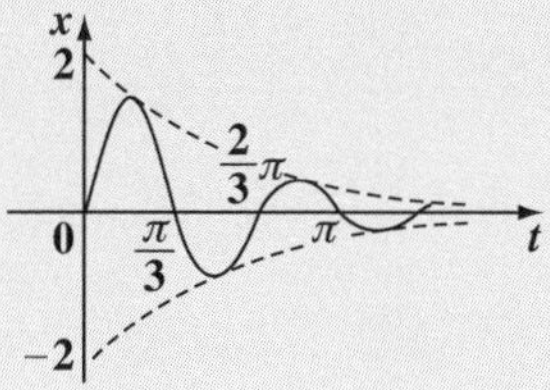

この減衰振動の特性方程式 $\lambda^2+a\lambda+b=0$ が，(i) 2つの虚数解をもつとき，上記のような減衰振動になる。これ以外に，(ii) 2つの実数解をもつときは“**過減衰**（かげんすい）”となり，(iii) 重解をもつときは“**臨界減衰**（りんかいげんすい）”になる。これらについては，さらに次のステップとして「**力学キャンパス・ゼミ**」で学習しよう。

講義5 ●さまざまな運動　公式エッセンス

1. 速度に比例する抵抗を受ける投げ上げ運動

$\ddot{y}=-(b\dot{y}+g)$,　　$\dot{v}=-(bv+g)$として，解く。

2. 速度に比例する抵抗を受ける放物運動

(i) x軸方向：$\ddot{x}=-b\dot{x}$　　(ii) y軸方向：$\ddot{y}=-b\dot{y}-g$　$\left(b=\dfrac{B}{m}\right)$

3. 等速円運動する質点に働く向心力

$\boldsymbol{f}=-m\omega^2\boldsymbol{r}$　$\left(\text{大きさ } f=mr\omega^2=m\cdot\dfrac{v^2}{r}\text{，周期 } T=\dfrac{2\pi}{\omega}\right)$

4. 等速でない円運動をする質点に働く力

$\boldsymbol{f}=m\dfrac{dv}{dt}\boldsymbol{t}+m\dfrac{v^2}{r}\boldsymbol{n}$　$\left(\dfrac{dv}{dt}=0\text{ の特殊な場合が，速さ } v \text{ 一定の等速円運動}\right)$

5. 角速度ベクトル$\boldsymbol{\omega}$の円運動の公式：$\boldsymbol{\omega}\times\boldsymbol{r}=\boldsymbol{v}$

6. 単振動

単振動の微分方程式$\ddot{x}=-\omega^2x$の一般解は，次の4通りである。

$x(t)=C_1\sin\omega t+C_2\cos\omega t=A\sin(\omega t+\phi)$

$\quad=C_1\cos\omega t+C_2\sin\omega t=A\cos(\omega t+\phi)$　(ϕ：初期位相)

$x(0)$や$v(0)$などの値が初期条件として与えられれば，定数(C_1とC_2，Aとϕ)の値が決定できて，特殊解を求めることができる。

7. 単振動の力学的エネルギーの保存則

$K+U=E$ (一定)　$\left(\begin{array}{l}\text{運動エネルギー } K=\dfrac{1}{2}mv^2\\ \text{ばねの弾性エネルギー } U=\dfrac{1}{2}kx^2\end{array}\right)$

8. 速度に比例する抵抗が加わった単振動

$\ddot{x}+a\dot{x}+bx=0$ ……①　$\left(a=\dfrac{B}{m}>0,\ b=\dfrac{k}{m}>0\right)$の解を$x=e^{\lambda t}$とおき，①より，特性方程式$\lambda^2+a\lambda+b=0$が2つの虚数解をもつとき，この解を$\lambda_1=-\alpha+\beta i$，$\lambda_2=-\alpha-\beta i$ ($\alpha>0$，$\beta>0$，i：虚数単位)とおくと，この一般解は，$x(t)=e^{-\alpha t}(C_1\cos\omega t+C_2\sin\omega t)$となる。$x(0)$や$v(0)$などの値が与えられれば，定数($C_1$と$C_2$)の値が決定できて，特殊解を求めることができる。

講義 Lecture 6

運動座標系

テーマ

▶ 平行運動する座標系（ガリレイ変換）
（慣性力 $\boldsymbol{f}' = \boldsymbol{f} - m\boldsymbol{a}_0$）

▶ 回転座標系
（遠心力（$m\omega^2 \boldsymbol{r}'$）とコリオリの力（$2m\boldsymbol{v}' \times \boldsymbol{\omega}$））

§1. 平行運動する座標系(ガリレイ変換)

これから，運動する座標系の解説に入ろう。これまでの物体の運動はすべてある慣性系という座標系の上で記述してきたんだね。

(外力が働かないとき，物体が静止または等速度運動しているように見える座標系のこと。)

でも，今回の講義では，この慣性系に対して平行運動している新たな座標系を想定し，この座標系上で見た場合の物体の運動がどうなるのか？元の慣性系での運動方程式がどのように変化するのか？…などを詳しく調べていこう。

ン？でも何故こんなことを考える必要があるのかって？それはボク達はこの地表を不動のものとして，これを慣性系と考えてきたわけだけど，この地球は自転し，太陽のまわりを公転し，そして，この太陽も天の川銀河の中を回転し…と，宇宙に存在するあらゆるものが運動しているわけだから，力学においても理想的な慣性系に対して，相対的に運動する座標系を考えておく必要があるんだね。

● ガリレイ変換は平行運動座標系の基本だ！

図1に示すように，慣性系 $\mathbf{O}xyz$ 座標系に対して，それぞれの軸の向きは，慣性系と平行を保ちながら，その原点 $\mathbf{O}'$ が，x 軸の正の向きに一定の速さ v_{0x} で平行に運動する座標系 $\mathbf{O}'x'y'z'$ について考えてみよう。

図1 ガリレイ変換

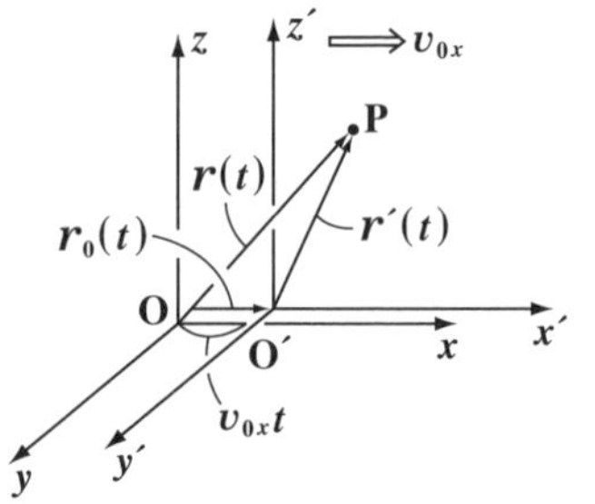

ここで，$\overrightarrow{\mathbf{OO}'} = \boldsymbol{r}_0(t)$ とおくと，図1より

$$\boldsymbol{r}_0(t) = \begin{bmatrix} v_{0x}t \\ 0 \\ 0 \end{bmatrix} \quad \cdots\cdots ①$$ となる。

また，質点 $\mathbf{P}$ の $\mathbf{O}xyz$ 座標系における位置ベクトルを $\boldsymbol{r}(t)$ とおき，$\mathbf{O}'x'y'z'$ 座標系における位置ベクトルを $\boldsymbol{r}'(t)$ とおいて，それぞれ

$$\boldsymbol{r}(t)=\begin{bmatrix} x(t) \\ y(t) \\ z(t) \end{bmatrix} \cdots\cdots ②, \quad \boldsymbol{r}'(t)=\begin{bmatrix} x'(t) \\ y'(t) \\ z'(t) \end{bmatrix} \cdots\cdots ③$$
とおくと，

図1より，明らかに，$\boldsymbol{r}(t)=\boldsymbol{r}_0(t)+\boldsymbol{r}'(t)$ となる。←（これは，ベクトルのまわり道の原理だね。）

よって，$\boldsymbol{r}'(t)=\boldsymbol{r}(t)-\boldsymbol{r}_0(t)$ ……④　すなわち，①，②，③より，

$$\begin{bmatrix} x'(t) \\ y'(t) \\ z'(t) \end{bmatrix}=\begin{bmatrix} x(t) \\ y(t) \\ z(t) \end{bmatrix}-\begin{bmatrix} v_{0x}t \\ 0 \\ 0 \end{bmatrix}=\begin{bmatrix} x(t)-v_{0x}t \\ y(t) \\ z(t) \end{bmatrix} \cdots\cdots ④'$$
が成り立つ。

この列ベクトル表示を，次のような行ベクトル表示で表しても，もちろん構わない。
$[x'(t),\ y'(t),\ z'(t)]=[x(t),\ y(t),\ z(t)]-[v_{0x}t,\ 0,\ 0]$

このように，$\boldsymbol{r}(t)$ から $\boldsymbol{r}'(t)$ への変換を"**ガリレイ変換**"という。

それでは，この2つの座標系における質点Pの加速度を求めて，それぞれの座標系で質点Pに作用する力についても調べてみよう。

(i) **Oxyz** 座標系

$\boldsymbol{r}(t)=[x(t),\ y(t),\ z(t)]$

$\boldsymbol{v}(t)=\dot{\boldsymbol{r}}(t)=[\dot{x}(t),\ \dot{y}(t),\ \dot{z}(t)]$

よって，$\boldsymbol{a}(t)$ は，

$\boldsymbol{a}(t)=\ddot{\boldsymbol{r}}(t)=[\ddot{x}(t),\ \ddot{y}(t),\ \ddot{z}(t)]$

(ii) **O′x′y′z′** 座標系

$\boldsymbol{r}'(t)=[x(t)-v_{0x}t,\ y(t),\ z(t)]$

$\boldsymbol{v}'(t)=\dot{\boldsymbol{r}}'(t)=[\dot{x}(t)-v_{0x},\ \dot{y}(t),\ \dot{z}(t)]$　（v_{0x}：定数）

よって，$\boldsymbol{a}'(t)$ は，

$\boldsymbol{a}'(t)=\ddot{\boldsymbol{r}}'(t)=[\ddot{x}(t),\ \ddot{y}(t),\ \ddot{z}(t)]$

となって，$\boldsymbol{a}(t)$ と $\boldsymbol{a}'(t)$ が一致する。これは質点Pの質量を m，また質点Pに作用するそれぞれの座標系における力を $\boldsymbol{f}$，$\boldsymbol{f}'$ とおくと，

$\boldsymbol{f}=m\boldsymbol{a}$，$\boldsymbol{f}'=m\boldsymbol{a}'$ となって，いずれの座標系においても同じ運動方程式が成り立つことが分かる。

したがって，このとき，もし $\boldsymbol{a}=\boldsymbol{0}$ ならば，$\boldsymbol{a}'=\boldsymbol{0}$ となり，

$\boldsymbol{f}'=m\boldsymbol{a}'=m\ddot{\boldsymbol{r}}'=\boldsymbol{0}$ より，$\boldsymbol{v}'(t)=\dot{\boldsymbol{r}}'$ (一定) となるので，ガリレイ変換後の **O′x′y′z′** 座標系においても「質点(物体)Pに外力 $\boldsymbol{f}'$ が作用しない限り，物体は等速度運動(または静止)を続けることになる」んだね。よって，**O′x′y′z′** も慣性系であることが分かった。

ただし，同じ運動方程式であるといっても，$\boldsymbol{r}(t)$ と $\boldsymbol{r}'(t)$，および $\boldsymbol{v}(t)$ と $\boldsymbol{v}'(t)$ は異なる。これは，同じ運動方程式(微分方程式)であっても，初期条件が異なれば，見かけ上質点Pは異なる運動をしているように見えるということなんだね。

図2 投げ上げ運動のガリレイ変換

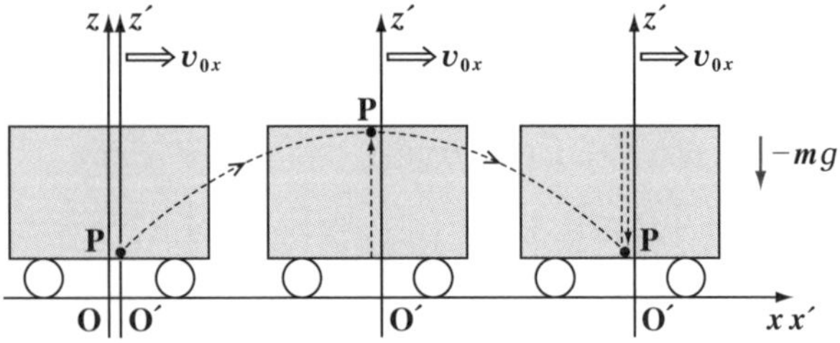

図**2**に示すように，慣性系の**O*xz***座標に対して，一定の速度$\boldsymbol{v_{0x}}$で平行運動する**O′*x′z′***座標を，同じ等速度運動する電車に張り付けたものとしよう。
そして，この電車内で，質量$\boldsymbol{m}$の質点**P**を鉛直上方に投げ上げ，**P**は電車の天井で速度$\boldsymbol{v_z'}=\boldsymbol{0}$となり，再び電車の床に達するものとする。つまり，電車(**O′*x′z′***座標系)で見れば，**P**は投げ上げて降りて来る往復運動をするわけだね。しかし，これを慣性系(**O*xz***座標系)で見ると，質点**P**はキレイな放物運動をしていることが分かる。

このように，**O*xz***座標系でも**O′*x′z′***座標系でも，**P**は同じ運動方程式：(ⅰ)z軸方向：$m\ddot{z}=-mg$，(ⅱ)x軸方向：$m\ddot{x}=0$をみたすわけだけれど，それぞれの座標系では初期条件が異なるので，違った運動をしているように見えることに注意しよう。

● 慣性系に対して等速度で平行運動する系も慣性系だ！

慣性系をガリレイ変換した座標系も慣性系であることを示した。しかし，これは，もっと一般化して，図**3**に示すように，慣性系**O*xyz***に対して等速度で平行移動する座標系**O′*x′y′z′***も，同じく慣性系になるんだね。
図**3**の$\overrightarrow{\mathbf{OO'}}$を表す$\boldsymbol{r_0}(\boldsymbol{t})$の**3**つの成分がすべて，時刻$\boldsymbol{t}$の**1**次式か定数であるとき，**O′*x′y′z′***座標も慣性系になる。

図3 等速度で平行移動する座標系

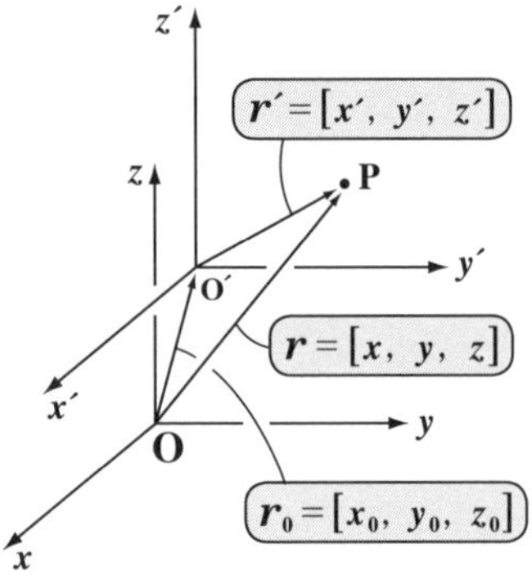

これを式で確認しておこう。つまり，

$\boldsymbol{r}_0(t) = [x_0,\ y_0,\ z_0] = [v_{0x}t + C_1,\ v_{0y}t + C_2,\ v_{0z}t + C_3]$ であるとき，

（v_{0x}, v_{0y}, v_{0z}, C_1, C_2, C_3 はすべて定数なので，これらの成分は全部 t の 1 次式か定数だね。）

$\boldsymbol{r}'(t) = \boldsymbol{r}(t) - \boldsymbol{r}_0(t)$ ……④ より，

$$\begin{bmatrix} x'(t) \\ y'(t) \\ z'(t) \end{bmatrix} = \begin{bmatrix} x(t) \\ y(t) \\ z(t) \end{bmatrix} - \begin{bmatrix} v_{0x}t + C_1 \\ v_{0y}t + C_2 \\ v_{0z}t + C_3 \end{bmatrix} \quad \cdots\cdots ④'$$ となる。

この両辺を t で順に 2 回微分すると，

$$\underbrace{\begin{bmatrix} \dot{x}'(t) \\ \dot{y}'(t) \\ \dot{z}'(t) \end{bmatrix}}_{\boldsymbol{v}'(t)} = \underbrace{\begin{bmatrix} \dot{x}(t) \\ \dot{y}(t) \\ \dot{z}(t) \end{bmatrix}}_{\boldsymbol{v}(t)} - \underbrace{\begin{bmatrix} v_{0x} \\ v_{0y} \\ v_{0z} \end{bmatrix}}_{\text{定ベクトル}}$$ より， $$\underbrace{\begin{bmatrix} \ddot{x}'(t) \\ \ddot{y}'(t) \\ \ddot{z}'(t) \end{bmatrix}}_{\boldsymbol{a}'(t)} = \underbrace{\begin{bmatrix} \ddot{x}(t) \\ \ddot{y}(t) \\ \ddot{z}(t) \end{bmatrix}}_{\boldsymbol{a}(t)}$$ となって，

$\boldsymbol{a}(t) = \boldsymbol{a}'(t)$ が成り立つので，慣性系の $\mathbf{O}xyz$ 座標系に対して等速度で平行に移動する $\mathbf{O}'x'y'z'$ 座標系も慣性系と言えるんだね。たとえば，

$$\begin{bmatrix} x' \\ y' \\ z' \end{bmatrix} = \begin{bmatrix} x \\ y \\ z \end{bmatrix} - \begin{bmatrix} -2t-1 \\ -t \\ 2 \end{bmatrix}$$ や $$\begin{bmatrix} x' \\ y' \\ z' \end{bmatrix} = \begin{bmatrix} x \\ y \\ z \end{bmatrix} - \begin{bmatrix} 0 \\ 1-t \\ 4t \end{bmatrix}$$ など…の場合，

$\mathbf{O}'x'y'z'$ 座標系は $\mathbf{O}xyz$ 座標系と同様に慣性系になる。大丈夫？

これに対して，たとえば，

$$\begin{bmatrix} x' \\ y' \\ z' \end{bmatrix} = \begin{bmatrix} x \\ y \\ z \end{bmatrix} - \begin{bmatrix} t^2 \\ 1-2t \\ 2t^2 \end{bmatrix}$$ や $$\begin{bmatrix} x' \\ y' \\ z' \end{bmatrix} = \begin{bmatrix} x \\ y \\ z \end{bmatrix} - \begin{bmatrix} \cos t \\ \sin t \\ 1-t \end{bmatrix}$$ など…の場合，

（2 次式の成分がある。）　（三角関数の成分がある。）

$\boldsymbol{r}_0(=\overrightarrow{\mathrm{OO'}})$ の成分に，2 次以上の式や三角関数など，t の 1 次式か定数以外の成分があるとき，$\mathbf{O}'x'y'z'$ 座標系はもはや $\boldsymbol{a}' \neq \boldsymbol{a}$ となるので，慣性系ではないんだね。このような場合，$\mathbf{O}'x'y'z'$ 座標系では，元の慣性系で，質点 $\mathbf{P}$ に働いていた本当の力以外に，見かけ上の力が発生することになる。これを“**慣性力**（かんせいりょく）”という。これから詳しく解説しよう。

● 非等速度で平行運動する座標系には慣性力が生じる！

これから，慣性系に対して非等速度で平行に移動する座標について考えよう。最もシンプルな例として，図4に示すように，慣性系 Oxz 座標に対して一定の加速度 $\boldsymbol{a}_0$ で平行に移動する $O'x'z'$ 座標を，同じ等加速度運動する電車に張り付けたものとしよう。

（したがって，これは等加速度運動なので，もはや等速度運動ではない！）

図4　非等速度で平行に運動する座標系

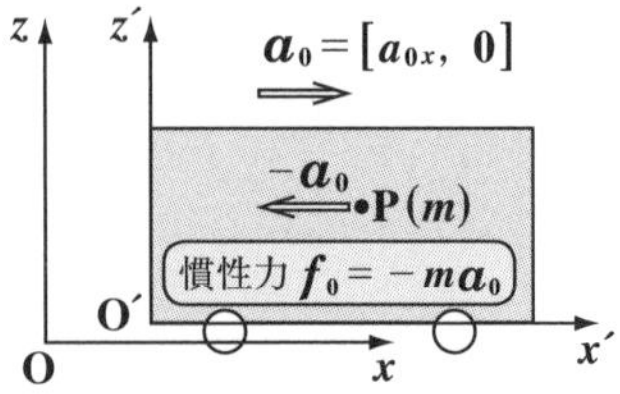

そして，慣性系 Oxz 座標から見て静止している質量 m の物体 P があるものとしよう。このように，慣性系 Oxz から見て静止している物体 P を，$\boldsymbol{a}_0$ で等加速度運動している $O'x'z'$ 座標，つまり電車の中の人から見ると，$\boldsymbol{a}_0$ とは逆向きの $-\boldsymbol{a}_0$ で等加速度運動しているように見えるはずだね。このとき，慣性系 Oxz から見て質点 P は静止しているので，P に働く外力 $\boldsymbol{f}$ は $\boldsymbol{f}=\boldsymbol{0}$ だけれど，$O'x'z'$ 座標系から見ると P は $-\boldsymbol{a}_0$ の等加速度運動をするので，当然 P には $\boldsymbol{f}_0=-m\boldsymbol{a}_0$ の外力が働いているように見える。この本来慣性系では存在しなかったはずの見かけ上の力のことを“**慣性力**”と呼ぶ。他にも，エレベータが上向きに加速度運動するときに下向きに押し付けられるような力を感じることがあると思うけれど，これも慣性力の例なんだね。

（たとえば，羽ばたきながら静止しているハチドリを連想すればいい。）

それでは，話を3次元の一般論に戻そう。右図のように，慣性系 $Oxyz$ に対して非等速度で平行移動する座標系 $O'x'y'z'$ がある場合，$\boldsymbol{r}_0=\overrightarrow{OO'}$ の3つの成分の内少なくとも1つが t の1次式や定数でない場合，すなわち，$\boldsymbol{a}_0=\ddot{\boldsymbol{r}}_0\neq\boldsymbol{0}$ のとき，新たな $O'x'y'z'$ 座標系には，慣性系では存在しなかった新たな見かけ上の力，すなわち慣性力 $-m\boldsymbol{a}_0$ が

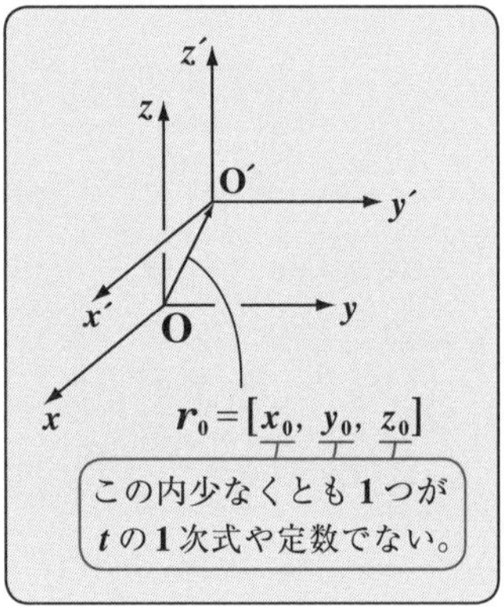

加わることになるんだね。これを式で確認しておこう。

$\underset{\text{O}'x'y'z'\text{座標系}}{\underline{\boldsymbol{r}'(t)}} = \underset{\text{Oxyz座標系}}{\underline{\boldsymbol{r}(t)}} - \underset{\overrightarrow{\text{OO}'}}{\underline{\boldsymbol{r}_0(t)}}$ ……④ について，

この両辺を t で 2 回微分すると，

$\underset{\boldsymbol{a}'(t)}{\underline{\ddot{\boldsymbol{r}}'(t)}} = \underset{\boldsymbol{a}(t)}{\underline{\ddot{\boldsymbol{r}}(t)}} - \underset{\boldsymbol{a}_0(t) \neq 0}{\underline{\ddot{\boldsymbol{r}}_0(t)}}$ 　よって，$\boldsymbol{a}'(t) = \boldsymbol{a}(t) - \boldsymbol{a}_0(t)$

$\boldsymbol{a}_0(t) = \ddot{\boldsymbol{r}}_0(t) \neq \boldsymbol{0}$ に気を付けて，この両辺に質量 m をかけると，

$m\boldsymbol{a}'(t) = m\boldsymbol{a}(t) - m\boldsymbol{a}_0(t)$

$\underset{\text{O}'x'y'z'\text{座標系での力}}{\underline{\boldsymbol{f}'(t)}} = \underset{\text{Oxyz慣性系での力}}{\underline{\boldsymbol{f}(t)}} + \underset{\text{慣性力}}{\underline{\boldsymbol{f}_0(t)}}$ 　となって，

$\text{O}xyz$ 慣性系では存在しなかった慣性力 $\boldsymbol{f}_0(t)$ が，非等速度で並進運動する $\text{O}'x'y'z'$ 座標系では，現れることになる。つまり，慣性系での運動方程式に $\boldsymbol{f}_0(t) = -m\boldsymbol{a}_0(t)$ の分の修正を加えないといけなくなるんだね。したがって，この場合の $\text{O}'x'y'z'$ 座標系は，もはや慣性系ではないんだね。

それでは，例題を解いて練習しておこう。

例題 40　慣性系 $\text{O}xyz$ に対して，次のような $\boldsymbol{r}_0 = \overrightarrow{\text{OO}'} = [t^2,\ 1-2t,\ 2t^2]$ により並進運動する $\text{O}'x'y'z'$ 座標系において，質量 $m = 2(\text{kg})$ の物体 P に生じる慣性力 $\boldsymbol{f}_0(t)$ を求めよう。

$\boldsymbol{r}_0 = [t^2,\ 1-2t,\ 2t^2]$ を t で 2 回微分して，加速度 $\boldsymbol{a}_0$ を求めると，

$\boldsymbol{a}_0 = \ddot{\boldsymbol{r}}_0 = [\underset{(2t)'=2}{\underline{(t^2)''}},\ \underset{(-2)'=0}{\underline{(1-2t)''}},\ \underset{(4t)'=4}{\underline{(2t^2)''}}] = [2,\ 0,\ 4]$ となる。

よって，慣性系 $\text{O}xyz$ に対して，$\boldsymbol{a}_0$ により等加速度並進運動する $\text{O}'x'y'z'$ 座標系において，物体 P に新たに生じる慣性力 $\boldsymbol{f}_0$ は，

$\boldsymbol{f}_0 = -m\boldsymbol{a}_0 = -2\cdot[2,\ 0,\ 4] = [-4,\ 0,\ -8]$ となるんだね。大丈夫？

演習問題 11　●ガリレイ変換●

Oxz 座標系とそれをガリレイ変換した **O′x′z′** 座標系について，次の各問いに答えよ。(ただし，$t \geqq 0$ とする。)

(1) **Oxz** 座標系において，点 **P** の位置 $\boldsymbol{r}(t)=[x,\ z]$ が，次の微分方程式をみたすとき，x と z を求め，点 **P** の描く軌跡を描け。

$\dfrac{d^2x}{dt^2}=-\pi^2x$ ……① (初期条件：$x(0)=2$，$\dot{x}(0)=0$)

$\dfrac{d^2z}{dt^2}=-\pi^2z$ ……② (初期条件：$z(0)=0$，$\dot{z}(0)=2\pi$)

(2) **O′x′z′** 座標系において，点 **P** の位置 $\boldsymbol{r}'(t)=[x',\ z']$ が，次の方程式：

$x'(t)=x(t)-2t$ ……③，　$z'(t)=z(t)$ ……④ をみたすとき，

$\boldsymbol{r}_0(t)=\overrightarrow{OO'}$ を求めよ。

ヒント！ (1) の①，②の微分方程式は，共に単振動の微分方程式：$\ddot{x}=-\omega^2x$ の形をしているので，一般解は公式通り，$x=C_1\cos\omega t+C_2\sin\omega t$ となるんだね。後は，初期条件から C_1 と C_2 の値を求めよう。z についても同様だね。その結果，**Oxz** 座標系では，点 **P** が，原点 **O** を中心とする半径 **2** の円を描くことが分かるはずだ。(2) では，ガリレイ変換の公式：$\boldsymbol{r}'=\boldsymbol{r}-\boldsymbol{r}_0$ から，$\boldsymbol{r}_0(t)$ はすぐに分かるはずだ。これから，**O′x′z′** 座標における **P** の軌跡の曲線がどうなるかは，参考として，コンピュータグラフィックで示そう。

解答＆解説

(1)(i) ①は，角速度 $\omega=\pi$ の単振動の微分方程式より，その一般解は，

$x(t)=A_1\cos\pi t+A_2\sin\pi t$ ……①′　(A_1，A_2：定数)

> 単振動の微分方程式 $\ddot{x}=-\omega^2x$ の一般解は $x=C_1\cos\omega t+C_2\sin\omega t$ だ。

である。①′を t で微分して，

$\dot{x}(t)=-A_1\pi\sin\pi t+A_2\pi\cos\pi t$ ……①″ となる。

初期条件より，

$$\begin{cases} ①' \text{は，} x(0)=A_1\underbrace{\cos 0}_{1}+\cancel{A_2\underbrace{\sin 0}_{0}}=\boxed{A_1=2} & \therefore A_1=2 \\ ①'' \text{は，} \dot{x}(0)=\cancel{-A_1\pi\cdot\underbrace{\sin 0}_{0}}+A_2\pi\cdot\underbrace{\cos 0}_{1}=\boxed{A_2\pi=0} & \therefore A_2=0 \end{cases}$$

$A_1 = 2$，$A_2 = 0$ を①´に代入すると，$x(t)$ は，

$\underline{\underline{x(t) = 2\cos\pi t}}$ ……⑤ $(t \geqq 0)$ となる。

(ⅱ) ②も同様に，$\omega = \pi$ の単振動の微分方程式より，その一般解は，

$z(t) = B_1\cos\pi t + B_2\sin\pi t$ ……②´ (B_1，B_2：定数) となる。

②´を t で微分して，

$\dot{z}(t) = -B_1\pi\sin\pi t + B_2\pi\cos\pi t$ ……②´´ となる。

初期条件より，

$$\begin{cases} ②´ \text{は，} z(0) = B_1\cdot\cos 0 + \cancel{B_2\cdot\sin 0} = \boxed{B_1 = 0} & \therefore B_1 = 0 \\ ②´´ \text{は，} \dot{z}(0) = \cancel{-B_1\pi\sin 0} + B_2\pi\cos 0 = \boxed{B_2\pi = 2\pi} & \therefore B_2 = 2 \end{cases}$$

$B_1 = 0$，$B_2 = 2$ を②´に代入すると，$z(t)$ は，

$\underline{\underline{z(t) = 2\sin\pi t}}$ ……⑥ $(t \geqq 0)$ となる。

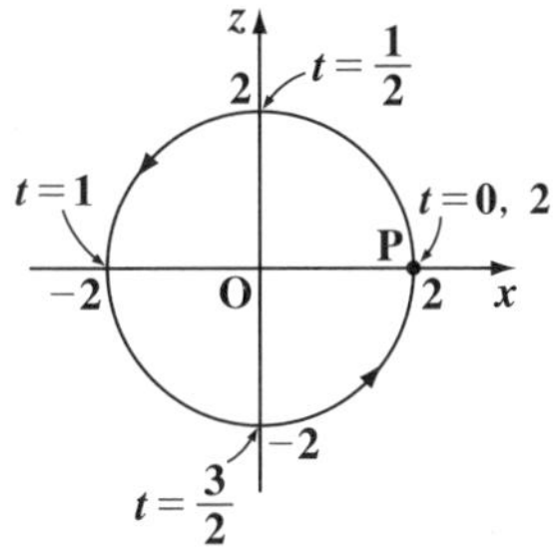

以上 (ⅰ)(ⅱ) より，

$$\begin{cases} x(t) = 2\cos\pi t & ……⑤ \\ z(t) = 2\sin\pi t & ……⑥ \ (t \geqq 0) \end{cases}$$

よって，$\boldsymbol{r}(t) = [2\cos\pi t,\ 2\sin\pi t]$ となるので，点Pは，右図のように，Oxz 座標系では，角速度 $\omega = \pi$ で回転しながら原点Oを中心とする半径2の円を描く。……(答)

(2) ガリレイ変換した $O'x'z'$ 座標系での点Pの位置ベクトル $\boldsymbol{r}'(t) = [x',\ z']$ は，$\boldsymbol{r}(t) = [x,\ y]$ を用いると，③，④より，

$\underbrace{[x',\ z']}_{\boldsymbol{r}'} = \underbrace{[x,\ z]}_{\boldsymbol{r}} - \underbrace{[2t,\ 0]}_{\boldsymbol{r}_0 = \overrightarrow{OO'}}$ と表せる。

$O'x'z'$ 座標で見たときの点Pの軌跡

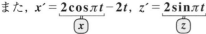

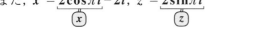

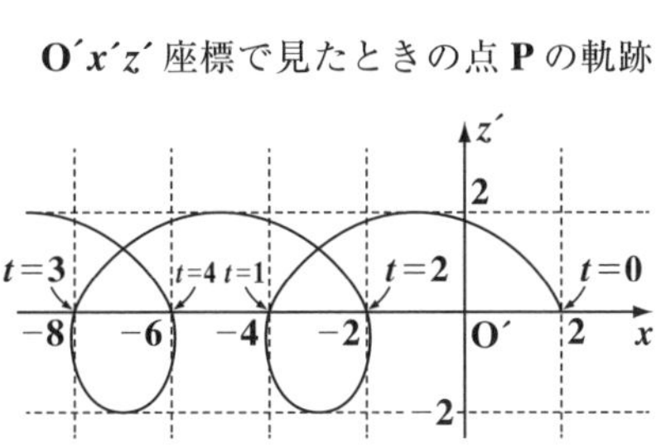

よって，$\boldsymbol{r}_0 = \overrightarrow{OO'}$ は，

$\boldsymbol{r}_0(t) = [2t,\ 0]$ となる。………(答)

よって，$O'x'z'$ 座標は，Oxz 座標に対して，x 軸方向に $v_{0x} = 2$ の速度で並進する座標系である。

また，$x' = \underbrace{2\cos\pi t}_{x} - 2t$，$z' = \underbrace{2\sin\pi t}_{z}$

より，$O'x'z'$ 座標上で点Pの描く曲線は右上図のようになる。

§2. 回転座標系

前回の講義では，慣性系に対して並進運動する座標系について解説したけれど，今回は慣性系に対して回転する“**回転座標系**”について教えよう。回転座標系は当然慣性系ではないので，見かけ上の慣性力として，“**遠心力**”や“**コリオリの力**”が生じる。ン？ 遠心力は分かるけれど，コリオリの力って何だか分からないって？ 実は，自転している地球も回転座標系と考えることができるので，コリオリの力が生じる。コリオリの力は，回転座標系の中で運動している物体 **P** に働く慣性力なんだ。これについても詳しく解説しよう。

今回の講義では，数学的には，回転の行列 $\boldsymbol{R}(\theta)$ (**P25**) やベクトルの外積 (**P14**) を利用することになる。それでは早速講義を始めよう！

● 回転座標系では、遠心力とコリオリの力が生じる！

図 **1** に示すように，静止座標系 (慣性系) として，**O*xy*** 座標が存在し，この慣性系 **O*xy*** と原点を共有して一定の角速度 ω で回転する座標系

> **1** 秒間に ω (ラジアン) 回転する速度のこと。

O*x*´*y*´ が存在するものとする。時刻 $t=0$ のときに **O*xy*** と **O*x*´*y*´** が一致し，それから t 秒後，すなわち回転座標系 **O*x*´*y*´** が ωt だけ反時計回りに回転した様子を図 **1** に示す。

図 **1** 回転座標系 **O*x*´*y*´**

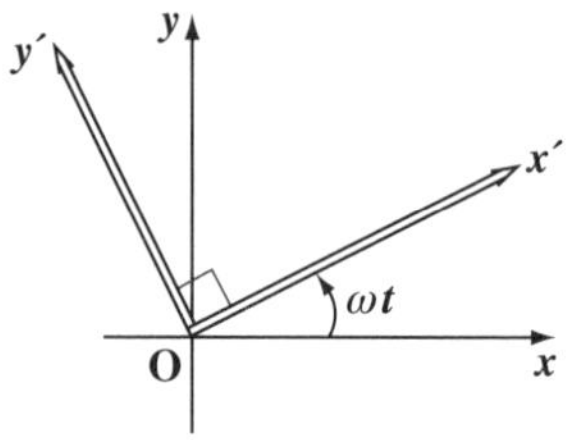

図 **2** 角速度ベクトル $\boldsymbol{\omega}$

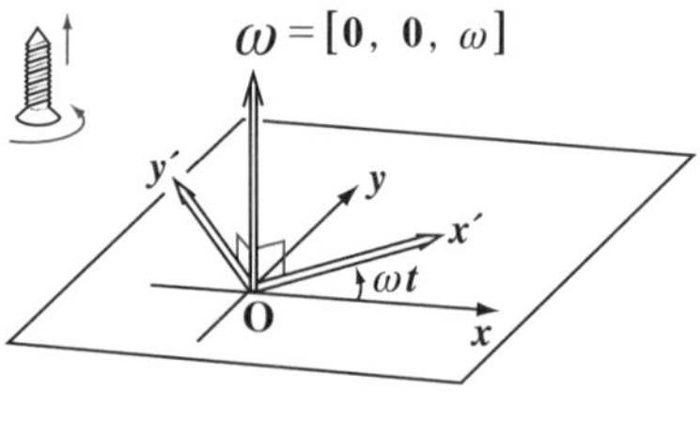

回転座標系としては，平面座標のみを考えることにするけれど，角速度 ω を角速度ベクトル $\boldsymbol{\omega}=[\mathbf{0},\ \mathbf{0},\ \omega]$ の形で表すと，回転の問題は

> **P133** で示したように，$\boldsymbol{\omega}$ は回転座標系 **O*x*´*y*´** の回転の軸方向を表すベクトルのことで，回転により右ネジが進む向きを正とする。

結局空間座標の問題になってしまうんだね。

ではここで，回転座標上で生じる慣性力として，“**遠心力**”と“**コリオリの力**”があることを具体的に示そう。

弓の名人テル君は，静止座標系に置かれたりんごを百発百中で射抜くことができる。なんてったって，名人だからね！

図**3** コリオリの力の例

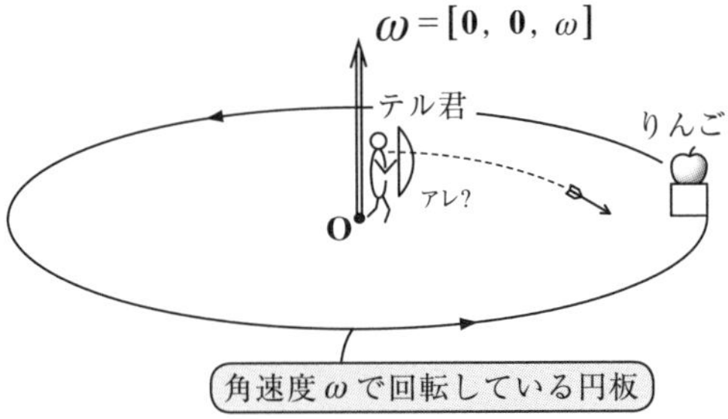

でも，そのテル君が，図**3**に示すように，角速度ωで回転する回転座標系で，その中心付近から，回転円板の端近くに置かれたりんごを狙って，矢を射た場合，どうなるか考えてみよう。

まず，放たれた矢には“**遠心力**”が働くため，矢はいつもより速くなっているはずだ。しかし，テル君がりんごを正確に狙って放ったにも関わらず，矢はりんごの右側にそれていくはずだ。何故だか分かる？

円板の端近くに置かれたりんごの周速度は，円板の中心付近にいるテル君より速くなっているんだね。よって，りんごを狙って放ったテル君の矢が円板の端に到達するまでに，りんごはかなり反時計まわりに回転して移動してしまっている。でも，テル君には円板が回転していることが分からないのでまっすぐ放った矢に右向きの力が加わって，矢が右にそれていくように見えるんだね。この右向きに働く力が“**コリオリの力**”という，回転座標系で運動する物体に働く見かけ上の慣性力の**1**種なんだね。

ン？ 円板が角速度ωで回転していることに，テル君が気付かないわけがないって!? では，キミに聞こう！ボク達が毎日生活している地表(地球)が回転(自転)していると感じている人が果して何人いるだろうか？ だからテル君が，回転座標系に乗っていることには気付かず，正確に放ったはずの矢が，何らかの力，つまりコリオリの力によって右にそれてしまったと感じるのはごく自然なことなんだね。納得いった？

それでは，これから，数式を使って正確に回転座標系で生じる遠心力やコリオリの力を導き出してみよう。

● 回転座標系を数学的に調べよう！

さァ，これから，回転座標系を数学的に検討してみよう。

図4(i)に示すように，慣性系 $\mathbf{O}xy$ に対して，点 $\mathbf{O}$ のまわりを一定の角速度 ω で回転する回転座標系 $\mathbf{O}x'y'$ があるものとする。

図4(i) 回転座標系(I)

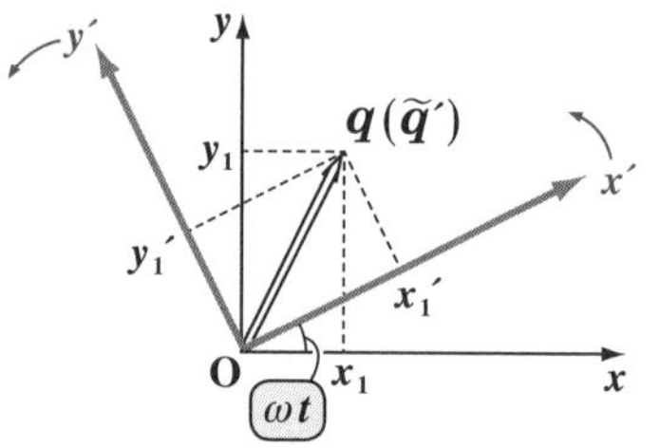

ここで，あるベクトル $\boldsymbol{q}$ が，

(i) 慣性系 $\mathbf{O}xy$ では，

$\boldsymbol{q}=[x_1,\ y_1]$ と表され，

(ii) 回転座標系 $\mathbf{O}x'y'$ では，

$\tilde{\boldsymbol{q}}'=[x_1',\ y_1']$

と表されるものとして，$\boldsymbol{q}$ と $\tilde{\boldsymbol{q}}'$ の関係を求めてみよう。

(ii) 回転座標系(II)

$$\begin{bmatrix} x_1 \\ y_1 \end{bmatrix}=R(\omega t)\begin{bmatrix} x_1' \\ y_1' \end{bmatrix}$$

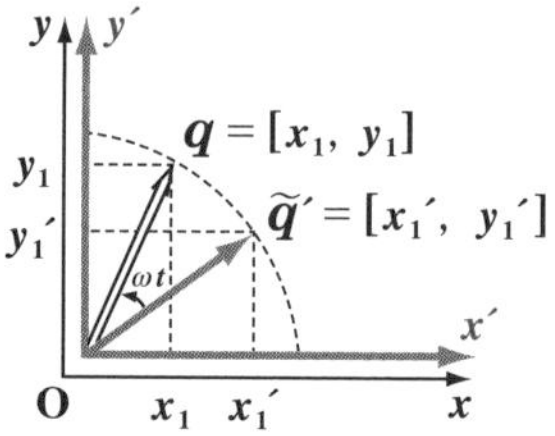

t 秒後に ωt だけ回転している回転座標系 $\mathbf{O}x'y'$ と，$\boldsymbol{q}$ を $\mathbf{O}x'y'$ 座標で表した $\tilde{\boldsymbol{q}}'$ を共に逆向きに $-\omega t$ だけ戻して，慣性系 $\mathbf{O}xy$ と回転座標系 $\mathbf{O}x'y'$ が一致するようにすると，図4(ii)から分かるように，$\boldsymbol{q}$ は $\tilde{\boldsymbol{q}}'$ を原点のまわりに ωt だけ回転したものであることが分かるはずだ。

よって，$\boldsymbol{q}=R(\omega t)\tilde{\boldsymbol{q}}'$ ……①

これを具体的に表すと，

回転移動の行列
$$R(\theta)=\begin{bmatrix} \cos\theta & -\sin\theta \\ \sin\theta & \cos\theta \end{bmatrix}$$

$$\begin{bmatrix} x_1 \\ y_1 \end{bmatrix}=\begin{bmatrix} \cos\omega t & -\sin\omega t \\ \sin\omega t & \cos\omega t \end{bmatrix}\begin{bmatrix} x_1' \\ y_1' \end{bmatrix} \text{……①}'$$ となるんだね。

この $\boldsymbol{q}$ と $\tilde{\boldsymbol{q}}'$ の関係は一般論なので，$\mathbf{O}xy$ 慣性系での位置ベクトル $\boldsymbol{r}$，速度ベクトル $\boldsymbol{v}$，加速度ベクトル $\boldsymbol{a}$ を，$\mathbf{O}x'y'$ 座標で表したものをそれぞれ $\boldsymbol{r}'$，$\tilde{\boldsymbol{v}}'$，$\tilde{\boldsymbol{a}}'$ とおくと，それぞれの関係も①や①′と同様に，次式で表せる。

(i) 位置 $\boldsymbol{r}(t)=[x,\ y]$ と $\boldsymbol{r}'(t)=[x',\ y']$ の関係

$\boldsymbol{r}(t)=R(\omega t)\boldsymbol{r}'(t)$ ……②　　これを具体的に表すと，

$$\begin{bmatrix} x \\ y \end{bmatrix}=\begin{bmatrix} \cos\omega t & -\sin\omega t \\ \sin\omega t & \cos\omega t \end{bmatrix}\begin{bmatrix} x' \\ y' \end{bmatrix} \text{……②}'$$ となる。

(ii) 速度 $\boldsymbol{v}(t)=\dot{\boldsymbol{r}}(t)=[\dot{x},\ \dot{y}]=[v_x,\ v_y]$ と $\widetilde{\boldsymbol{v}}'(t)=[v_{x'},\ v_{y'}]$ の関係

$\boldsymbol{v}(t)=\dot{\boldsymbol{r}}(t)=R(\omega t)\widetilde{\boldsymbol{v}}'(t)$ ……③　　これを具体的に表すと，

$$\begin{bmatrix} v_x \\ v_y \end{bmatrix}=\begin{bmatrix} \dot{x} \\ \dot{y} \end{bmatrix}=\begin{bmatrix} \cos\omega t & -\sin\omega t \\ \sin\omega t & \cos\omega t \end{bmatrix}\begin{bmatrix} v_{x'} \\ v_{y'} \end{bmatrix} \quad \cdots\cdots ③'$$

となる。

(iii) 加速度 $\boldsymbol{a}(t)=\ddot{\boldsymbol{r}}(t)=[\ddot{x},\ \ddot{y}]=[a_x,\ a_y]$ と $\widetilde{\boldsymbol{a}}'(t)=[a_{x'},\ a_{y'}]$ の関係

$\boldsymbol{a}(t)=\ddot{\boldsymbol{r}}(t)=R(\omega t)\widetilde{\boldsymbol{a}}'(t)$ ……④　　これを具体的に表すと，

$$\begin{bmatrix} a_x \\ a_y \end{bmatrix}=\begin{bmatrix} \ddot{x} \\ \ddot{y} \end{bmatrix}=\begin{bmatrix} \cos\omega t & -\sin\omega t \\ \sin\omega t & \cos\omega t \end{bmatrix}\begin{bmatrix} a_{x'} \\ a_{y'} \end{bmatrix} \quad \cdots\cdots ④'$$

となる。

ここで重要なポイントは，$\boldsymbol{r}'(t)=[x',\ y']$ は動点 P を回転座標系 $\mathrm{O}x'y'$ に乗って見たときの位置ベクトルを表しているのだけれど，$\widetilde{\boldsymbol{v}}(t)=[v_{x'},\ v_{y'}]$ や $\widetilde{\boldsymbol{a}}(t)=[a_{x'},\ a_{y'}]$ は回転座標系に乗って見たときの動点 P の速度や加速度を表しているのではないということだ。

$$\begin{cases} ③\text{から，}\widetilde{\boldsymbol{v}}'(t)=R(\omega t)^{-1}\boldsymbol{v}(t)=R(-\omega t)\boldsymbol{v}(t) \quad \text{および，} \\ ④\text{から，}\widetilde{\boldsymbol{a}}'(t)=R(\omega t)^{-1}\boldsymbol{a}(t)=R(-\omega t)\boldsymbol{a}(t) \quad \text{から分かるように，} \end{cases}$$

$\boldsymbol{v}'(t)$ や $\widetilde{\boldsymbol{a}}'(t)$ は，$\boldsymbol{v}(t)$ や $\boldsymbol{a}(t)$ に $R(-\omega t)$ をかけて得られるものだから，これらは，ただ $-\omega t$ だけ時計まわりに回転しただけで本質的には，元の慣性系の $\boldsymbol{a}(t)$ や $\boldsymbol{v}(t)$ を回転座標系から見たものに過ぎないんだね。つまり，これらは慣性系の $\boldsymbol{v}(t)$ や $\boldsymbol{a}(t)$ と同じものなんだ。

では，回転座標における動点 P の本当の速度 $\boldsymbol{v}'(t)$ や加速度 $\boldsymbol{a}'(t)$ がどうなるかというと，これはシンプルに x' と y' を t で 1 回および 2 回微分したもので，

$\boldsymbol{v}'(t)=\begin{bmatrix} \dot{x}' \\ \dot{y}' \end{bmatrix}$ ……⑤，$\boldsymbol{a}'(t)=\begin{bmatrix} \ddot{x}' \\ \ddot{y}'' \end{bmatrix}$ ……⑥ となるんだね。大丈夫？

それでは，②′を元にまず $\boldsymbol{v}'(t)$ を求め，さらに⑤の $\boldsymbol{v}'(t)$ を時刻 t で微分することにより，⑥の $\boldsymbol{a}'(t)$ も求めてみることにしよう。

結構計算はメンドウだけれど良い練習になるので，1回で理解しようとするのではなく，何回でも反復練習してマスターしていこう。もちろん，難し過ぎると感じる方は，最終的な結果だけをまず利用することから始めてもいいと思う。

$$\begin{bmatrix} x \\ y \end{bmatrix} = \begin{bmatrix} \cos\omega t & -\sin\omega t \\ \sin\omega t & \cos\omega t \end{bmatrix} \begin{bmatrix} x' \\ y' \end{bmatrix} \cdots ②'$$

$$\begin{bmatrix} v_x \\ v_y \end{bmatrix} = \begin{bmatrix} \cos\omega t & -\sin\omega t \\ \sin\omega t & \cos\omega t \end{bmatrix} \begin{bmatrix} v_{x'} \\ v_{y'} \end{bmatrix} \cdots ③'$$

$$\begin{bmatrix} a_x \\ a_y \end{bmatrix} = \begin{bmatrix} \cos\omega t & -\sin\omega t \\ \sin\omega t & \cos\omega t \end{bmatrix} \begin{bmatrix} a_{x'} \\ a_{y'} \end{bmatrix} \cdots ④'$$

②´より，

$$\begin{bmatrix} x \\ y \end{bmatrix} = \begin{bmatrix} x'\cos\omega t - y'\sin\omega t \\ x'\sin\omega t + y'\cos\omega t \end{bmatrix}$$

ωは定数であることに注意して，この両辺をtで微分して$\boldsymbol{v}(t) = [\dot{x}, \dot{y}]$を求めると，

$$\boldsymbol{v}(t) = \begin{bmatrix} v_x \\ v_y \end{bmatrix} = \begin{bmatrix} \dot{x} \\ \dot{y} \end{bmatrix}$$ ← 慣性系の速度

$$= \begin{bmatrix} \dot{x}'\cos\omega t - \omega x'\sin\omega t - \dot{y}'\sin\omega t - \omega y'\cos\omega t \\ \dot{x}'\sin\omega t + \omega x'\cos\omega t + \dot{y}'\cos\omega t - \omega y'\sin\omega t \end{bmatrix}$$ より，

$$\boldsymbol{v}(t) = \begin{bmatrix} (\dot{x}' - \omega y')\cos\omega t - (\dot{y}' + \omega x')\sin\omega t \\ (\dot{x}' - \omega y')\sin\omega t + (\dot{y}' + \omega x')\cos\omega t \end{bmatrix} \cdots\cdots ⑦$$ よって，

$$\boldsymbol{v}(t) = \begin{bmatrix} \dot{x} \\ \dot{y} \end{bmatrix} = \underbrace{\begin{bmatrix} \cos\omega t & -\sin\omega t \\ \sin\omega t & \cos\omega t \end{bmatrix}}_{R(\omega t)} \begin{bmatrix} \dot{x}' - \omega y' \ (v_{x'}) \\ \dot{y}' + \omega x' \ (v_{y'}) \end{bmatrix} \cdots\cdots ⑦'$$

$R^{-1}(\omega t)$は存在するので，⑦´と③´を比較して，

$$\tilde{\boldsymbol{v}}'(t) = \begin{bmatrix} v_{x'} \\ v_{y'} \end{bmatrix} = \begin{bmatrix} \dot{x}' - \omega y' \\ \dot{y}' + \omega x' \end{bmatrix} = \begin{bmatrix} \dot{x}' \\ \dot{y}' \end{bmatrix} - \omega \begin{bmatrix} y' \\ -x' \end{bmatrix} \cdots\cdots ⑧$$ となる。

（$\begin{bmatrix} \dot{x}' \\ \dot{y}' \end{bmatrix}$：これが，本当の $\mathbf{O}x'y'$ における $\mathbf{P}$ の速度 $\boldsymbol{v}'$ のこと。）

> $\begin{bmatrix} \dot{x} \\ \dot{y} \end{bmatrix} = R(\omega t)\tilde{\boldsymbol{v}}' \cdots\cdots ③'$ より，$\tilde{\boldsymbol{v}}'(t) = R(\omega t)^{-1} \begin{bmatrix} \dot{x} \\ \dot{y} \end{bmatrix} = \begin{bmatrix} \cos\omega t & \sin\omega t \\ -\sin\omega t & \cos\omega t \end{bmatrix} \begin{bmatrix} \dot{x} \\ \dot{y} \end{bmatrix}$
> となる。
> $R(\omega t)^{-1}$では，右上のsinの⊖が，左下のsinの⊖に変わるだけだ。

⑧より，回転座標系$\mathbf{O}x'y'$での本当の速度$\boldsymbol{v}' = \begin{bmatrix} \dot{x}' \\ \dot{y}' \end{bmatrix}$は，

$$\boldsymbol{v}'(t) = \begin{bmatrix} \dot{x}' \\ \dot{y}' \end{bmatrix} = \underbrace{\begin{bmatrix} \cos\omega t & \sin\omega t \\ -\sin\omega t & \cos\omega t \end{bmatrix}}_{R(\omega t)^{-1} = R(-\omega t)} \begin{bmatrix} \dot{x} \\ \dot{y} \end{bmatrix} + \omega \begin{bmatrix} y' \\ -x' \end{bmatrix}$$ より，

$$\boldsymbol{v}'(t) = \begin{bmatrix} \dot{x}' \\ \dot{y}' \end{bmatrix} = \begin{bmatrix} \dot{x}\cos\omega t + \dot{y}\sin\omega t \\ -\dot{x}\sin\omega t + \dot{y}\cos\omega t \end{bmatrix} + \omega \begin{bmatrix} y' \\ -x' \end{bmatrix} \cdots\cdots ⑨$$ となるんだね。

そして，⑨の両辺をtで微分すれば，回転座標系での本当の加速度$\boldsymbol{a}'(t)$が求まり，

$$\boldsymbol{a}'(t)=\dot{\boldsymbol{v}}'(t)=\begin{bmatrix}\ddot{x}'\\ \ddot{y}''\end{bmatrix}=\begin{bmatrix}\ddot{x}\cos\omega t-\dot{x}\omega\sin\omega t+\ddot{y}\sin\omega t+\dot{y}\omega\cos\omega t\\ -\ddot{x}\sin\omega t-\dot{x}\omega\cos\omega t+\ddot{y}\cos\omega t-\dot{y}\omega\sin\omega t\end{bmatrix}+\omega\begin{bmatrix}\dot{y}'\\ -\dot{x}'\end{bmatrix}$$

$$\begin{bmatrix}\ddot{x}\cos\omega t+\ddot{y}\sin\omega t\\ -\ddot{x}\sin\omega t+\ddot{y}\cos\omega t\end{bmatrix}-\begin{bmatrix}\omega\dot{x}\sin\omega t-\omega\dot{y}\cos\omega t\\ \omega\dot{x}\cos\omega t+\omega\dot{y}\sin\omega t\end{bmatrix}$$

$$=\begin{bmatrix}\ddot{x}\cos\omega t+\ddot{y}\sin\omega t\\ -\ddot{x}\sin\omega t+\ddot{y}\cos\omega t\end{bmatrix}-\omega\begin{bmatrix}\dot{x}\sin\omega t-\dot{y}\cos\omega t\\ \dot{x}\cos\omega t+\dot{y}\sin\omega t\end{bmatrix}+\omega\begin{bmatrix}\dot{y}'\\ -\dot{x}'\end{bmatrix}$$

$$=\begin{bmatrix}\cos\omega t & \sin\omega t\\ -\sin\omega t & \cos\omega t\end{bmatrix}\begin{bmatrix}\ddot{x}\\ \ddot{y}\end{bmatrix}-\omega\begin{bmatrix}\sin\omega t & -\cos\omega t\\ \cos\omega t & \sin\omega t\end{bmatrix}\begin{bmatrix}\dot{x}\\ \dot{y}\end{bmatrix}+\omega\begin{bmatrix}\dot{y}'\\ -\dot{x}'\end{bmatrix}$$

$\boldsymbol{R}(-\omega t)=\boldsymbol{R}(\omega t)^{-1}$ のこと

$\begin{bmatrix}\cos\omega t & -\sin\omega t\\ \sin\omega t & \cos\omega t\end{bmatrix}\begin{bmatrix}\dot{x}'-\omega y'\\ \dot{y}'+\omega x'\end{bmatrix}$ （⑦′より）

$$=\boldsymbol{R}(\omega t)^{-1}\begin{bmatrix}\ddot{x}\\ \ddot{y}\end{bmatrix}-\omega\begin{bmatrix}\mathrm{s} & -\mathrm{c}\\ \mathrm{c} & \mathrm{s}\end{bmatrix}\begin{bmatrix}\mathrm{c} & -\mathrm{s}\\ \mathrm{s} & \mathrm{c}\end{bmatrix}\begin{bmatrix}\dot{x}'-\omega y'\\ \dot{y}'+\omega x'\end{bmatrix}+\omega\begin{bmatrix}\dot{y}'\\ -\dot{x}'\end{bmatrix}$$

$\begin{bmatrix}\mathrm{sc}-\mathrm{sc} & -(\mathrm{s}^2+\mathrm{c}^2)\\ \mathrm{c}^2+\mathrm{s}^2 & -\mathrm{sc}+\mathrm{sc}\end{bmatrix}=\begin{bmatrix}0 & -1\\ 1 & 0\end{bmatrix}$ （$\sin\omega t=\mathrm{s}$, $\cos\omega t=\mathrm{c}$ と略記して計算した！）

$$=\boldsymbol{R}(\omega t)^{-1}\begin{bmatrix}\ddot{x}\\ \ddot{y}\end{bmatrix}-\omega\begin{bmatrix}0 & -1\\ 1 & 0\end{bmatrix}\begin{bmatrix}\dot{x}'-\omega y'\\ \dot{y}'+\omega x'\end{bmatrix}+\omega\begin{bmatrix}\dot{y}'\\ -\dot{x}'\end{bmatrix}$$

$-\omega\begin{bmatrix}-\dot{y}'-\omega x'\\ \dot{x}'-\omega y'\end{bmatrix}=\omega\begin{bmatrix}\dot{y}'\\ -\dot{x}'\end{bmatrix}+\omega^2\begin{bmatrix}x'\\ y'\end{bmatrix}$

$$\therefore\ \boldsymbol{a}'(t)=\begin{bmatrix}\ddot{x}'\\ \ddot{y}'\end{bmatrix}=\boldsymbol{R}(\omega t)^{-1}\begin{bmatrix}\ddot{x}\\ \ddot{y}\end{bmatrix}+\omega^2\begin{bmatrix}x'\\ y'\end{bmatrix}+2\omega\begin{bmatrix}\dot{y}'\\ -\dot{x}'\end{bmatrix}\ \cdots\cdots⑩$$ となる。

回転系での加速度

$\boldsymbol{R}(\omega t)^{-1}$ をかけてはいるが，その本質は元の慣性系での加速度

⑩の両辺に質点 **P** の質量 m をかけると，これは回転座標系における運動方程式になるんだね。

$$m\begin{bmatrix}\ddot{x}'\\ \ddot{y}'\end{bmatrix}=m\boldsymbol{R}(\omega t)^{-1}\begin{bmatrix}\ddot{x}\\ \ddot{y}\end{bmatrix}+m\omega^2\begin{bmatrix}x'\\ y'\end{bmatrix}+2m\omega\begin{bmatrix}\dot{y}'\\ -\dot{x}'\end{bmatrix}\ \cdots\cdots(*)$$

回転系で質点 **P** に働く力 $\boldsymbol{f}'$

$\boldsymbol{R}(\omega t)^{-1}$ をかけて，回転系で見ているけれど，元の慣性系で **P** に働いていた力 $\boldsymbol{f}$ のこと。

$m\omega^2\boldsymbol{r}'$ より，これは，遠心力 $\boldsymbol{f}_{c_1}$

回転系で **P** が運動しているときだけ働くコリオリの力 $\boldsymbol{f}_{c_2}$
（$\boldsymbol{v}'=\boldsymbol{0}$ のとき，$\dot{x}'=0$，$\dot{y}'=0$ となって，$\boldsymbol{f}_{c_2}=\boldsymbol{0}$ となるからだ。）

そして，(*)を簡潔に表すと，

$\boldsymbol{f}' = \boldsymbol{f} + \boldsymbol{f}_{c_1} + \boldsymbol{f}_{c_2}$ ……(*)′ となる。

回転座標系 $\mathrm{O}x'y'$ は慣性系ではないため，回転座標系で質点 P に働く力 $\boldsymbol{f}'$ には，慣性系で P に働く力 $\boldsymbol{f}$ 以外に，見かけ上の力（慣性力）として遠心力 $\boldsymbol{f}_{c_1}$ とコリオリの力 $\boldsymbol{f}_{c_2}$ が加わって見えることになるんだね。ここで，遠心力 $\boldsymbol{f}_{c_1}$ は質点 P が回転座標系で運動する，しないに関わらず常に P に作用するけれど，コリオリの力 $\boldsymbol{f}_{c_2}$ は回転座標系の中で**運動する**質点 P のみにしか働かないこと，つまり回転座標系で静止している P には働かないことを覚えておこう。

それでは，遠心力 $\boldsymbol{f}_{c_1}$ とコリオリの力 $\boldsymbol{f}_{c_2}$ をさらに調べてみよう。

(i) 遠心力 $\boldsymbol{f}_{c_1} = m\omega^2\boldsymbol{r}' = m\omega^2\begin{bmatrix} x' \\ y' \end{bmatrix}$ について，回転座標系に乗っているとき，質量 m の質点 P が，位置 $\boldsymbol{r}' = [x',\ y']$ にあれば，図 5 に示すように，これと同じ向きに遠心力 $\boldsymbol{f}_{c_1}$ が働いていると感じるんだね。ここで，$r' = \|\boldsymbol{r}'\| = \sqrt{x'^2 + y'^2}$ とおくと，遠心力の大きさ f_{c_1} は，$f_{c_1} = mr'\omega^2$ となる。

図 5 遠心力 $\boldsymbol{f}_{c_1}$

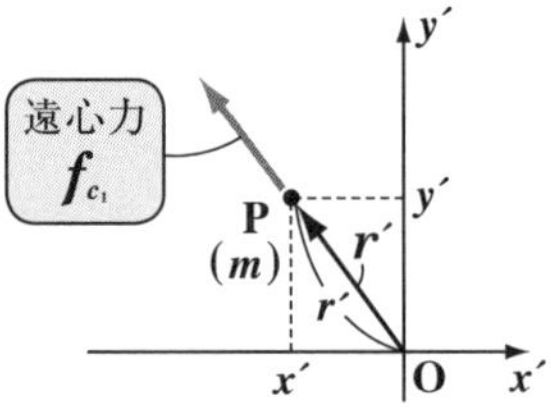

(ii) コリオリの力 $\boldsymbol{f}_{c_2} = 2m\omega\begin{bmatrix} \dot{y}' \\ -\dot{x}' \end{bmatrix} = 2m\begin{bmatrix} \omega\dot{y}' \\ -\omega\dot{x}' \end{bmatrix}$ について，

図 6 に示すように，質点 P の速度ベクトル $\boldsymbol{v}'$ を 3 次元に拡張して $\boldsymbol{v}' = [\dot{x}',\ \dot{y}',\ 0]$ と表し，また，角速度ベクトル $\boldsymbol{\omega} = [0,\ 0,\ \omega]$ を用いて，外積 $\boldsymbol{v}' \times \boldsymbol{\omega}$ を計算すると，

図 6 (i) コリオリの力 $\boldsymbol{f}_{c_2}$

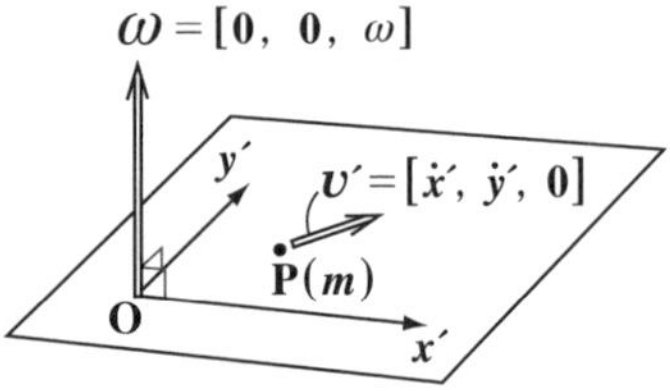

$\boldsymbol{v}' \times \boldsymbol{\omega} = [\omega\dot{y}',\ -\omega\dot{x}',\ 0]$

z 成分が 0 となるので，実質的には，これは平面ベクトルだ。

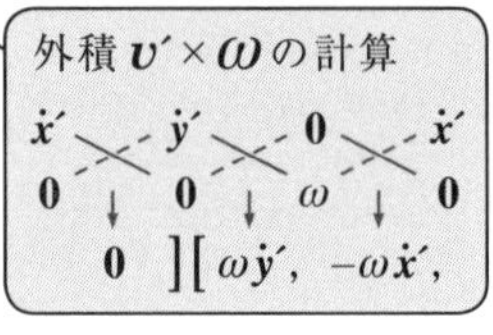

となるんだね。

よって，コリオリの力 $\boldsymbol{f}_{c_2}$ は，

$\boldsymbol{f}_{c_2}=\underbrace{2m}_{\text{係数(スカラー)}}\boldsymbol{v}'\times\boldsymbol{\omega}$ と表されるので，

図6(ⅱ)に示すように，$\boldsymbol{v}'$ から $\boldsymbol{\omega}$ に向けてまわすときに，右ネジの進む向きが，コリオリの力 $\boldsymbol{f}_{c_2}$ の働く向きになるんだね。

図6 (ⅱ)コリオリの力 $\boldsymbol{f}_{c_2}=2m\boldsymbol{v}'\times\boldsymbol{\omega}$

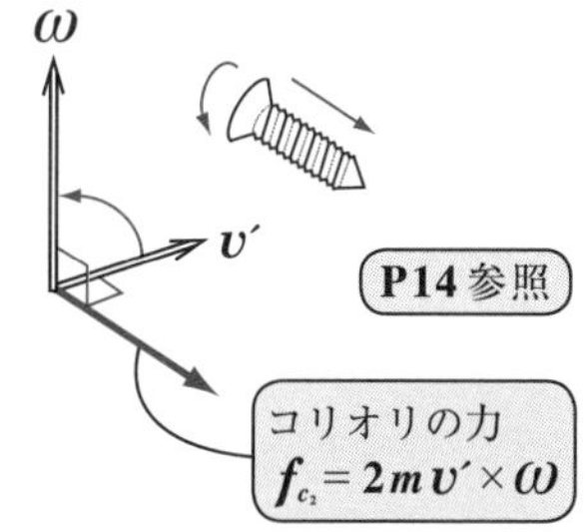

したがって，P157で解説した弓の名手テル君の放った矢が，右図に示すように，$\boldsymbol{v}'\times\boldsymbol{\omega}$ より，コリオリの力 $\boldsymbol{f}_{c_2}$ が矢の進行方向に対して右向きに働くため，矢は右にそれていったんだね。これでコリオリの力 $\boldsymbol{f}_{c_2}$ の向きの求め方が分かったと思う。

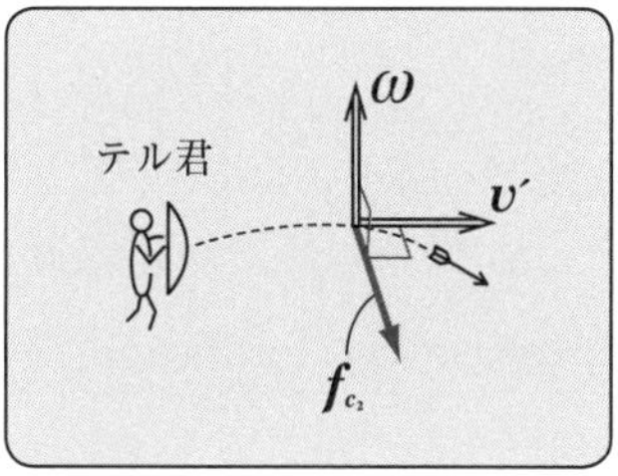

ここで回転座標系 $\mathrm{O}x'y'z'$ として，3次元の回転座標を考えてみよう。このとき，この回転座標系で運動している物体Pに対して，唯一コリオリの力が存在しない場合があるのが分かるね。…そう，

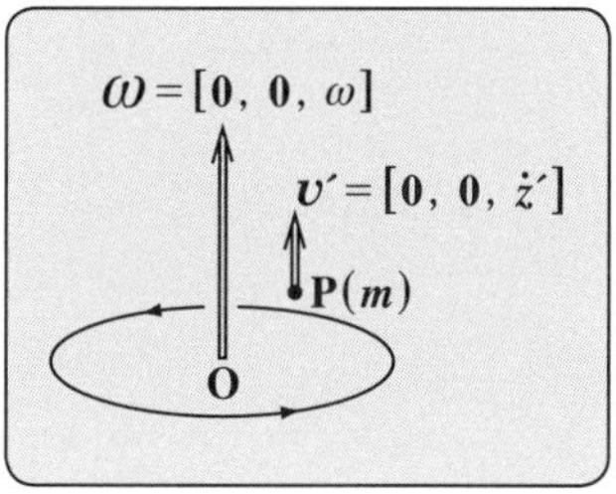

右図に示すように，このPの速度が $\boldsymbol{v}'=[0,\ 0,\ \dot{z}']$ となるときだね。このとき，$\boldsymbol{v}'/\!/\boldsymbol{\omega}$ (平行)の関係になるので，この外積は $\boldsymbol{v}'\times\boldsymbol{\omega}=\boldsymbol{0}$ となる。よって，コリオリの力 $\boldsymbol{f}_{c_2}=2m\boldsymbol{v}'\times\boldsymbol{\omega}=2m\boldsymbol{0}=\boldsymbol{0}$ となってしまうんだね。

以上で，定性的な話は終わりにして，また，$\mathrm{O}xy$ 座標系と $\mathrm{O}x'y'$ 座標系の2次元問題について，(*)(や(*)´)の公式を使って，実際に回転座標系における物体Pに働く力 $\boldsymbol{f}'$ の求め方を詳しく解説しよう。

$$m\begin{bmatrix}\ddot{x}'\\ \ddot{y}'\end{bmatrix}=mR(\omega t)^{-1}\begin{bmatrix}\ddot{x}\\ \ddot{y}\end{bmatrix}+m\omega^2\begin{bmatrix}x'\\ y'\end{bmatrix}+2m\omega\begin{bmatrix}\dot{y}'\\ -\dot{x}'\end{bmatrix}\quad\cdots\cdots(*)$$ を使って，

$$\left[\ f' \quad = \quad f \quad + \quad f_{c_1} \quad + \quad f_{c_2} \quad\cdots\cdots\cdots\cdots(*)'\ \right]$$

実際に，回転座標系で物体Pに働く力 f' の求め方をステップ・バイ・ステップに教えよう。

(i) まず，静止座標 Oxy において点Pの位置ベクトル $r=[x,\ y]$ が与えられているものとする。r を t で2回微分して，

$\ddot{r}=[\ddot{x},\ \ddot{y}]$ を求め，これに $mR(\omega t)^{-1}$ をかけて，f を次のように求める。

$$f=mR(\omega t)^{-1}\begin{bmatrix}\ddot{x}\\ \ddot{y}\end{bmatrix}=m\begin{bmatrix}\cos\omega t & \sin\omega t\\ -\sin\omega t & \cos\omega t\end{bmatrix}\begin{bmatrix}\ddot{x}\\ \ddot{y}\end{bmatrix}$$

(もちろん，Pが等速度運動する場合，$\ddot{r}=0$ より，$f=0$ とすぐにできる。)

(ii) 次に，遠心力 f_{c_1} では，$r'=[x',\ y']$ を求める必要がある。ここで，

$[x,\ y]$ と $[x',\ y']$ の関係式は，

$\begin{bmatrix}x\\ y\end{bmatrix}=R(\omega t)\begin{bmatrix}x'\\ y'\end{bmatrix}$ より，この両辺に $R(\omega t)^{-1}$ を左からかけて，

$$\begin{bmatrix}x'\\ y'\end{bmatrix}=R(\omega t)^{-1}\begin{bmatrix}x\\ y\end{bmatrix}=\begin{bmatrix}\cos\omega t & \sin\omega t\\ -\sin\omega t & \cos\omega t\end{bmatrix}\begin{bmatrix}x\\ y\end{bmatrix}\quad\cdots\cdots ⓐ$$ より，

$r'=[x',\ y']$ が求まるので，これから $f_{c_1}=m\omega^2\begin{bmatrix}x'\\ y'\end{bmatrix}$ が求められる。

(iii) 最後に，コリオリの力 f_{c_2} を求めるためには，$\dot{x}'$ と $\dot{y}'$ が必要だね。

ⓐにより $r'=[x',\ y']$ は求められているので，これを t で微分すれば，

$\dot{r}'=[\dot{x}',\ \dot{y}']$ となる。これを $f_{c_2}=2m\omega\begin{bmatrix}\dot{y}'\\ -\dot{x}'\end{bmatrix}$ の公式に代入すればいい。

では，実際に次の例題で，f' を求めてみよう。

例題 **41** 慣性系 (静止系) Oxy で質量 $m=1$ の質点Pが，位置 $r=[0,\ 2t]$ により等速度運動している。このとき，原点Oのまわりに角速度 $\omega=1$ で反時計まわりに回転する回転座標系 $Ox'y'$ を考える。この回転座標系 $Ox'y'$ で見たとき，質点Pに働く力 f' を求めよう。

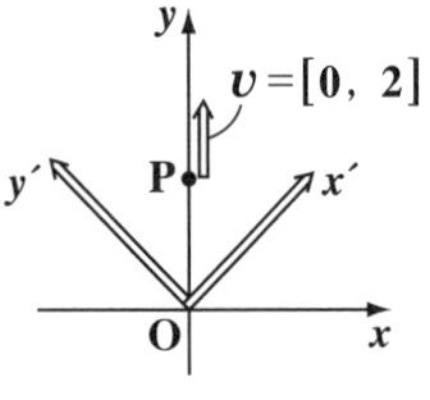

$\omega=1$ で回転する座標系 $Ox'y'$ 上で質量 $m=1$ の質点 P に働く力 f' は,
$f'=f+f_{c_1}+f_{c_2}$ ……(*)′ より，順に f, f_{c_1}, f_{c_2} を求めていこう。

(i) $r=\begin{bmatrix}x\\y\end{bmatrix}=\begin{bmatrix}0\\2t\end{bmatrix}$ より，これを t で 2 回微分すると，$\ddot{r}=\begin{bmatrix}\ddot{x}\\\ddot{y}\end{bmatrix}=\begin{bmatrix}0\\0\end{bmatrix}$

よって，$f=1\cdot R(1\cdot t)^{-1}\cdot 0=\begin{bmatrix}\cos t & \sin t\\-\sin t & \cos t\end{bmatrix}\begin{bmatrix}0\\0\end{bmatrix}=\begin{bmatrix}0\\0\end{bmatrix}=0$ ……ⓑ

となる。

(ii) $\begin{bmatrix}x'\\y'\end{bmatrix}=R(t)^{-1}\begin{bmatrix}x\\y\end{bmatrix}=\begin{bmatrix}\cos t & \sin t\\-\sin t & \cos t\end{bmatrix}\begin{bmatrix}0\\2t\end{bmatrix}=\begin{bmatrix}2t\sin t\\2t\cos t\end{bmatrix}$ より，

遠心力 $f_{c_1}=\underbrace{m\omega^2}_{1\times1^2}\begin{bmatrix}x'\\y'\end{bmatrix}=\begin{bmatrix}2t\sin t\\2t\cos t\end{bmatrix}$ ……ⓒ である。

(iii) $\begin{bmatrix}x'\\y'\end{bmatrix}=\begin{bmatrix}2t\sin t\\2t\cos t\end{bmatrix}$ を t で微分して，

$v'(t)=\begin{bmatrix}\dot{x}'\\\dot{y}'\end{bmatrix}=\begin{bmatrix}2\sin t+2t\cos t\\2\cos t-2t\sin t\end{bmatrix}$ より，

コリオリの力 $f_{c_2}=\underbrace{2m\omega}_{2\cdot1\cdot1}\begin{bmatrix}\dot{y}'\\-\dot{x}'\end{bmatrix}=2\begin{bmatrix}2\cos t-2t\sin t\\-(2\sin t+2t\cos t)\end{bmatrix}$

$=\begin{bmatrix}4\cos t-4t\sin t\\-4\sin t-4t\cos t\end{bmatrix}$ ……ⓓ となる。

以上 (i)(ii)(iii) より，ⓑ, ⓒ, ⓓを (*)′ に代入して，回転座標系 $Ox'y'$ 上で質点 P に働く力 f' は,

$$f'=\underbrace{\begin{bmatrix}0\\0\end{bmatrix}}_{f}+\underbrace{\begin{bmatrix}2t\sin t\\2t\cos t\end{bmatrix}}_{f_{c_1}}+\underbrace{\begin{bmatrix}4\cos t-4t\sin t\\-4\sin t-4t\cos t\end{bmatrix}}_{f_{c_2}}$$

$=\begin{bmatrix}4\cos t-2t\sin t\\-4\sin t-2t\cos t\end{bmatrix}=2\begin{bmatrix}2\cos t-t\sin t\\-2\sin t-t\cos t\end{bmatrix}$ となって答えだ！

どう？回転座標系の力の計算のやり方にも，これでずい分自信がもてるようになったでしょう？

演習問題 12　● 回転座標系における力 ●

慣性系(静止系)$\mathbf{O}xy$ で，質量 $m=1$ の質点 $\mathbf{P}$ が，位置 $\boldsymbol{r}=[t,\ t^2]$ (t：時刻，$t \geqq 0$) により運動している。このとき，原点 $\mathbf{O}$ のまわりに角速度 $\omega=1$ で反時計まわりに回転する回転座標系 $\mathbf{O}x'y'$ を考える。この回転座標系 $\mathbf{O}x'y'$ で見たとき，質点 $\mathbf{P}$ に働く力 $\boldsymbol{f}'$ を求めよ。

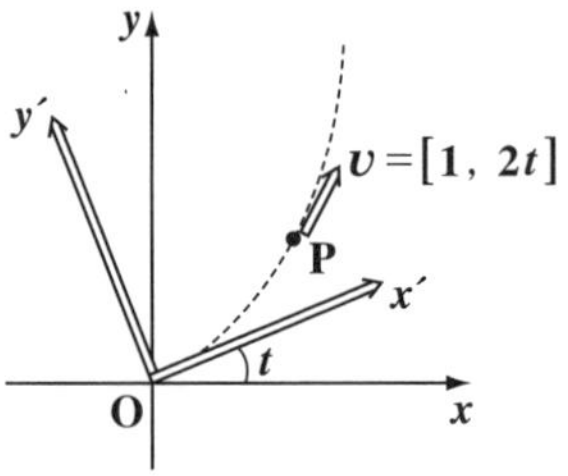

ヒント！ 回転座標系で $\mathbf{P}$ に働く力 $\boldsymbol{f}'$ は，$\boldsymbol{f}'=\boldsymbol{f}+\boldsymbol{f}_{c_1}+\boldsymbol{f}_{c_2}$ で表されるので，順に，(i) $\boldsymbol{f}=mR(\omega t)^{-1}\begin{bmatrix}\ddot{x}\\\ddot{y}\end{bmatrix}$，(ii) $\begin{bmatrix}x'\\y'\end{bmatrix}=R(\omega t)^{-1}\begin{bmatrix}x\\y\end{bmatrix}$ より，$\boldsymbol{f}_{c_1}=m\omega^2\begin{bmatrix}x'\\y'\end{bmatrix}$，(iii) $\boldsymbol{f}_{c_2}=2m\omega\begin{bmatrix}\dot{y}'\\-\dot{x}'\end{bmatrix}$ を求めて，これらの力の和を求めればいいんだね。

解答＆解説

角速度 $\omega=1$ で回転する回転座標系 $\mathbf{O}x'y'$ で，質量 $m=1$ の質点 $\mathbf{P}$ に働く力 $\boldsymbol{f}'$ は，次式で表される。

$$\boldsymbol{f}'=\boldsymbol{f}+\boldsymbol{f}_{c_1}+\boldsymbol{f}_{c_2} \quad \cdots\cdots ① \quad (\boldsymbol{f}_{c_1}：\text{遠心力},\ \boldsymbol{f}_{c_2}：\text{コリオリの力})$$

よって，これから順に (i) $\boldsymbol{f}$ と，(ii) $\boldsymbol{f}_{c_1}$ と，(iii) $\boldsymbol{f}_{c_1}$ を求める。

(i) $\boldsymbol{r}=\begin{bmatrix}x\\y\end{bmatrix}=\begin{bmatrix}t\\t^2\end{bmatrix}$ より，これを t で 2 回微分して，

$$\ddot{\boldsymbol{r}}=\begin{bmatrix}\ddot{x}\\\ddot{y}\end{bmatrix}=\begin{bmatrix}0\\2\end{bmatrix}$$

←今回 $\mathbf{P}$ は，y 軸方向に 2 の等加速度運動をする。

よって，慣性系で $\mathbf{P}$ に働く力を回転系で見たときの力 $\boldsymbol{f}$ は，

$$\boldsymbol{f}=\underset{m}{1}\cdot R(\underset{\omega}{1}\cdot t)^{-1}\begin{bmatrix}\ddot{x}\\\ddot{y}\end{bmatrix}=\begin{bmatrix}\cos t & \sin t\\-\sin t & \cos t\end{bmatrix}\begin{bmatrix}0\\2\end{bmatrix}=\begin{bmatrix}2\sin t\\2\cos t\end{bmatrix} \quad \cdots\cdots ②$$ である。

(ii) $\begin{bmatrix} x' \\ y' \end{bmatrix} = R(1\cdot t)^{-1}\begin{bmatrix} x \\ y \end{bmatrix} = \begin{bmatrix} \cos t & \sin t \\ -\sin t & \cos t \end{bmatrix}\begin{bmatrix} t \\ t^2 \end{bmatrix}$

$= \begin{bmatrix} t\cos t + t^2\sin t \\ -t\sin t + t^2\cos t \end{bmatrix}$ より，

遠心力 $f_{c_1} = \underbrace{1\cdot 1^2}_{m\omega^2}\begin{bmatrix} x' \\ y' \end{bmatrix} = \begin{bmatrix} t\cos t + t^2\sin t \\ -t\sin t + t^2\cos t \end{bmatrix}$ ……③ となる。

(iii) $\begin{bmatrix} x' \\ y' \end{bmatrix} = \begin{bmatrix} t\cos t + t^2\sin t \\ -t\sin t + t^2\cos t \end{bmatrix}$ の両辺を t で微分して，

$$\begin{bmatrix} \dot{x}' \\ \dot{y}' \end{bmatrix} = \begin{bmatrix} 1\cdot\cos t - t\cdot\sin t + 2t\sin t + t^2\cos t \\ -1\cdot\sin t - t\cos t + 2t\cos t - t^2\sin t \end{bmatrix}$$

$\therefore \dot{x}' = \cos t + t\sin t + t^2\cos t,\ \dot{y}' = -\sin t + t\cos t - t^2\sin t$ より，

コリオリの力 $f_{c_2} = 2\cdot\underbrace{1}_{m}\cdot\underbrace{1}_{\omega}\begin{bmatrix} \dot{y}' \\ -\dot{x}' \end{bmatrix} = 2\begin{bmatrix} -\sin t + t\cos t - t^2\sin t \\ -\cos t - t\sin t - t^2\cos t \end{bmatrix}$

$= \begin{bmatrix} -2\sin t + 2t\cos t - 2t^2\sin t \\ -2\cos t - 2t\sin t - 2t^2\cos t \end{bmatrix}$ ……④ となる。

以上 (i)(ii)(iii) より，②，③，④を①に代入して，回転座標系 $\mathbf{O}x'y'$ 上で $\mathbf{P}$ に働く力 f' を求めると，

$$f' = \underbrace{\begin{bmatrix} \cancel{2\sin t} \\ \cancel{2\cos t} \end{bmatrix}}_{f\ (②より)} + \underbrace{\begin{bmatrix} t\cos t + t^2\sin t \\ -t\sin t + t^2\cos t \end{bmatrix}}_{f_{c_1}\ (③より)} + \underbrace{\begin{bmatrix} \cancel{-2\sin t} + 2t\cos t - 2t^2\sin t \\ \cancel{-2\cos t} - 2t\sin t - 2t^2\cos t \end{bmatrix}}_{f_{c_2}\ (④より)}$$

$$= \begin{bmatrix} t\cos t + t^2\sin t + 2t\cos t - 2t^2\sin t \\ -t\sin t + t^2\cos t - 2t\sin t - 2t^2\cos t \end{bmatrix}$$

$= \begin{bmatrix} 3t\cos t - t^2\sin t \\ -3t\sin t - t^2\cos t \end{bmatrix}$ である。 ……………………………………………(答)

講義 6 ●運動座標系　公式エッセンス

1. ガリレイ変換

慣性系 $\mathbf{O}xyz$ に対して x 軸方向に一定の速度 $\boldsymbol{v}_0 = [v_{0x},\ 0,\ 0]$ で
並進運動する慣性系 $\mathbf{O}'x'y'z'$ について，

$$\underbrace{\boldsymbol{r}'(t)}_{\text{O}'x'y'z'\text{座標系}} = \underbrace{\boldsymbol{r}(t)}_{\text{O}xyz\text{座標系}} - \underbrace{\boldsymbol{r}_0(t)}_{\overrightarrow{\text{OO}'}}$$

すなわち，$\begin{bmatrix} x'(t) \\ y'(t) \\ z'(t) \end{bmatrix} = \begin{bmatrix} x(t) \\ y(t) \\ z(t) \end{bmatrix} - \begin{bmatrix} v_{0x}t \\ 0 \\ 0 \end{bmatrix}$ となる。

（ただし，時刻 $t = 0$ のとき，$\mathbf{O}$ と $\mathbf{O}'$ は一致すると考える。）

2. 非等速度で並進運動する座標系

慣性系 $\mathbf{O}xyz$ に対して非等速度で並進運動する座標系 $\mathbf{O}'x'y'z'$ について，
$\boldsymbol{r}'(t) = \boldsymbol{r}(t) - \boldsymbol{r}_0(t)$ より，　$\ddot{\boldsymbol{r}}'(t) = \ddot{\boldsymbol{r}}(t) - \ddot{\boldsymbol{r}}_0(t)$　両辺に m をかけて，

$$m\boldsymbol{a}'(t) = m\boldsymbol{a}(t) - \underbrace{m\boldsymbol{a}_0(t)}_{\neq 0}$$

$$\left[\ \underbrace{\boldsymbol{f}'(t)}_{\text{O}'x'y'z'\text{座標系での力}} = \underbrace{\boldsymbol{f}(t)}_{\text{O}xyz\text{慣性系での力}} + \underbrace{\boldsymbol{f}_0(t)}_{\text{慣性力}}\ \right]$$

3. 回転座標系

慣性系 $\mathbf{O}xy$ に対して原点 $\mathbf{O}$ のまわりに角速度 ω で反時計まわりに
回転する回転座標系 $\mathbf{O}x'y'$ について，

$$\underbrace{\boldsymbol{f}'}_{\text{回転系で質点 P に働く力}} = \underbrace{\boldsymbol{f}}_{\text{慣性系で P に働く力}} + \underbrace{\boldsymbol{f}_{c_1}}_{\text{遠心力（慣性力）}} + \underbrace{\boldsymbol{f}_{c_2}}_{\text{コリオリの力（慣性力）}}$$

(i) 慣性系で $\mathbf{P}$ に働く力 $\boldsymbol{f} = mR(\omega t)^{-1}\begin{bmatrix} \ddot{x} \\ \ddot{y} \end{bmatrix}$

(ii) 遠心力 $\boldsymbol{f}_{c_1} = m\omega^2\begin{bmatrix} x' \\ y' \end{bmatrix}$　　$\left(\begin{bmatrix} x' \\ y' \end{bmatrix} = R(\omega t)^{-1}\begin{bmatrix} x \\ y \end{bmatrix}\right)$

(iii) コリオリの力 $\boldsymbol{f}_{c_2} = 2m\omega\begin{bmatrix} \dot{y}' \\ -\dot{x}' \end{bmatrix}$

講義 Lecture 7

2質点系の力学

テーマ

▶ 2質点系の力学の基本

$$\left(\text{質量中心（重心）}\boldsymbol{r}_G = \frac{m_1\boldsymbol{r}_1 + m_2\boldsymbol{r}_2}{M}\right)$$

▶ 重心 G に対する相対運動

運動量 $\boldsymbol{P} = \boldsymbol{P}_G$

運動エネルギー $K = K_G + K'$

角運動量 $\boldsymbol{L} = \boldsymbol{L}_G + \boldsymbol{L}'$

§1. 2質点系の力学の基本

さァ，これから“**2質点系の力学**”の基本について解説しよう。これまでの解説では**1**つの質点の力学について詳しく解説してきたけれど，より現実的な力学モデルとして，**2**質点系の力学について調べてみよう。

もし，**2**つの質点がバラバラに動くのであれば，個々の質点についてこれまでの力学で対応することになるんだけれど，**2**つの質点が軽い棒やばねで連結されていたりする場合，作用・反作用の法則により，互いに相互作用が働く。したがって，これら**2**つの質点は**1**つの系(システム)をなして運動することになるので，**2**質点系の力学として考えていく必要があるんだね。

● 相互作用のみの2質点系の運動を調べよう！

2質点系の身近な例を図**1**に示そう。図**1**(i)では，質量を無視できる軽いばねに**2**つの質点$\mathbf{P_1}$と$\mathbf{P_2}$をつないで，これらが振動しながら上に移動していく様子を示した。また，図**1**(ii)では，質量を無視できる軽い棒に**2**つの質点$\mathbf{P_1}$と$\mathbf{P_2}$をつないで，これらが水平に回転しながら下に移動していく様子を示した。

図1　2質点系の運動の例

(i) 軽いばねで連結された
2質点の運動の例

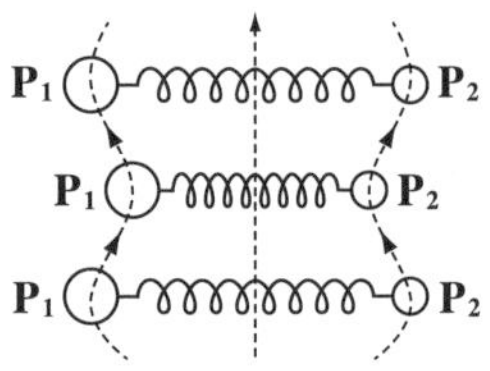

(ii) 軽い棒で連結された
2質点の運動の例

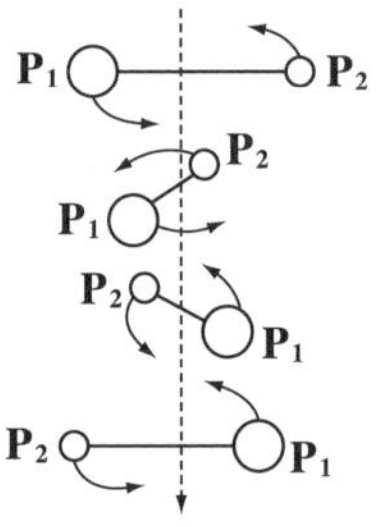

このように，**2**質点系の力学では，よりバラエティーに富んだ様々な運動を取り扱うことになるんだね。興味が湧いてきたでしょう？では，これから，**2**質点系の力学の基本として，作用・反作用の法則(**P76**)の復習から始めることにしよう。

まず，質量がそれぞれ m_1，m_2 の2つの質点 P_1，P_2 が，外力を受けることなく相互作用（内力）のみで運動する場合の運動方程式を示すと，次のようになるんだね。

$$\begin{cases} m_1\ddot{\boldsymbol{r}}_1 = \boldsymbol{f}_{21} \quad \cdots\cdots① \\ m_2\ddot{\boldsymbol{r}}_2 = \boldsymbol{f}_{12} \quad \cdots\cdots② \end{cases}$$

（$\boldsymbol{r}_1$，$\boldsymbol{r}_2$：P_1，P_2 の位置ベクトル
$\boldsymbol{f}_{21}$：P_2 が P_1 に及ぼす力
$\boldsymbol{f}_{12}$：P_1 が P_2 に及ぼす力）

図2　相互作用のみの2質点系

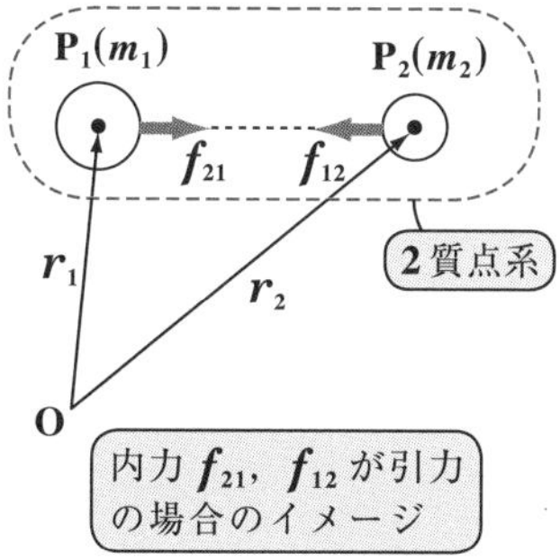

ここで，質点 P_1 についてのみ考えた場合，$\boldsymbol{f}_{21}$ は P_1 に作用する外力と考えることができるし，同様に，質点 P_2 についてのみ考えるとき $\boldsymbol{f}_{12}$ は外力と考えていい。でも，ここでは，図2に示すように，この2質点 P_1，P_2 を1つのシステム（系）として考えるんだね。この場合，作用・反作用の法則により，①，②の2つの内力 $\boldsymbol{f}_{21}$ と $\boldsymbol{f}_{12}$ の間には当然，

$\boldsymbol{f}_{12} = -\boldsymbol{f}_{21}$ ……③　が成り立つ。

よって，①＋②を求めると，

$$m_1\ddot{\boldsymbol{r}}_1 + m_2\ddot{\boldsymbol{r}}_2 = \boldsymbol{f}_{21} + \boldsymbol{f}_{12}$$

（$\boldsymbol{f}_{12}$ は $-\boldsymbol{f}_{21}$（③より））

$$m_1\frac{d^2\boldsymbol{r}_1}{dt^2} + m_2\frac{d^2\boldsymbol{r}_2}{dt^2} = \frac{d^2(m_1\boldsymbol{r}_1)}{dt^2} + \frac{d^2(m_2\boldsymbol{r}_2)}{dt^2} = \frac{d^2}{dt^2}(m_1\boldsymbol{r}_1 + m_2\boldsymbol{r}_2)$$

（m_1，m_2 は正の定数（スカラー）だね。）

$\dfrac{d^2}{dt^2}(m_1\boldsymbol{r}_1 + m_2\boldsymbol{r}_2) = \boldsymbol{0}$ ……④　（③より）　となり，これはさらに，

$\dfrac{d}{dt}(m_1\dot{\boldsymbol{r}}_1 + m_2\dot{\boldsymbol{r}}_2) = \boldsymbol{0}$ ……⑤　と変形してもいい。ここで，

（$m_1\dot{\boldsymbol{r}}_1 = \boldsymbol{p}_1(t) = m_1\boldsymbol{v}_1$，$m_2\dot{\boldsymbol{r}}_2 = \boldsymbol{p}_2(t) = m_2\boldsymbol{v}_2$）

P_1，P_2 の運動量をそれぞれ $\boldsymbol{p}_1(t) = m_1\boldsymbol{v}_1 = m_1\dot{\boldsymbol{r}}_1$，$\boldsymbol{p}_2(t) = m_2\boldsymbol{v}_2 = m_2\dot{\boldsymbol{r}}_2$ とおく。さらに，2質点系全体の運動量を

$\boldsymbol{P} = \boldsymbol{p}_1(t) + \boldsymbol{p}_2(t)$ ……⑥　とおき，⑥を⑤に代入すると，

$\dfrac{d\boldsymbol{P}}{dt} = \boldsymbol{0}$ ……⑤′　となるんだね。

よって，$\boldsymbol{P} = \boldsymbol{p}_1(t) + \boldsymbol{p}_2(t) =$（定ベクトル）となるので，外から外力が働かない相互作用のみで運動する **2** 質点系の運動量は時刻 t に関わらず一定である，つまり運動量の保存則が成り立つことが分かったんだね。

$$\frac{d^2}{dt^2}(m_1\boldsymbol{r}_1 + m_2\boldsymbol{r}_2) = \boldsymbol{0} \quad \cdots\cdots ④$$
$$\frac{d}{dt}(m_1\dot{\boldsymbol{r}}_1 + m_2\dot{\boldsymbol{r}}_2) = \boldsymbol{0} \quad \cdots\cdots ⑤$$
$$\boldsymbol{P} = \boldsymbol{p}_1(t) + \boldsymbol{p}_2(t) \quad \cdots\cdots ⑥$$
$$\frac{d\boldsymbol{P}}{dt} = \boldsymbol{0} \quad \cdots\cdots ⑤'$$

では次，**2** 質点系の“**重心**（じゅうしん）”（または，“**質量中心**（しつりょうちゅうしん）”）G を定義しよう。図 **3** に示すように，基準点 **O** から重心 G に向かうベクトルを $\boldsymbol{r}_G$ とおくと，$\boldsymbol{r}_G$ は次のように定義される。

$$\boldsymbol{r}_G = \frac{m_1\boldsymbol{r}_1 + m_2\boldsymbol{r}_2}{M} \quad \cdots\cdots ⑦$$

（ただし，$M = m_1 + m_2$）

これは，質点の質量 m_1，m_2 を重みとした，$\boldsymbol{r}_1$ と $\boldsymbol{r}_2$ の“**重み付き平均**”と言ってもいい。

図 **3**　質量中心 G

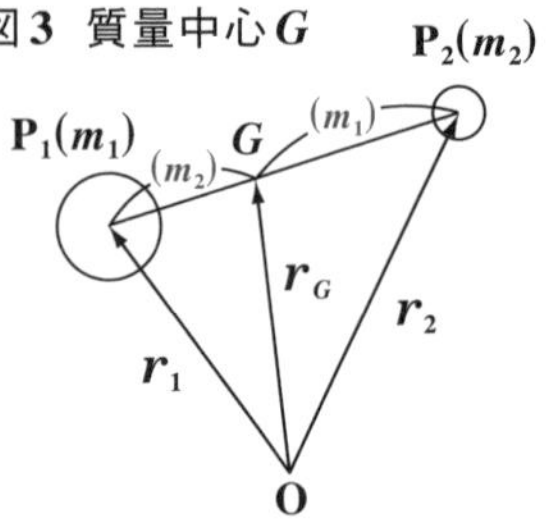

重心 G は，線分 P_1P_2 を $m_2 : m_1$ に内分する点だ。

図 **3** に示すように，G は線分 P_1P_2 を $m_2 : m_1$ に内分する点となるんだね。よって，もし $m_1 > m_2$ ならば，重心 G は質量の大きい P_1 の方に近い位置にくることが分かるんだね。大丈夫？

⑦の両辺に $M(= m_1 + m_2)$ をかけて，

$M\boldsymbol{r}_G = m_1\boldsymbol{r}_1 + m_2\boldsymbol{r}_2 \quad \cdots\cdots ⑦'$ となる。この⑦'を④に代入すると，

$$\frac{d^2}{dt^2}(M\boldsymbol{r}_G) = \boldsymbol{0} \qquad M\frac{d^2\boldsymbol{r}_G}{dt^2} = \boldsymbol{0}$$

（全質量 $m_1 + m_2$（定数）→ 表に出せる）

$\therefore M\ddot{\boldsymbol{r}}_G = \boldsymbol{0} \quad \cdots\cdots ⑧$ となる。

（重心 G の加速度。$\boldsymbol{a}_G$ とおいてもいい。）

図 **4**　重心 G の等速度運動

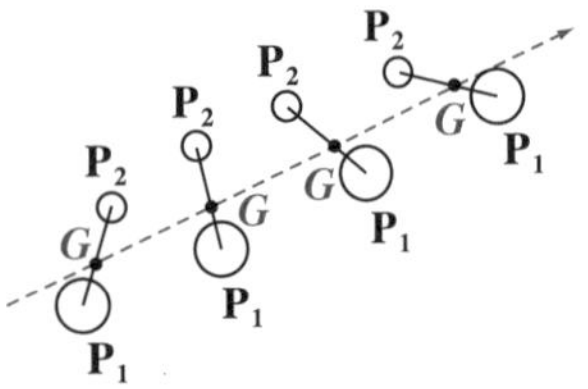

⑧が意味することは，**2** 質点系が相互作用のみで運動するとき，⑧より $\ddot{\boldsymbol{r}}_G = \boldsymbol{0}$ だ。よって，

$\dot{\boldsymbol{r}}_G =$（定ベクトル）となるので，図 **4** に示すように，重心 G は“**等速度運動**”

（重心 G の速度 $\boldsymbol{v}_G$ とおいてもいい。）（静止，または等速直線運動のこと）

をすることになる。でも，図 1 や図 4 を見る限り，2 つの質点 P_1 と P_2 は互いに振動したり，回転したりしている。これら P_1 と P_2 の相対的な運動に関しては後で詳しく解説しよう。今ここでキミ達に頭に入れておいてほしい重要なことは，2 質点系の場合，⑧に示すように「重心 G にあたかも全質量 $M(=m_1+m_2)$ が集中したかのように考えられる」ということなんだ。

重心 G は，物体が何もないところにも存在し得るんだけれど，これに抵抗を感じる方は，図 4 のように P_1 と P_2 を結ぶ質量のない棒上に G があると考えるといいよ。

⑦′を t で 1 回微分したものが，全運動量 $\boldsymbol{P}$ となるんだけれど，これも，$\boldsymbol{P}=m_1\dot{\boldsymbol{r}}_1+m_2\dot{\boldsymbol{r}}_2=M\dot{\boldsymbol{r}}_G$ と表される。よって，2 質点系の全運動量も，形式的に質量 M をもつ質点(重心) G の運動量として表現されるんだね。だから，2 質点系の運動を押さえるには，まず重心(質量中心) G の運動を調べることがポイントなんだね。

それでは，これまでの内容を次の 2 つの例題を解いて確認しておこう。

例題 42　質量 $m_1=2$ の質点 P_1 の位置 $\boldsymbol{r}_1$ が $\boldsymbol{r}_1=\left[-\frac{1}{2}\cos t-1,\ 0,\ t\right]$ であり，質量 $m_2=1$ の質点 P_2 の位置 $\boldsymbol{r}_2$ が $\boldsymbol{r}_2=[\cos t+2,\ 0,\ t]$ である。(t：時刻，$t\geqq 0$)　このとき，この 2 つの質点 P_1 と P_2 が 1 つの質点系として，$\boldsymbol{f}_{12}=-\boldsymbol{f}_{21}$ の条件をみたすことを確認しよう。また，この 2 質点系の重心 G の位置 $\boldsymbol{r}_G$ を求めて，その運動量 $\boldsymbol{P}=M\dot{\boldsymbol{r}}_G$ $(M=m_1+m_2)$ が一定であることを確認しよう。

2 質点 $P_1(m_1=2)$ と $P_2(m_2=1)$ は，互いに質量が無視できるばねの両端に取り付けられたように x 軸方向に互いに振動しながら全体の系としては上向きに運動する 2 質点系になっている。このイメージを右に示しておこう。

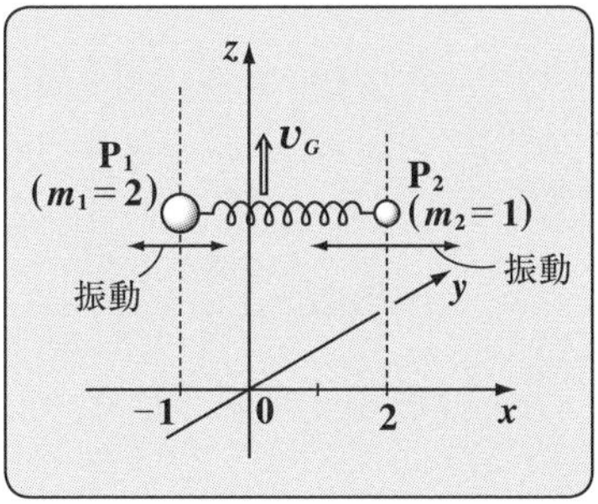

ここで，2 つの質点 P_1 と P_2 が 1 つの系となるための必要条件は，$\boldsymbol{f}_{12}=-\boldsymbol{f}_{21}$ ……(*) が成り立つことだね。これをまず調べよう。

($\boldsymbol{f}_{12}$：P_1 が P_2 に及ぼす力，$\boldsymbol{f}_{21}$：P_2 が P_1 に及ぼす力)

(i) 質量 $m_1=2$ の質点 P_1 について，

位置 $\boldsymbol{r}_1=\left[-\frac{1}{2}\cos t-1,\ 0,\ t\right]$ ……①

速度 $\boldsymbol{v}_1=\dot{\boldsymbol{r}}_1=\left[\left(-\frac{1}{2}\cos t-1\right)',\ 0',\ t'\right]=\left[\frac{1}{2}\sin t,\ 0,\ 1\right]$ ……②

（$\left(-\frac{1}{2}\cos t-1\right)' = -\frac{1}{2}\cdot(-\sin t)$）

加速度 $\boldsymbol{a}_1=\dot{\boldsymbol{v}}_1=\left[\frac{1}{2}(\sin t)',\ 0',\ 1'\right]=\left[\frac{1}{2}\cos t,\ 0,\ 0\right]$ ……③ となる。

よって，P_1 に働く力を，P_2 が P_1 に及ぼす力 $\boldsymbol{f}_{21}$ と考えて表すと，③より，

$\boldsymbol{f}_{21}=m_1\boldsymbol{a}_1=2\cdot\left[\frac{1}{2}\cos t,\ 0,\ 0\right]=[\cos t,\ 0,\ 0]$ ……④ となる。

(ii) 質量 $m_2=1$ の質点 P_2 について，

位置 $\boldsymbol{r}_2=[\cos t+2,\ 0,\ t]$ ……⑤

速度 $\boldsymbol{v}_2=\dot{\boldsymbol{r}}_2=[(\cos t+2)',\ 0',\ t']=[-\sin t,\ 0,\ 1]$ ……⑥

加速度 $\boldsymbol{a}_2=\dot{\boldsymbol{v}}_2=[(-\sin t)',\ 0',\ 1']=[-\cos t,\ 0,\ 0]$ ……⑦ となる。

よって，P_2 に働く力を，P_1 が P_2 に及ぼす力 $\boldsymbol{f}_{12}$ と考えて表すと，⑦より，

$\boldsymbol{f}_{12}=m_2\boldsymbol{a}_2=1\cdot[-\cos t,\ 0,\ 0]=[-\cos t,\ 0,\ 0]$ ……⑧ となる。

以上 (i), (ii) の④と⑧より，$\boldsymbol{f}_{12}=-\boldsymbol{f}_{21}$ が成り立つことが確認できる。

これは，あくまで必要条件で，これが成り立つからと言って，2 質点系になっているとは限らない。本当は P_1 と P_2 が物理的に何らかの力を及ぼし合う系 (システム) になっていることが，必要十分条件なんだね。

次に①，⑤より，この 2 質点系の重心 G の位置 $\boldsymbol{r}_G$ を求めると，

$$\boldsymbol{r}_G=\frac{m_1\boldsymbol{r}_1+m_2\boldsymbol{r}_2}{M}=\frac{1}{3}\left\{2\left[-\frac{1}{2}\cos t-1,\ 0,\ t\right]+1\cdot[\cos t+2,\ 0,\ t]\right\}$$

（$M = m_1+m_2=2+1=3$）（$[-\cos t-2+\cos t+2,\ 0,\ 2t+t]$）

$$=\frac{1}{3}[0,\ 0,\ 3t]=[0,\ 0,\ t]$$ となる。

$\boldsymbol{r}_G$ を t で微分して，重心 G の速度 $\boldsymbol{v}_G$ を求めると，

$\boldsymbol{v}_G=\dot{\boldsymbol{r}}_G=[0,\ 0,\ t']=[0,\ 0,\ 1]$ となる。

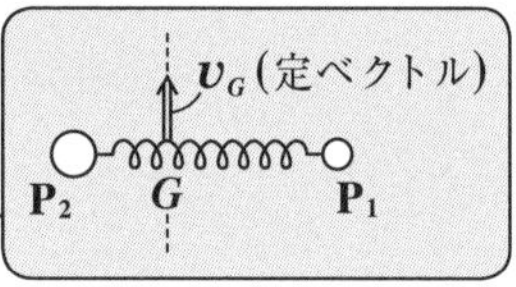

したがって，G の運動量を $\boldsymbol{P}$ とおくと，

$\boldsymbol{P}=M\cdot\boldsymbol{v}_G=3[0,\ 0,\ 1]=[0,\ 0,\ 3]$ となって，定ベクトルとなることが分かった。

> この $\boldsymbol{P}$ は，$\boldsymbol{P}=m_1\boldsymbol{v}_1+m_2\boldsymbol{v}_2$ のことなので，これを②，⑥より計算すると，
> $\boldsymbol{P}=2\cdot\left[\frac{1}{2}\sin t,\ 0,\ 1\right]+1\cdot[-\sin t,\ 0,\ 1]=[\sin t-\sin t,\ 0+0,\ 2+1]$
> $=[0,\ 0,\ 3]$ となって，$M\boldsymbol{v}_G$ と一致する。

では，例題をもう 1 題解いてみよう。

例題 43　質量 $m_1=3$ の質点 P_1 の位置 $\boldsymbol{r}_1$ が $\boldsymbol{r}_1=[\cos t,\ \sin t,\ 10-t]$ であり，質量 $m_2=1$ の質点 P_2 の位置 $\boldsymbol{r}_2$ が $\boldsymbol{r}_2=[-3\cos t,\ -3\sin t,\ 10-t]$ である。(t：時刻，$t\geqq 0$)　このとき，この 2 つの質点 P_1 と P_2 が 1 つの質点系として，$\boldsymbol{f}_{12}=-\boldsymbol{f}_{21}$ の条件をみたすことを確認しよう。また，この 2 質点系の重心 G の位置 $\boldsymbol{r}_G$ を求めて，その運動量 $\boldsymbol{P}=M\dot{\boldsymbol{r}}_G$ $(M=m_1+m_2)$ が一定であることを確認しよう。

右図にそのイメージを示すように，2 質点 $\mathrm{P}_1(m_1=3)$ と $\mathrm{P}_2(m_2=1)$ は，互いに質量が無視できる棒の両端に取り付けられたように xy 平面と平行な平面上を回転しながら，全体の系としては下向きに運動する 2 質点系になっているんだね。

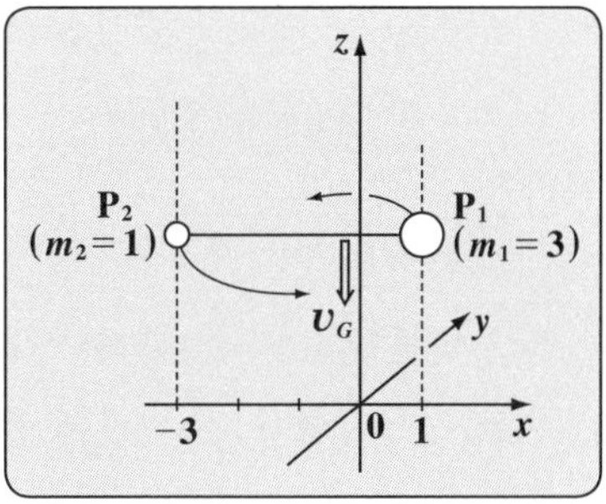

ここで，2 つ質点 P_1 と P_2 が 1 つの系となるための必要条件：

$\boldsymbol{f}_{12}=-\boldsymbol{f}_{21}$ が成り立つことを確認しよう。

(i) 質量 $m_1=3$ の質点 P_1 について，

$$\begin{cases}\text{位置 } \boldsymbol{r}_1=[\cos t,\ \sin t,\ 10-t] \cdots\cdots Ⓐ\\ \text{速度 } \boldsymbol{v}_1=\dot{\boldsymbol{r}}_1=[(\cos t)',\ (\sin t)',\ (10-t)']=[-\sin t,\ \cos t,\ -1] \cdots\cdots Ⓑ\\ \text{加速度 } \boldsymbol{a}_1=\dot{\boldsymbol{v}}_1=[(-\sin t)',\ (\cos t)',\ (-1)']=[-\cos t,\ -\sin t,\ 0] \cdots\cdots Ⓒ\end{cases}$$

となる。よって，P_1 に働く力を，P_2 が P_1 に及ぼす力 $\boldsymbol{f}_{21}$ と考えて，Ⓒより，

$\boldsymbol{f}_{21}=m_1\boldsymbol{a}_1=3[-\cos t,\ -\sin t,\ 0]=\underline{[-3\cos t,\ -3\sin t,\ 0]}\cdots\cdots Ⓓ$ となる。

(ⅱ) 質量 $m_2=1$ の質点 P_2 について，

$$\boldsymbol{r}_1=[\cos t,\ \sin t,\ 10-t] \cdots\cdots Ⓐ$$
$$\boldsymbol{v}_1=[-\sin t,\ \cos t,\ -1] \cdots\cdots Ⓑ$$
$$\boldsymbol{a}_1=[-\cos t,\ -\sin t,\ 0] \cdots\cdots Ⓒ$$
$$\boldsymbol{f}_{21}=[-3\cos t,\ -3\sin t,\ 0] \cdots\cdots Ⓓ$$

位置 $\boldsymbol{r}_2=[-3\cos t,\ -3\sin t,\ 10-t]$ ………Ⓔ

速度 $\boldsymbol{v}_2=\dot{\boldsymbol{r}}_2=[(-3\cos t)',\ (-3\sin t)',\ (10-t)']$

$=[3\sin t,\ -3\cos t,\ -1]$ ………Ⓕ

加速度 $\boldsymbol{a}_2=\dot{\boldsymbol{v}}_2=[(3\sin t)',\ (-3\cos t)',\ (-1)']$

$=[3\cos t,\ 3\sin t,\ 0]$ ………Ⓖ

となる。よって，P_2 に働く力を，P_1 が P_2 に及ぼす力 $\boldsymbol{f}_{12}$ と考えて，Ⓖより，

$\boldsymbol{f}_{12}=m_2\boldsymbol{a}_2=1\cdot[3\cos t,\ 3\sin t,\ 0]=[3\cos t,\ 3\sin t,\ 0]$ ……Ⓗ となる。

以上 (ⅰ), (ⅱ) のⒹとⒽより，$\boldsymbol{f}_{12}=-\boldsymbol{f}_{21}$ が成り立つことが確認できた。

次にⒶ, Ⓔより，この 2 質点系の重心 G の位置 $\boldsymbol{r}_G$ を求めると，

$$\boldsymbol{r}_G=\frac{m_1\boldsymbol{r}_1+m_2\boldsymbol{r}_2}{M}=\frac{1}{4}\{3\cdot[\cos t,\ \sin t,\ 10-t]+1\cdot[-3\cos t,\ -3\sin t,\ 10-t]\}$$

M：$m_1+m_2=3+1=4$

$$=\frac{1}{4}[0,\ 0,\ 40-4t]=[0,\ 0,\ 10-t] \text{ となる。}$$

$\boldsymbol{r}_G$ を t で微分して，重心 G の速度 $\boldsymbol{v}_G$ を求めると，

$\boldsymbol{v}_G=\dot{\boldsymbol{r}}_G=[0',\ 0',\ (10-t)']=[0,\ 0,\ -1]$ となる。

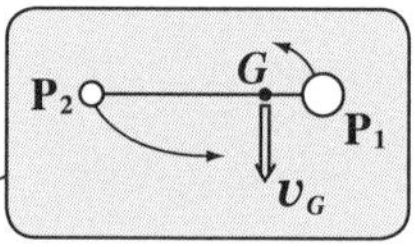

したがって，G の運動量を $\boldsymbol{P}$ とおくと，

$\boldsymbol{P}=M\boldsymbol{v}_G=4\cdot[0,\ 0,\ -1]=[0,\ 0,\ -4]$ となって，定ベクトルとなることが確認できた。

$\boldsymbol{P}$ を $\boldsymbol{P}=m_1\boldsymbol{v}_1+m_2\boldsymbol{v}_2$ として求めても同じ結果になる。各自確認しよう！

これで，相互作用のみで運動する 2 質点系の問題についても，かなり自信が付いたと思う。では，この 2 質点系に重力など，外部から外力が働く場合についても調べてみよう。

● 外力が働く2質点系でも重心が鍵になる！

図5 外力が働く場合の2質点系

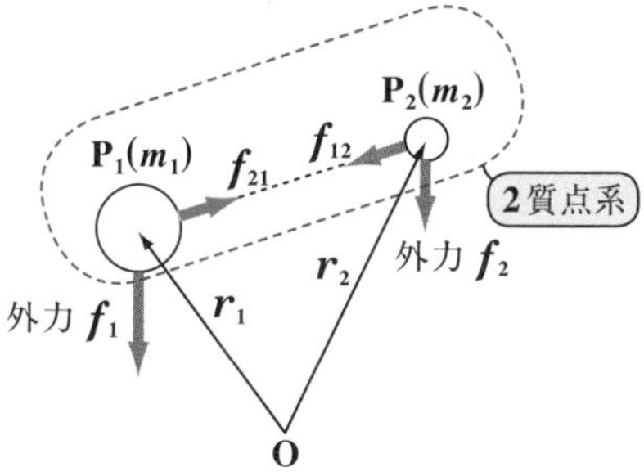

図**5**に示すように，$\mathbf{P}_1$，$\mathbf{P}_2$に相互作用$(\boldsymbol{f}_{21},\ \boldsymbol{f}_{12})$以外に，それぞれ$\boldsymbol{f}_1$，$\boldsymbol{f}_2$の外力が働く場合，**2**質点の運動方程式は，

$$\begin{cases} m_1\ddot{\boldsymbol{r}}_1 = \boldsymbol{f}_1 + \boldsymbol{f}_{21} & \cdots\cdots ① \\ m_2\ddot{\boldsymbol{r}}_2 = \boldsymbol{f}_2 + \boldsymbol{f}_{12} & \cdots\cdots ② \end{cases}$$

$$\boldsymbol{f}_{12} = -\boldsymbol{f}_{21} \quad \cdots\cdots\cdots\cdots\cdots ③$$

となる。ここで①＋②より，

$$\underline{m_1\ddot{\boldsymbol{r}}_1 + m_2\ddot{\boldsymbol{r}}_2} = \boldsymbol{f}_1 + \boldsymbol{f}_2 + \underline{\boldsymbol{f}_{21} + \boldsymbol{f}_{12}}$$

$\boldsymbol{f}_{21} + \boldsymbol{f}_{12} = \mathbf{0}$ （③より）

$$m_1\frac{d^2\boldsymbol{r}_1}{dt^2} + m_2\frac{d^2\boldsymbol{r}_2}{dt^2} = \frac{d^2}{dt^2}(m_1\boldsymbol{r}_1 + m_2\boldsymbol{r}_2)$$

$$\frac{d^2}{dt^2}(\underline{m_1\boldsymbol{r}_1 + m_2\boldsymbol{r}_2}) = \boldsymbol{f}_1 + \boldsymbol{f}_2 \quad \cdots\cdots ④$$

$M\boldsymbol{r}_G$

ここで，$m_1\boldsymbol{r}_1 + m_2\boldsymbol{r}_2 = M\boldsymbol{r}_G$ ……⑤　$(M = m_1 + m_2)$ より，

⑤を④に代入して，

$$M\ddot{\boldsymbol{r}}_G = \boldsymbol{f} \quad \cdots\cdots ⑥$$

（ただし，$\boldsymbol{f} = \boldsymbol{f}_1 + \boldsymbol{f}_2$）が導ける。

⑥から分かるように，この場合も，外力$\boldsymbol{f}_1$と$\boldsymbol{f}_2$の合力$\boldsymbol{f}$があたかも全質量Mをもつ重心Gに働いているように見えるんだね

図6 自由落下する2質点系のイメージ

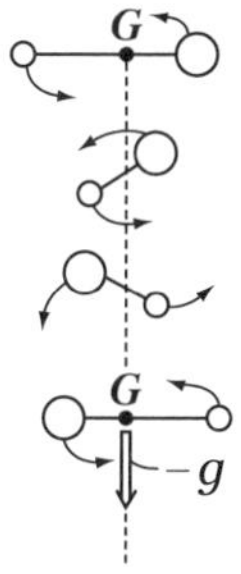

質量を無視できる棒の両端に**2**つの質点$\mathbf{P}_1$と$\mathbf{P}_2$を取り付けた**2**質点系が重力により自由落下しているイメージを図**6**に示す。この実際の問題練習は演習問題**13**(**P184**)でやろう！

● P_1、P_2 それぞれに対する相対運動も調べよう！

外力のあるなしに関わらず，2質点系の運動では重心 G が重要な役割を演じるんだね。では，その次のステップとして，今度は，それぞれの質点に対する“**相対運動**（そうたいうんどう）”について考えてみよう。この相対運動は具体的には，次の2通りがあるんだね。

(Ⅰ) P_1 を固定点と考えた場合の P_2 の相対的な運動
(Ⅱ) P_2 を固定点と考えた場合の P_1 の相対的な運動

今回はいずれも，P_1，P_2 が相互作用（内力）のみで運動し，外力は働かないものとして考えることにしよう。まず，P_1 と P_2 の運動方程式は次のようになるのは大丈夫だね。

$$\begin{cases} m_1\ddot{\boldsymbol{r}}_1 = \boldsymbol{f}_{21} & \cdots\cdots① \\ m_2\ddot{\boldsymbol{r}}_2 = \boldsymbol{f}_{12} & \cdots\cdots② \end{cases}$$

$$\boldsymbol{f}_{12} = -\boldsymbol{f}_{21} \quad \cdots\cdots\cdots③$$

図7 P_1 に対する P_2 の相対運動
（外力は働いていない。）

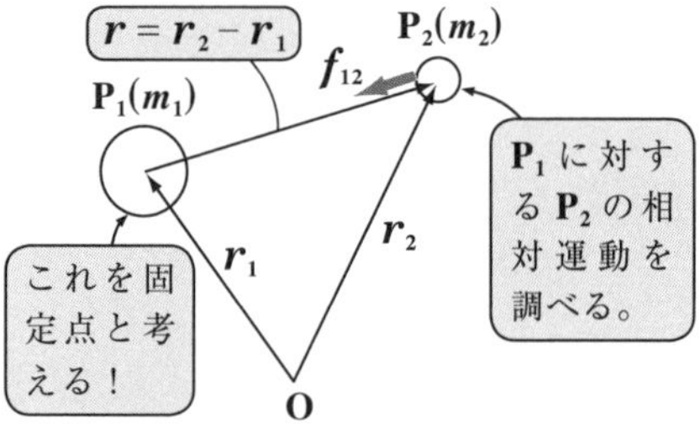

具体的には，P_1 を太陽，P_2 を惑星と考えて，太陽を固定点としたときの惑星の運動をイメージするといいかもね。

(Ⅰ) P_1 に対する P_2 の相対運動を調べよう。具体的には，図7に示すように，

$\boldsymbol{r} = \boldsymbol{r}_2 - \boldsymbol{r}_1 \quad \cdots\cdots④$

とおいて，$\boldsymbol{r}$ の運動方程式を立てれば，それが P_1 を固定点と考えた場合の P_2 の相対運動の方程式になるんだね。それでは，

$\dfrac{1}{m_2}\times② - \dfrac{1}{m_1}\times①$ を計算すると，

$$\ddot{\boldsymbol{r}}_2 - \ddot{\boldsymbol{r}}_1 = \frac{1}{m_2}\boldsymbol{f}_{12} - \frac{1}{m_1}\boldsymbol{f}_{21}$$

（$\boldsymbol{f}_{21}$ は $(-\boldsymbol{f}_{12})$（③より））

となる。よって，④より，

$$\ddot{\boldsymbol{r}}_2 - \ddot{\boldsymbol{r}}_1 = \frac{d^2\boldsymbol{r}_2}{dt^2} - \frac{d^2\boldsymbol{r}_1}{dt^2} = \frac{d^2}{dt^2}(\boldsymbol{r}_2 - \boldsymbol{r}_1) = \frac{d^2\boldsymbol{r}}{dt^2} = \ddot{\boldsymbol{r}}$$

（$\boldsymbol{r}_2 - \boldsymbol{r}_1$ は $\boldsymbol{r}$（④より））

$$\ddot{\boldsymbol{r}} = \left(\frac{1}{m_1} + \frac{1}{m_2}\right)\boldsymbol{f}_{12}$$

$$\ddot{\boldsymbol{r}} = \frac{m_1+m_2}{m_1 m_2}\boldsymbol{f}_{12}$$

$$\frac{m_1 m_2}{m_1+m_2}\ddot{\boldsymbol{r}} = \boldsymbol{f}_{12} \quad \cdots\cdots ⑤$$

これをμ（ミュー）とおく。

今回はP_1を固定して，P_2のみの相対運動を考えているので，この$\boldsymbol{f}_{12}$はP_2にとっての外力とみなすことができる。

ここで，$\mu = \dfrac{m_1 m_2}{m_1+m_2}$ とおくと，⑤は$\boldsymbol{r}$の運動方程式の形になる。

$$\mu\ddot{\boldsymbol{r}} = \boldsymbol{f}_{12} \quad \cdots\cdots ⑥ \quad \left(\mu = \frac{m_1 m_2}{m_1+m_2}\right)$$

← $\dfrac{1}{\mu} = \dfrac{1}{m_1} + \dfrac{1}{m_2}$ と覚えてもいい。

ここで，μを"**換算質量**（かんさんしつりょう）"というんだね。そして，この⑥の運動方程式は，「P_1を固定点とみなしたときのP_2の運動は，質量μの質点が力$\boldsymbol{f}_{12}$を受けて行う運動と等しい」と言っているんだね。では，次

（P_1：これを原点と考える。）

(Ⅱ) P_2に対するP_1の相対運動も考えよう。図8に示すように，

$$\boldsymbol{r}' = \boldsymbol{r}_1 - \boldsymbol{r}_2 \quad \cdots\cdots ④'$$

とおいて，$\boldsymbol{r}'$の運動方程式を立てればいいんだね。

$\dfrac{1}{m_1}\times① - \dfrac{1}{m_2}\times②$ より，

$$\ddot{\boldsymbol{r}}_1 - \ddot{\boldsymbol{r}}_2 = \frac{1}{m_1}\boldsymbol{f}_{21} - \frac{1}{m_2}\boldsymbol{f}_{12}$$

（$\boldsymbol{f}_{12} = (-\boldsymbol{f}_{21})$）

$$\frac{d^2}{dt^2}(\boldsymbol{r}_1 - \boldsymbol{r}_2) = \frac{d^2\boldsymbol{r}'}{dt^2} = \ddot{\boldsymbol{r}}'$$

$$\ddot{\boldsymbol{r}}' = \left(\frac{1}{m_1} + \frac{1}{m_2}\right)\boldsymbol{f}_{21}$$

$\left(\dfrac{1}{m_1} + \dfrac{1}{m_2} = \dfrac{1}{\mu}\right)$ （③，④'より）

ここで，同様に換算質量μを

図8 P_2に対するP_1の相対運動
（外力は働いていない。）

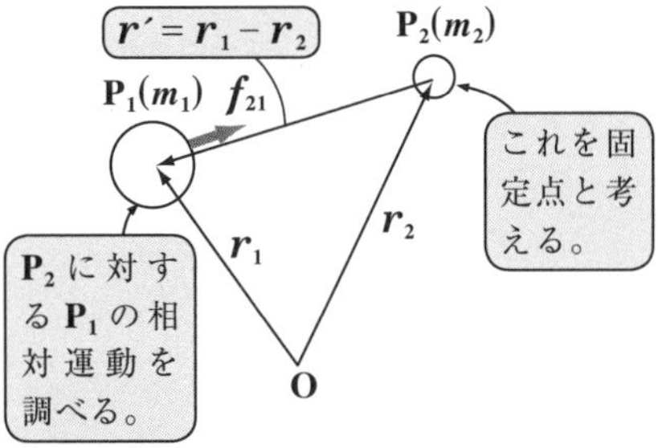

今度は惑星（P_2）を固定点と考えた場合の太陽（P_1）の運動をイメージしよう。

利用すると，⑥と同様の運動方程式：

$$\mu\ddot{\boldsymbol{r}}' = \boldsymbol{f}_{21} \quad \cdots\cdots ⑦$$ が導けるんだね。

$\mu\ddot{\boldsymbol{r}} = \boldsymbol{f}_{12}$ ……⑥
$\left(\mu = \dfrac{m_1 m_2}{m_1 + m_2}\right)$

ン？これについても，例題を解いてみたいって？勉強熱心だね。早速例題を2題解いてみることにしよう。

例題 44　質量 $m_1 = 2$ の質点 P_1 の位置 $\boldsymbol{r}_1$ が $\boldsymbol{r}_1 = \left[-\dfrac{1}{2}\cos t - 1,\ 0,\ t\right]$ であり，質量 $m_2 = 1$ の質点 P_2 の位置 $\boldsymbol{r}_2$ が $\boldsymbol{r}_2 = [\cos t + 2,\ 0,\ t]$ である。(t：時刻，$t \geqq 0$)　この2質点系 P_1, P_2 について，

(Ⅰ) P_1 に対する P_2 の相対運動の運動方程式：

$$\mu\ddot{\boldsymbol{r}} = \boldsymbol{f}_{12} \quad \cdots\cdots(*) \quad \left(\text{ただし，}\mu = \frac{m_1 m_2}{m_1 + m_2},\ \boldsymbol{r} = \boldsymbol{r}_2 - \boldsymbol{r}_1\right)$$

が成り立つことを確認しよう。次に，

(Ⅱ) P_2 に対する P_1 の相対運動の運動方程式：

$$\mu\ddot{\boldsymbol{r}}' = \boldsymbol{f}_{21} \quad \cdots\cdots(*)' \quad (\text{ただし，}\boldsymbol{r}' = \boldsymbol{r}_1 - \boldsymbol{r}_2)$$

が成り立つことを確認しよう。

この問題の設定は，例題 42 (P173) とまったく同じだね。ただし，今回は2質点の一方を固定点としたとき，他方の点の運動を調べる問題だ。

(Ⅰ) まず，P_1 を固定点としたときの P_2 の相対運動の運動方程式 $(*)$ が成り立つことを確認しよう。

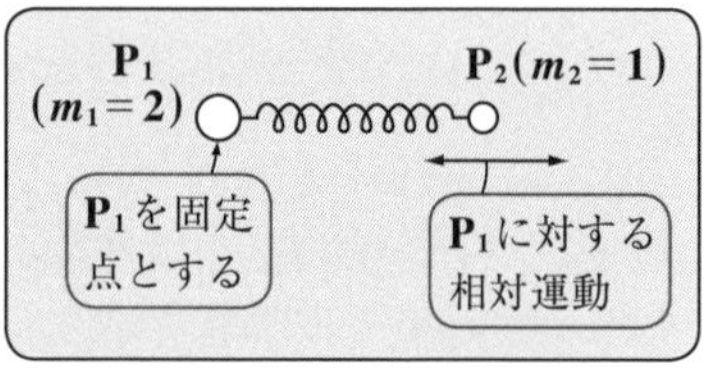

$$\cdot\ \mu = \frac{m_1 m_2}{m_1 + m_2} = \frac{2 \cdot 1}{2 + 1} = \frac{2}{3}$$

$$\cdot\ \boldsymbol{r} = \boldsymbol{r}_2 - \boldsymbol{r}_1$$
$$= [\cos t + 2,\ 0,\ t] - \left[-\frac{1}{2}\cos t - 1,\ 0,\ t\right]$$
$$= \left[\frac{3}{2}\cos t + 3,\ 0,\ 0\right]$$

よって，$\boldsymbol{r}$ を t で2回微分して，

$$\ddot{\boldsymbol{r}} = \left[\underbrace{\left(\frac{3}{2}\cos t + 3\right)''}_{\left(-\frac{3}{2}\sin t\right)' = -\frac{3}{2}\cos t},\ 0'',\ 0''\right] = \left[-\frac{3}{2}\cos t,\ 0,\ 0\right]$$

となる。

$\cdot \boldsymbol{f}_{12}$ は，$\mathbf{P}_2$ に働く力のことなので，

$$\ddot{\boldsymbol{r}}_2 = [\underbrace{(\cos t+2)''}_{(-\sin t)'=-\cos t},\ 0'',\ \underbrace{t''}_{0}] = [-\cos t,\ 0,\ 0] \quad \text{から，}$$

$$\boldsymbol{f}_{12} = m_2\ddot{\boldsymbol{r}}_2 = 1\cdot[-\cos t,\ 0,\ 0] = [-\cos t,\ 0,\ 0] \quad \text{である。}$$

以上より，

$$\begin{cases} ((*)\text{の左辺}) = \mu\cdot\ddot{\boldsymbol{r}} = \dfrac{2}{3}\cdot\left[-\dfrac{3}{2}\cos t,\ 0,\ 0\right] = [-\cos t,\ 0,\ 0] \\ ((*)\text{の右辺}) = \boldsymbol{f}_{12} = [-\cos t,\ 0,\ 0] \quad \text{となって，} \end{cases}$$

(∗)の公式が成り立つことが，確認できた。大丈夫だった？

(Ⅱ) 次に，$\mathbf{P}_2$ を固定点としたときの $\mathbf{P}_1$ の相対運動の方程式 (∗)′ が成り立つことも確認しよう。

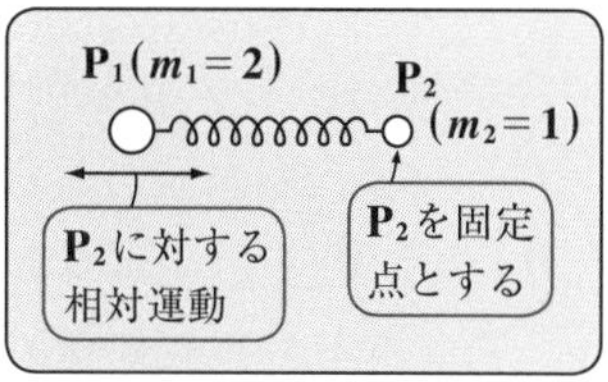

$$\cdot\mu = \frac{m_1m_2}{m_1+m_2} = \frac{2}{3}$$

$$\cdot\boldsymbol{r}' = \boldsymbol{r}_1 - \boldsymbol{r}_2 = -\boldsymbol{r}$$

$$= -\left[\frac{3}{2}\cos t+3,\ 0,\ 0\right] = \left[-\frac{3}{2}\cos t-3,\ 0,\ 0\right] \quad \text{より，これも } t \text{ で}$$

2回微分して，

$$\ddot{\boldsymbol{r}}' = \left[\underbrace{\left(-\frac{3}{2}\cos t-3\right)''}_{\left(\frac{3}{2}\sin t\right)'=\frac{3}{2}\cos t},\ 0'',\ 0''\right] = \left[\frac{3}{2}\cos t,\ 0,\ 0\right] \text{となる。}$$

$$\cdot\boldsymbol{f}_{21} = -\boldsymbol{f}_{12} = -[-\cos t,\ 0,\ 0] = [\cos t,\ 0,\ 0] \quad \text{だね。}$$

以上より，

$$\begin{cases} ((*)'\text{の左辺}) = \mu\cdot\ddot{\boldsymbol{r}}' = \dfrac{2}{3}\left[\dfrac{3}{2}\cos t,\ 0,\ 0\right] = [\cos t,\ 0,\ 0] \\ ((*)'\text{の右辺}) = \boldsymbol{f}_{21} = [\cos t,\ 0,\ 0] \quad \text{となって，} \end{cases}$$

(∗)′ の公式が成り立つことも，これで確認できたんだね。これも大丈夫だった？ それではもう 1 題，相対運動の練習をやっておこう。

例題 45　質量 $m_1=3$ の質点 P_1 の位置 $\boldsymbol{r}_1$ が $\boldsymbol{r}_1=[\cos t,\ \sin t,\ 10-t]$ であり，質量 $m_2=1$ の質点 P_2 の位置 $\boldsymbol{r}_2$ が $\boldsymbol{r}_2=[-3\cos t,\ -3\sin t,\ 10-t]$ である。(t：時刻，$t\geqq 0$)　この 2 質点系 P_1，P_2 について，

(Ⅰ) P_1 に対する P_2 の相対運動の運動方程式：

$$\mu\ddot{\boldsymbol{r}}=\boldsymbol{f}_{12}\ \cdots\cdots(*)\quad \left(\text{ただし，}\mu=\frac{m_1m_2}{m_1+m_2},\ \boldsymbol{r}=\boldsymbol{r}_2-\boldsymbol{r}_1\right)$$

が成り立つことを確認しよう。

(Ⅱ) P_2 に対する P_1 の相対運動の運動方程式：

$$\mu\ddot{\boldsymbol{r}}'=\boldsymbol{f}_{21}\ \cdots\cdots(*)'\quad (\text{ただし，}\boldsymbol{r}'=\boldsymbol{r}_1-\boldsymbol{r}_2)$$

が成り立つことを確認しよう。

この問題の設定は，例題 43 (P175) とまったく同じだ。ただし，今回は，2 質点の一方を固定点としたとき，他方の点の運動を調べる問題なんだね。

(Ⅰ) まず，P_1 を固定点としたときの P_2 の相対運動の運動方程式 (*) が成り立つことを確認しよう。

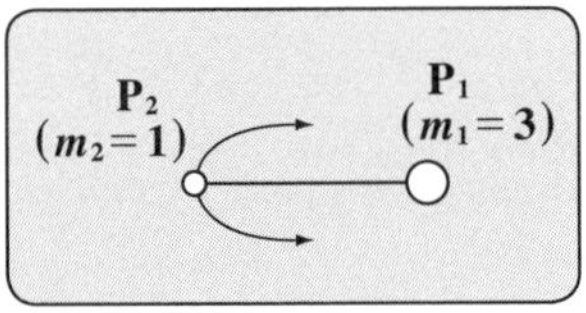

$$\cdot\ \mu=\frac{m_1m_2}{m_1+m_2}=\frac{3\cdot 1}{3+1}=\frac{3}{4}$$

$$\cdot\ \boldsymbol{r}=\boldsymbol{r}_2-\boldsymbol{r}_1=[-3\cos t,\ -3\sin t,\ 10-t]-[\cos t,\ \sin t,\ 10-t]$$
$$=[-4\cos t,\ -4\sin t,\ 0]$$

よって，$\boldsymbol{r}$ を t で 2 回微分して，

$$\ddot{\boldsymbol{r}}=[\underbrace{(-4\cos t)''}_{(4\sin t)'=4\cos t},\ \underbrace{(-4\sin t)''}_{(-4\cos t)'=4\sin t},\ 0'']=[4\cos t,\ 4\sin t,\ 0]$$ となる。

$\cdot\ \boldsymbol{f}_{12}$ は，質点 P_2 に働く力のことなので，

$$\ddot{\boldsymbol{r}}_2=[\underbrace{(-3\cos t)''}_{3\cos t},\ \underbrace{(-3\sin t)''}_{3\sin t},\ \underbrace{(10-t)''}_{(-1)'=0}]=[3\cos t,\ 3\sin t,\ 0]$$ より，

$$\boldsymbol{f}_{12}=m_2\ddot{\boldsymbol{r}}_2=1\cdot[3\cos t,\ 3\sin t,\ 0]=[3\cos t,\ 3\sin t,\ 0]$$ である。

以上より，

$$\begin{cases}((*)\text{の左辺})=\mu\cdot\ddot{\boldsymbol{r}}=\dfrac{3}{4}[4\cos t,\ 4\sin t,\ 0]=[3\cos t,\ 3\sin t,\ 0]\\ ((*)\text{の右辺})=\boldsymbol{f}_{12}=[3\cos t,\ 3\sin t,\ 0]\end{cases}$$

となる。よって，(*) の公式が成り立っていることが確認できた。

(Ⅱ) 次に，$\mathbf{P_2}$ を固定点としたときの $\mathbf{P_1}$ の相対運動の運動方程式 $(*)'$ が成り立つことも確認しておこう。

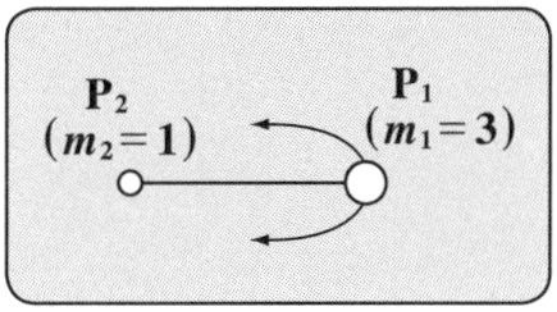

$\cdot \mu = \dfrac{m_1 m_2}{m_1 + m_2} = \dfrac{3}{4}$

$\cdot \boldsymbol{r}' = \boldsymbol{r}_1 - \boldsymbol{r}_2 = -\boldsymbol{r} = -[-4\cos t,\ -4\sin t,\ 0] = [4\cos t,\ 4\sin t,\ 0]$

$\boldsymbol{r}'$ を t で 2 回微分して，

$\ddot{\boldsymbol{r}}' = [\underbrace{(4\cos t)''}_{(-4\sin t)' = -4\cos t},\ \underbrace{(4\sin t)''}_{(4\cos t)' = -4\sin t},\ 0''] = [-4\cos t,\ -4\sin t,\ 0]$ となる。

$\cdot \boldsymbol{f}_{21} = -\boldsymbol{f}_{12} = -[3\cos t,\ 3\sin t,\ 0] = [-3\cos t,\ -3\sin t,\ 0]$ となるんだね。

以上より，

$$\begin{cases} ((*)'\text{の左辺}) = \mu \cdot \ddot{\boldsymbol{r}}' = \dfrac{3}{4}[-4\cos t,\ -4\sin t,\ 0] = [-3\cos t,\ -3\sin t,\ 0] \\ ((*)'\text{の右辺}) = \boldsymbol{f}_{21} = [-3\cos t,\ -3\sin t,\ 0] \end{cases}$$

となる。よって，

$(*)'$ の公式が成り立つことも，これで確認できたんだね。大丈夫だった？

これで，2 質点系の相対運動についても，かなり自信が持てるようになったと思う。この後は，演習問題 13 で，外力が働く場合の 2 質点系の問題を解いてみよう。

演習問題 13 ●重力が働く 2 質点系●

質量 $m_1 = 2$ の質点 P_1 の位置 $\boldsymbol{r}_1$ が $\boldsymbol{r}_1 = [3\cos t,\ 3\sin t,\ z(t)]$ であり，質量 $m_2 = 3$ の質点 P_2 の位置 $\boldsymbol{r}_2$ が $\boldsymbol{r}_2 = [k\cos t,\ k\sin t,\ z(t)]$ （k：定数）である，2 質点系 P_1，P_2 がある。この 2 質点系は，z 軸の負の向きに，重力加速度 $-g\ (=-9.8)$ で，空気抵抗を受けることなく自由落下するものとする。以下の問いに答えよ。

(1) この 2 質点系の重心 G の位置 $\boldsymbol{r}_G$ は $\boldsymbol{r}_G = [0,\ 0,\ z(t)]$ である。定数 k を求めよ。

(2) $z(t)$ について，$\ddot{z}(t) = -g$ であり，初期条件は $z(0) = 19.6$，$\dot{z}(0) = 0$ である。$z(t)$ $(0 \leqq t \leqq 2)$ を求めよ。

(3) この 2 質点系全体の運動量 $\boldsymbol{P}(t)$ を求めよ。

ヒント！ 外力として，重力を受けながら自由落下する 2 質点系の問題だ。(1) では，公式 $\boldsymbol{r}_G = \dfrac{m_1\boldsymbol{r}_1 + m_2\boldsymbol{r}_2}{M}$ を利用して，k の値を求めよう。(2) は，重心 G が z 軸の負の向きに $-g$ で等加速度運動することから，$z(t)$ を求めよう。(3) では，運動量 $\boldsymbol{P}$ は，$\boldsymbol{P} = M\dot{\boldsymbol{r}}_G$ で求めても，$\boldsymbol{P} = m_1\dot{\boldsymbol{r}}_1 + m_2\dot{\boldsymbol{r}}_2$ のいずれで求めても構わない。ただし，外力（重力）が系に働いているので，$\boldsymbol{P}$ は定ベクトルでなくなる。

解答＆解説

(1) この質点系の重心 G の位置 $\boldsymbol{r}_G$ は，公式より，

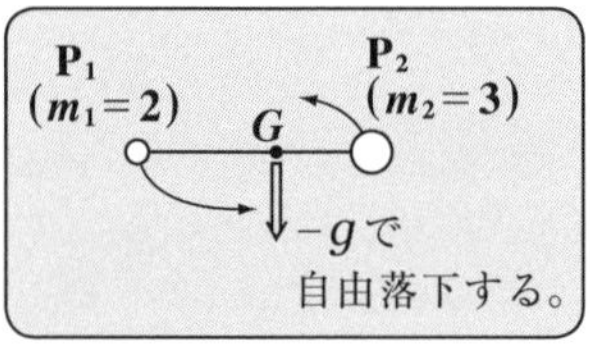

$$\boldsymbol{r}_G = \frac{m_1\boldsymbol{r}_1 + m_2\boldsymbol{r}_2}{M} = \frac{1}{5}(2\boldsymbol{r}_1 + 3\boldsymbol{r}_2)$$

（$M = m_1 + m_2 = 2 + 3 = 5$）

$$= \frac{1}{5}\{2\cdot[3\cos t,\ 3\sin t,\ z(t)] + 3[k\cos t,\ k\sin t,\ z(t)]\}$$

$$= \frac{1}{5}[(6+3k)\cos t,\ (6+3k)\sin t,\ 5z(t)]$$

$$= \left[\frac{6+3k}{5}\cos t,\ \frac{6+3k}{5}\sin t,\ z(t)\right]$$ となる。

（$\dfrac{6+3k}{5} = 0$，$\dfrac{6+3k}{5} = 0$）

ここで，$\boldsymbol{r}_G = [0,\ 0,\ z(t)]$ より，$\dfrac{6+3k}{5} = 0$　$\therefore k = -2$ である。…(答)

(2) 重心 G の z 座標 $z(t)$ は，$\ddot{z}(t) = -g$ ……① をみたし，

初期条件：$z(0) = 19.6$，$\dot{z}(0) = 0$ をみたす。

よって，①を t で順に 2 回積分すると，

$$\dot{z}(t) = \int(-g)dt = -gt \quad (\because \dot{z}(0) = 0)$$

$\dot{z}(t) = -gt + C_1$
$\dot{z}(0) = C_1 = 0$

$$z(t) = \int(-gt)dt = -\frac{1}{2}\underbrace{g}_{9.8}t^2 + 19.6 \quad (\because z(0) = 19.6)$$

$z(t) = -\dfrac{1}{2}gt^2 + C_2$
$z(0) = C_2 = 19.6$

$\therefore \underline{z(t) = -4.9t^2 + 19.6}$　$(0 \leqq t \leqq 2)$ である。……………………………(答)

これから，2 質点系は，$t = 0$ のとき，19.6 (m) の高さから回転運動をしながら自由落下して，$t = 2$ のとき，$z = 0$（地面）に着地することが分かった。

(3) (2)の結果より，$\boldsymbol{r}_G = [0,\ 0,\ -4.9t^2 + 19.6]$

よって，これを t で微分して，$\dot{\boldsymbol{r}}_G = [0,\ 0,\ -9.8t]$ となる。

これから，2 質点系の運動量 $\boldsymbol{P}(t)$ は，

$$\boldsymbol{P}(t) = \underbrace{M}_{5} \cdot \dot{\boldsymbol{r}}_G = 5[0,\ 0,\ -9.8t] = [0,\ 0,\ -49t]$$ である。…………(答)

これを，$\boldsymbol{P}(t) = m_1\dot{\boldsymbol{r}}_1 + m_2\dot{\boldsymbol{r}}_2$ から求めてもよい。

$\boldsymbol{r}_1 = [3\cos t,\ 3\sin t,\ z(t)]$ より，$\dot{\boldsymbol{r}}_1 = [-3\sin t,\ 3\cos t,\ \dot{z}(t)]$

$\boldsymbol{r}_2 = [-2\cos t,\ -2\sin t,\ z(t)]$ より，$\dot{\boldsymbol{r}}_2 = [2\sin t,\ -2\cos t,\ \dot{z}(t)]$

よって，

$$\boldsymbol{P}(t) = 2[-3\sin t,\ 3\cos t,\ \dot{z}(t)] + 3[2\sin t,\ -2\cos t,\ \dot{z}(t)]$$

$$= [0,\ 0,\ 5\cdot\underbrace{\dot{z}(t)}_{(-gt)=(-9.8t)}] = [0,\ 0,\ -49t]$$ と，同じ結果が導けるんだね。

（一般に，2 質点系の全運動量は，重心の運動量と一致する。すなわち，公式：$\boldsymbol{P} = \boldsymbol{P}_G$ が成り立つんだね。この証明について，P189 で示そう。）

§2. 重心 G に対する相対運動

前回の講義でも，2 質点系の運動で重心 G の位置ベクトル $\boldsymbol{r}_G$ を押さえることが重要だった。したがって，この重心 G を基準点として，G に対する 2 質点 P_1 と P_2 の相対運動を調べていくことにしよう。

そして，2 質点系の運動量 $\boldsymbol{P}$，運動エネルギー K，角運動量 $\boldsymbol{L}$ について，それぞれ (i) 重心 G の運動によるものと，(ii) 重心に対する相対運動によるものとに分類して，調べていこう。

それではまず，重心 G に対する P_1 と P_2 の相対運動の運動方程式から解説を始めよう。

● 重心 G に対する相対運動の運動方程式を導こう！

ではまず，重心 G を固定点とした場合の 2 質点 P_1 と P_2 の相対運動の運動方程式を導いてみよう。ただし，この 2 質点系は P_1 と P_2 の相互作用 (内力) だけで運動し，外力は働いていないものとする。

(これから，$M\ddot{\boldsymbol{r}}_G = \boldsymbol{f}$ (外力) $= \boldsymbol{0}$ より，$\ddot{\boldsymbol{r}}_G = \boldsymbol{0}$ が導ける。(P172))

まず，P_1 と P_2 の位置ベクトル $\boldsymbol{r}_1$ と $\boldsymbol{r}_2$ を，$\boldsymbol{r}_G = \dfrac{m_1\boldsymbol{r}_1 + m_2\boldsymbol{r}_2}{M}$ と $\boldsymbol{r} = \boldsymbol{r}_2 - \boldsymbol{r}_1$ で表してみよう。すると，図 1 (i)(ii) から明らかに次式が成り立つことが分かると思う。

図1 $\boldsymbol{r}_1$, $\boldsymbol{r}_2$ と $\boldsymbol{r}_G$ の関係

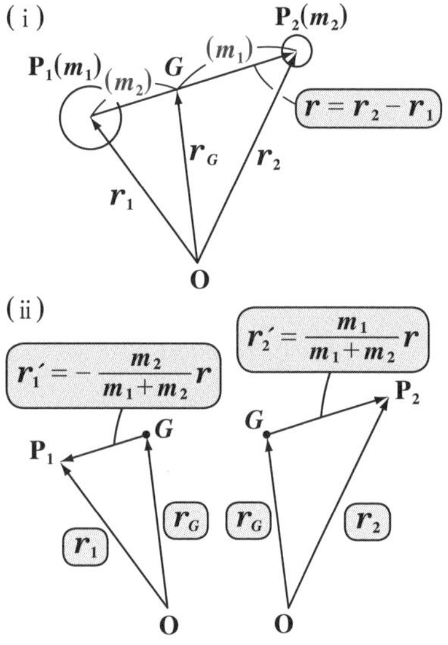

$$\begin{cases} \boldsymbol{r}_1 = \boldsymbol{r}_G \underbrace{- \dfrac{m_2}{m_1+m_2}\boldsymbol{r}}_{\boldsymbol{r}_1'} \quad \cdots\cdots ① \\ \boldsymbol{r}_2 = \boldsymbol{r}_G \underbrace{+ \dfrac{m_1}{m_1+m_2}\boldsymbol{r}}_{\boldsymbol{r}_2'} \quad \cdots\cdots ② \end{cases}$$

ここで，
$$\begin{cases} \boldsymbol{r}_1' = -\dfrac{m_2}{m_1+m_2}\boldsymbol{r} \quad \cdots\cdots ③ \\ \boldsymbol{r}_2' = \dfrac{m_1}{m_1+m_2}\boldsymbol{r} \quad \cdots\cdots\cdots ④ \end{cases}$$

とおくと，①と②はシンプルに

$$\begin{cases} \boldsymbol{r}_1 = \boldsymbol{r}_G + \boldsymbol{r}_1' & \cdots\cdots ①' \\ \boldsymbol{r}_2 = \boldsymbol{r}_G + \boldsymbol{r}_2' & \cdots\cdots ②' \end{cases}$$ と表せる。

この $\boldsymbol{r}_1'$ と $\boldsymbol{r}_2'$ が重心 G を基準点(固定点)としたときの，2質点 P_1 と P_2 の相対的な位置ベクトルになる。そして，③，④から，この $\boldsymbol{r}_1'$ と $\boldsymbol{r}_2'$ について，次のような重要な関係式が導ける。

$$m_1\boldsymbol{r}_1' + m_2\boldsymbol{r}_2' = m_1 \cdot \left(-\frac{m_2}{m_1+m_2}\right) \cdot \boldsymbol{r} + m_2 \cdot \frac{m_1}{m_1+m_2}\boldsymbol{r}$$

$$= \underbrace{\frac{-m_1m_2 + m_1m_2}{m_1+m_2}}_{0}\boldsymbol{r} = \boldsymbol{0}$$

$\therefore$ $m_1\boldsymbol{r}_1' + m_2\boldsymbol{r}_2' = \boldsymbol{0}$ ……(∗) が導ける。

さらに，(∗)の両辺を時刻 t で微分すると，

$m_1\underbrace{\dot{\boldsymbol{r}}_1'}_{\boldsymbol{v}_1'} + m_2\underbrace{\dot{\boldsymbol{r}}_2'}_{\boldsymbol{v}_2'} = \boldsymbol{0}$ ここで，G に対する2質点 P_1 と P_2 それぞれの相対速度を $\boldsymbol{v}_1'$，$\boldsymbol{v}_2'$ とおくと，$\boldsymbol{v}_1' = \dot{\boldsymbol{r}}_1'$，$\boldsymbol{v}_2' = \dot{\boldsymbol{r}}_2'$ より，

$m_1\boldsymbol{v}_1' + m_2\boldsymbol{v}_2' = \boldsymbol{0}$ ……(∗)′ も導ける。これらも頭に入れておこう。

では，話を2質点 P_1 と P_2 の G に対する相対運動の運動方程式，すなわち，$\boldsymbol{r}_1'$ と $\boldsymbol{r}_2'$ の運動方程式に戻そう。

$\boldsymbol{r}_1$ と $\boldsymbol{r}_2$ の運動方程式は，

$m_1\ddot{\boldsymbol{r}}_1 = \boldsymbol{f}_{21}$ ……⑤ $m_2\ddot{\boldsymbol{r}}_2 = \boldsymbol{f}_{12}$ ……⑥ となる。

ここで，相互作用の力 $\boldsymbol{f}_{21}$ と $\boldsymbol{f}_{12}$ が P_1 と P_2 の間の距離によらないものとする。

$\boldsymbol{f}_{21}$ と $\boldsymbol{f}_{12}$ が，万有引力のように，2点間の距離 r の関数である場合については「**力学キャンパス・ゼミ**」で詳しく解説しているので，次のステップとして学習していけばいいんだね。

このとき，①′を⑤に，②′を⑥に代入すると，それぞれ，$\ddot{\boldsymbol{r}}_G = \boldsymbol{0}$ より，

$m_1(\underbrace{\ddot{\boldsymbol{r}}_G}_{0} + \ddot{\boldsymbol{r}}_1') = \boldsymbol{f}_{21}$ $m_2(\underbrace{\ddot{\boldsymbol{r}}_G}_{0\ (\because 外力がない)} + \ddot{\boldsymbol{r}}_2') = \boldsymbol{f}_{12}$ となる。

よって，G に対する P_1 と P_2 の相対運動の運動方程式は，

$$\begin{cases} m_1\ddot{\boldsymbol{r}}_1' = \boldsymbol{f}_{21} \\ m_2\ddot{\boldsymbol{r}}_2' = \boldsymbol{f}_{12} \end{cases}$$ ……(∗∗) となるんだね。納得いった？

では，例題で練習しておこう。

> 例題 **46**　質量 $m_1 = 2$ の質点 P_1 の位置 r_1 が $r_1 = \left[-\frac{1}{2}\cos t - 1,\ 0,\ t\right]$ であり，質量 $m_2 = 1$ の質点 P_2 の位置 r_2 が $r_2 = [\cos t + 2,\ 0,\ t]$ である。(t：時刻，$t \geqq 0$)　この 2 質点系の重心 $G\,(r_G = [0,\ 0,\ t])$ を基準点とする P_1 の相対的な位置を r_1' とおくとき，G に対する P_1 の相対運動の運動方程式：$m_1\ddot{r}_1' = f_{21}$ ……(**) が成り立つことを確認せよ。(ただし，$f_{21} = [\cos t,\ 0,\ 0]$ (P174) を用いてもよい。)

この問題の設定条件は，例題 42 (P173) と同じだね。

この 2 質点系の重心 G の位置は，$r_G = \dfrac{m_1 r_1 + m_2 r_2}{M} = [0,\ 0,\ t]$ より，

点 G を基準点とする P_1 の相対的な位置 r_1' は，

$$r_1' = r_1 - r_G = \left[-\frac{1}{2}\cos t - 1,\ 0,\ t\right] - [0,\ 0,\ t]$$

$r_1 = r_G + r_1'$

$$= \left[-\frac{1}{2}\cos t - 1,\ 0,\ 0\right] \text{となる。}$$

$$\therefore \ddot{r}_1' = \left[\left(-\frac{1}{2}\cos t - 1\right)'',\ 0'',\ 0''\right] = \left[\frac{1}{2}\cos t,\ 0,\ 0\right]$$

$\left(\frac{1}{2}\sin t\right)' = \frac{1}{2}\cos t$

以上より，

$$\begin{cases} ((**)\text{の左辺}) = m_1 \cdot \ddot{r}_1' = 2\left[\frac{1}{2}\cos t,\ 0,\ 0\right] = [\cos t,\ 0,\ 0] \\ ((**)\text{の右辺}) = f_{21} = [\cos t,\ 0,\ 0] \end{cases}$$

∴ (**) の公式が成り立つことを確認できたんだね。大丈夫？

もう 1 つの相対運動の方程式：$m_2\ddot{r}_2' = f_{12}$ が成り立つことも各自確認しよう。

この例題の解法のように，2 質点系の運動は，

$$\begin{cases} \text{(i) 重心 } G \text{ の運動 } (r_G) \text{ と} \\ \text{(ii) 重心 } G \text{ に対する相対運動 } (r_1',\ r_2') \text{ とに} \end{cases}$$

分解して考えると分かりやすいことが分かったと思う。

従って，2質点系の運動を表す運動量 $\boldsymbol{P}$，運動エネルギー K，そして角運動量 $\boldsymbol{L}$ の3つについても，(i) 重心 G の運動によるものと，(ii) 重心 G に対する相対運動によるものとに分けて，記述してみることにしよう。

● 2質点系の運動量 $\boldsymbol{P}$ を調べよう！

図2に示すように，質量 m_1，m_2 の2質点 P_1，P_2 の重心 G に対する相対速度をそれぞれ

$\boldsymbol{v}_1' = \dot{\boldsymbol{r}}_1'$，$\boldsymbol{v}_2' = \dot{\boldsymbol{r}}_2'$ とおく。

また，重心 G には全質量 M $(=m_1+m_2)$ が集中していると考えられ，その速度を $\boldsymbol{v}_G = \dot{\boldsymbol{r}}_G$ で表す。

図2　全運動量 $\boldsymbol{P}$

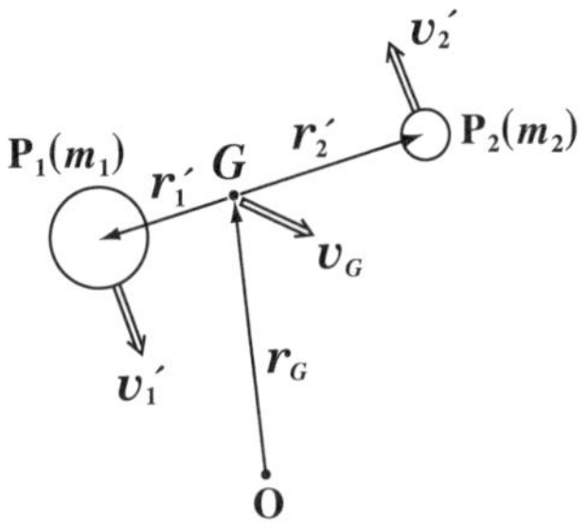

ここで，P_1，P_2 の本来の，基準点を原点 O としたときの速度を $\boldsymbol{v}_1$，$\boldsymbol{v}_2$ とおくと，

$$\begin{cases} \boldsymbol{v}_1 = \dot{\boldsymbol{r}}_1 = \dfrac{d\boldsymbol{r}_1}{dt} = \dfrac{d}{dt}(\boldsymbol{r}_G + \boldsymbol{r}_1') = \dot{\boldsymbol{r}}_G + \dot{\boldsymbol{r}}_1' = \boldsymbol{v}_G + \boldsymbol{v}_1' \\ \boldsymbol{v}_2 = \dot{\boldsymbol{r}}_2 = \dfrac{d\boldsymbol{r}_2}{dt} = \dfrac{d}{dt}(\boldsymbol{r}_G + \boldsymbol{r}_2') = \dot{\boldsymbol{r}}_G + \dot{\boldsymbol{r}}_2' = \boldsymbol{v}_G + \boldsymbol{v}_2' \end{cases} \quad \cdots\cdots ⓐ$$

となるのはいいね。

それでは，2質点系 P_1，P_2 の全運動量 $\boldsymbol{P}$ を，(i) 重心 G の運動によるもの $\boldsymbol{P}_G = M\boldsymbol{v}_G$ と，(ii) 重心に対する相対運動によるもの $\boldsymbol{P}' = m_1\boldsymbol{v}_1' + m_2\boldsymbol{v}_2'$ に分解してみよう。すると，

$$\boldsymbol{P} = m_1\boldsymbol{v}_1 + m_2\boldsymbol{v}_2 = m_1(\boldsymbol{v}_G + \boldsymbol{v}_1') + m_2(\boldsymbol{v}_G + \boldsymbol{v}_2') \quad (ⓐより)$$

$$= (m_1+m_2)\boldsymbol{v}_G + (m_1\boldsymbol{v}_1' + m_2\boldsymbol{v}_2') \quad となる。$$

$M\boldsymbol{v}_G = \boldsymbol{P}_G$　　$\boldsymbol{P}'$ ← これは $\boldsymbol{0}$ になる。

公式：(P187)
$m_1\boldsymbol{r}_1' + m_2\boldsymbol{r}_2' = \boldsymbol{0}$ ……(*)
$m_1\boldsymbol{v}_1' + m_2\boldsymbol{v}_2' = \boldsymbol{0}$ ……(*)′

ここで，公式：$m_1\boldsymbol{v}_1' + m_2\boldsymbol{v}_2' = \boldsymbol{0}$ より，相対運動による運動量 $\boldsymbol{P}'$ は $\boldsymbol{P}' = \boldsymbol{0}$ となる。よって，2質点系の全運動量 $\boldsymbol{P}$ と重心 G の運動量 $\boldsymbol{P}_G$ は一致する。

すなわち，公式：$\boldsymbol{P} = \boldsymbol{P}_G$ ……(*1) が導かれるんだね。

これは系に外力 $\boldsymbol{f}$ が働いていても成り立つ。

それでは，$\boldsymbol{P}=\boldsymbol{P}_G$ が成り立つことを，次の例題で確認してみよう。

例題 47　質量 $m_1=5$ の質点 P_1 の位置 $\boldsymbol{r}_1$ は $\boldsymbol{r}_1=[2\cos t,\ 2\sin t,\ 9-t^2]$ であり，質量 $m_2=2$ の質点 P_2 の位置 $\boldsymbol{r}_2$ は $\boldsymbol{r}_2=[-5\cos t,\ -5\sin t,\ 9-t^2]$ である。(t：時刻，$0\leqq t\leqq 3$)　P_1 と P_2 は，外力 $\boldsymbol{f}=[0,\ 0,\ -2M]$ $(M=m_1+m_2)$ を受けながら運動する2質点系である。この系の全運動量を $\boldsymbol{P}$ とおき，この系の重心 G の運動量を $\boldsymbol{P}_G$ とおくとき，$\boldsymbol{P}=\boldsymbol{P}_G$ ……(＊1) が成り立つことを確認しよう。

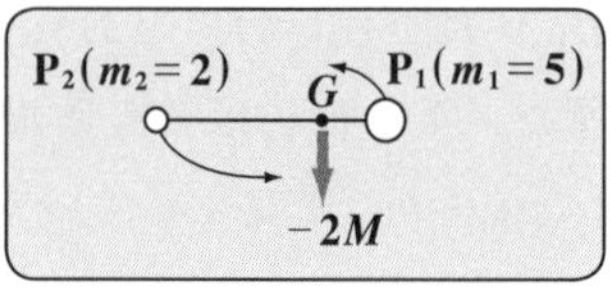

この例題と同じ設定条件で，この後の運動エネルギー K や角運動量 $\boldsymbol{L}$ も求めるので，ここで計算に必要な各点の速度や加速度など，すべてまとめて求めて示しておこう。

(i) $\mathrm{P}_1(m_1=5)$ の位置 $\boldsymbol{r}_1=[2\cos t,\ 2\sin t,\ 9-t^2]$ より，

速度 $\boldsymbol{v}_1=\dot{\boldsymbol{r}}_1=[-2\sin t,\ 2\cos t,\ -2t]$

加速度 $\boldsymbol{a}_1=\dot{\boldsymbol{v}}_1=[-2\cos t,\ -2\sin t,\ \underline{\underline{-2}}]$

外力 $\boldsymbol{f}$ の加速度の成分

(ii) $\mathrm{P}_2(m_2=2)$ の位置 $\boldsymbol{r}_2=[-5\cos t,\ -5\sin t,\ 9-t^2]$ より，

速度 $\boldsymbol{v}_2=\dot{\boldsymbol{r}}_2=[5\sin t,\ -5\cos t,\ -2t]$

加速度 $\boldsymbol{a}_2=\dot{\boldsymbol{v}}_2=[5\cos t,\ 5\sin t,\ \underline{\underline{-2}}]$

(iii) 重心 G の位置 $\boldsymbol{r}_G$ は，

$$\boldsymbol{r}_G=\frac{m_1\boldsymbol{r}_1+m_2\boldsymbol{r}_2}{M}=\frac{1}{7}\{5[2\cos t,\ 2\sin t,\ 9-t^2]+2[-5\cos t,\ -5\sin t,\ 9-t^2]\}$$

$M = m_1+m_2=5+2$

$$=\frac{1}{7}[0,\ 0,\ 7(9-t^2)]=[0,\ 0,\ 9-t^2]\ \text{より，}$$

速度 $\boldsymbol{v}_G=\dot{\boldsymbol{r}}_G=[0,\ 0,\ -2t]$

加速度 $\boldsymbol{a}_G=\dot{\boldsymbol{v}}_G=[0,\ 0,\ -2]$

(iv) G に対する P_1 の相対的な位置 $\boldsymbol{r}_1'$ は，

$\boldsymbol{r}_1'=\boldsymbol{r}_1-\boldsymbol{r}_G=[2\cos t,\ 2\sin t,\ 9-t^2]-[0,\ 0,\ 9-t^2]=[2\cos t,\ 2\sin t,\ 0]$ より，

速度 $\boldsymbol{v}_1'=\dot{\boldsymbol{r}}_1'=[-2\sin t,\ 2\cos t,\ 0]$

加速度 $\boldsymbol{a}_1'=\dot{\boldsymbol{v}}_1'=[-2\cos t,\ -2\sin t,\ 0]$

(v) G に対する P_2 の相対的な位置 $\boldsymbol{r}_2'$ は，

$$\boldsymbol{r}_2' = \boldsymbol{r}_2 - \boldsymbol{r}_G = [-5\cos t,\ -5\sin t,\ \cancel{9-t^2}] - [0,\ 0,\ \cancel{9-t^2}]$$
$$= [-5\cos t,\ -5\sin t,\ 0]$$ より，

速度 $\boldsymbol{v}_2' = \dot{\boldsymbol{r}}_2' = [5\sin t,\ -5\cos t,\ 0]$

加速度 $\boldsymbol{a}_2' = \dot{\boldsymbol{v}}_2' = [5\cos t,\ 5\sin t,\ 0]$

フ～，疲れたって？でも，こうやって具体的に計算することによって，本当の理解が深まるわけだから，気を抜かずに頑張ろう！

では，準備も整ったので，系全体の運動量 $\boldsymbol{P}$ と G の運動量 $\boldsymbol{P}_G$ を求めよう。

・$\boldsymbol{P} = m_1\boldsymbol{v}_1 + m_2\boldsymbol{v}_2 = 5[\cancel{-2\sin t},\ \cancel{2\cos t},\ -2t] + 2[\cancel{5\sin t},\ \cancel{-5\cos t},\ -2t]$

$= [0,\ 0,\ -10t-4t] = [0,\ 0,\ -14t]$ となる。

・$\boldsymbol{P}_G = M\boldsymbol{v}_G = 7\cdot[0,\ 0,\ -2t] = [0,\ 0,\ -14t]$ となって，$\boldsymbol{P}$ と一致する。

よって，公式：$\boldsymbol{P} = \boldsymbol{P}_G$ ……(*1) が成り立つことが確認できたんだね。

> G に対する相対的な運動量 $\boldsymbol{P}' = m_1\boldsymbol{v}_1' + m_2\boldsymbol{v}_2' = \boldsymbol{0}$ となることは，自分で実際に確認してみるといいよ。

● 2質点系の運動エネルギー K についても調べよう！

$$\begin{cases} \boldsymbol{v}_1 = \boldsymbol{v}_G + \boldsymbol{v}_1' \\ \boldsymbol{v}_2 = \boldsymbol{v}_G + \boldsymbol{v}_2' \end{cases} \cdots\cdots ⓐ$$ (P189) より，

$v_1 = \|\boldsymbol{v}_1\|$，$v_2 = \|\boldsymbol{v}_2\|$，$v_G = \|\boldsymbol{v}_G\|$，$v_1' = \|\boldsymbol{v}_1'\|$，$v_2' = \|\boldsymbol{v}_2'\|$

とおくと，

$$\begin{cases} v_1 = \|\boldsymbol{v}_1\| = \|\boldsymbol{v}_G + \boldsymbol{v}_1'\| \\ v_2 = \|\boldsymbol{v}_2\| = \|\boldsymbol{v}_G + \boldsymbol{v}_2'\| \end{cases} \cdots\cdots ⓐ'$$ となるのは大丈夫だね。

それでは，2質点系の全運動エネルギー K を，(i) 重心 G の運動によるもの K_G と，(ii) 重心 G に対する相対運動によるもの K' とに分解すると，

$K = K_G + K'$ ……(*2) と表すことができる。

これから，この (*2) を証明してみよう。

$$K = \frac{1}{2}m_1 v_1^2 + \frac{1}{2}m_2 v_2^2 = \frac{1}{2}m_1\|\boldsymbol{v}_1\|^2 + \frac{1}{2}m_2\|\boldsymbol{v}_2\|^2$$

$$= \frac{1}{2}m_1\underline{\|\boldsymbol{v}_G + \boldsymbol{v}_1'\|^2} + \frac{1}{2}m_2\underline{\|\boldsymbol{v}_G + \boldsymbol{v}_2'\|^2} \quad (ⓐ'より)$$

$\begin{cases}\boldsymbol{v}_1 = \boldsymbol{v}_G + \boldsymbol{v}_1' \\ \boldsymbol{v}_2 = \boldsymbol{v}_G + \boldsymbol{v}_2'\end{cases}$ ………ⓐ

$\cdot\, m_1\boldsymbol{v}_1' + m_2\boldsymbol{v}_2' = \boldsymbol{0}$ …(*)'

$\|\boldsymbol{v}_G\|^2 + 2\boldsymbol{v}_G\cdot\boldsymbol{v}_1' + \|\boldsymbol{v}_1'\|^2 = v_G^2 + v_1'^2 + 2\boldsymbol{v}_G\cdot\boldsymbol{v}_1'$

$\|\boldsymbol{v}_G\|^2 + 2\boldsymbol{v}_G\cdot\boldsymbol{v}_2' + \|\boldsymbol{v}_2'\|^2 = v_G^2 + v_2'^2 + 2\boldsymbol{v}_G\cdot\boldsymbol{v}_2'$

$$= \frac{1}{2}m_1(v_G^2 + v_1'^2 + 2\boldsymbol{v}_G\cdot\boldsymbol{v}_1') + \frac{1}{2}m_2(v_G^2 + v_2'^2 + 2\boldsymbol{v}_G\cdot\boldsymbol{v}_2')$$

$$= \underline{\frac{1}{2}(m_1+m_2)v_G^2} + \underline{\left(\frac{1}{2}m_1 v_1'^2 + \frac{1}{2}m_2 v_2'^2\right)} + \underline{(m_1\boldsymbol{v}_G\cdot\boldsymbol{v}_1' + m_2\boldsymbol{v}_G\cdot\boldsymbol{v}_2')}$$

$\frac{1}{2}Mv_G^2 = K_G$　　K'　　$\boldsymbol{v}_G\cdot(m_1\boldsymbol{v}_1' + m_2\boldsymbol{v}_2') = 0$　　$\boldsymbol{0}$ ((*)'より)

この右辺第1項は K_G，第2項は K' であり，第3項は(*)'より 0 となる。よって，2質点系の全運動エネルギー K は次式で表される。

$K = K_G + K'$ ……(*2) ← これは，系に外力 $\boldsymbol{f}$ が働いていても成り立つ。

つまり，2質点系の全運動エネルギー K は，(i)重心の運動によるもの K_G と，(ii)重心に対する相対運動によるもの K' とに分解できるんだね。

それでは，(*2)の公式が成り立つことも，次の例題で確認しておこう。

例題48　質量 $m_1 = 5$ の質点 P_1 の位置 $\boldsymbol{r}_1$ は $\boldsymbol{r}_1 = [2\cos t,\ 2\sin t,\ 9-t^2]$ であり，質量 $m_2 = 2$ の質点 P_2 の位置 $\boldsymbol{r}_2$ は $\boldsymbol{r}_2 = [-5\cos t,\ -5\sin t,\ 9-t^2]$ である。(t：時刻，$0 \leqq t \leqq 3$)　P_1 と P_2 は，外力 $\boldsymbol{f} = [0,\ 0,\ -2M]$ ($M = m_1 + m_2$) を受けながら運動する2質点系である。この系全体の運動エネルギーを K，重心 G の運動エネルギーを K_G，G に対する P_1 と P_2 の相対運動による運動エネルギーを K' とおくとき，$K = K_G + K'$ ……(*2) が成り立つことを確認しよう。

この問題の設定条件は，例題47(P190)のものと同じなので，ここで必要となるものを前回の計算結果より抜粋しておこう。

$\boldsymbol{v}_1 = [-2\sin t,\ 2\cos t,\ -2t]$，$\boldsymbol{v}_2 = [5\sin t,\ -5\cos t,\ -2t]$，$\boldsymbol{v}_G = [0,\ 0,\ -2t]$

$\boldsymbol{v}_1' = [-2\sin t,\ 2\cos t,\ 0]$，$\boldsymbol{v}_2' = [5\sin t,\ -5\cos t,\ 0]$

それでは，準備も整ったので，これから，

$\boldsymbol{K}$，$\boldsymbol{K_G}$，$\boldsymbol{K'}$ の値を求めてみよう。

公式：$\boldsymbol{a}=[x_1,\ y_1,\ z_1]$ のとき，$\|\boldsymbol{a}\|^2=x_1^2+y_1^2+z_1^2$

$$\cdot K=\frac{1}{2}\underbrace{m_1}_{5}v_1^2+\frac{1}{2}\underbrace{m_2}_{2}v_2^2=\frac{5}{2}\|\boldsymbol{v}_1\|^2+\|\boldsymbol{v}_2\|^2$$

$\|\boldsymbol{v}_1\|^2$：$(-2\sin t)^2+(2\cos t)^2+(-2t)^2=4(\sin^2 t+\cos^2 t)+4t^2=4+4t^2$

$\|\boldsymbol{v}_2\|^2$：$(5\sin t)^2+(-5\cos t)^2+(-2t)^2=25(\underbrace{\sin^2 t+\cos^2 t}_{1})+4t^2=25+4t^2$

$$=\frac{5}{2}(4+4t^2)+25+4t^2=10+10t^2+25+4t^2$$

$\therefore K=14t^2+35$ ……① となる。

$$\cdot K_G=\frac{1}{2}\underbrace{M}_{7}v_G^2=\frac{7}{2}\|\boldsymbol{v}_G\|^2=\frac{7}{2}\times 4t^2=14t^2$$ ……② となる。

$\|\boldsymbol{v}_G\|^2$：$0^2+0^2+(-2t)^2=4t^2$

$$\cdot K'=\frac{1}{2}\underbrace{m_1}_{5}v_1'^2+\frac{1}{2}\underbrace{m_2}_{2}v_2'^2=\frac{5}{2}\|\boldsymbol{v}_1'\|^2+\|\boldsymbol{v}_2'\|^2$$

$\|\boldsymbol{v}_1'\|^2$：$(-2\sin t)^2+(2\cos t)^2+0^2=4(\sin^2 t+\cos^2 t)=4$

$\|\boldsymbol{v}_2'\|^2$：$(5\sin t)^2+(-5\cos t)^2+0^2=25(\sin^2 t+\cos^2 t)=25$

$$=\frac{5}{2}\times 4+25=10+25=35$$ ……③ となる。

以上①，②，③より，$K=\underbrace{14t^2}_{K_G}+\underbrace{35}_{K'}=K_G+K'$ となって，(＊2) が成り立つことが確認できたんだね。大丈夫だった？

● 2質点系の角運動量$\boldsymbol{L}$についても調べよう！

角運動量$\boldsymbol{L}$は，質点P（質量m）がもっている運動量$\boldsymbol{p}=m\boldsymbol{v}$のモーメントのことで，外積により$\boldsymbol{L}=\boldsymbol{r}\times\boldsymbol{p}$と表されるんだったね。右に，$\boldsymbol{L}$のイメージを示しておいたけれど，忘れている方はP82で復習しておこう。

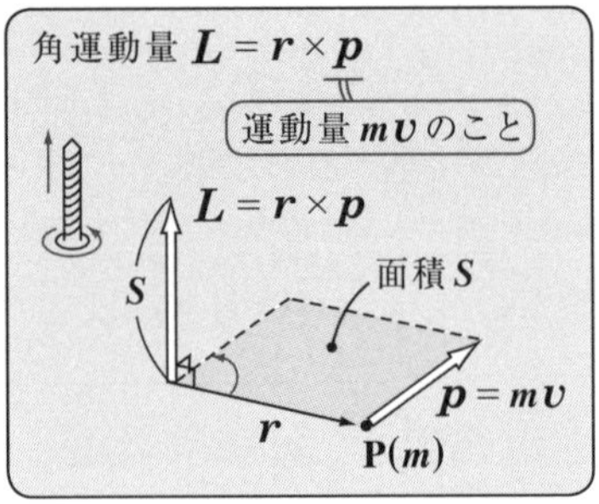

図3に示すように，2質点系について，今回は相互作用（$\boldsymbol{f}_{21}$，$\boldsymbol{f}_{12}$）以外に，P_1，P_2にそれぞれ外力$\boldsymbol{f}_1$，$\boldsymbol{f}_2$が働いている場合を考えよう。P_1，P_2のもつ運動量をそれぞれ

図3　全角運動量$\boldsymbol{L}$

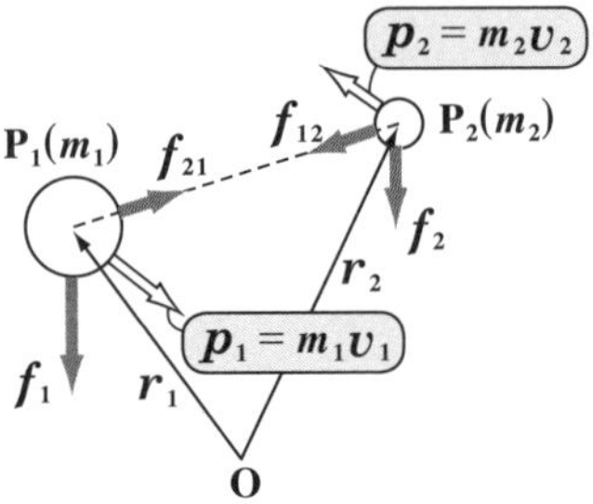

$$\begin{cases}\boldsymbol{p}_1=m_1\boldsymbol{v}_1=m_1\dot{\boldsymbol{r}}_1\\ \boldsymbol{p}_2=m_2\boldsymbol{v}_2=m_2\dot{\boldsymbol{r}}_2\end{cases}$$ とおくと，

$$\dot{\boldsymbol{p}}_1=m_1\ddot{\boldsymbol{r}}_1,\quad \dot{\boldsymbol{p}}_2=m_2\ddot{\boldsymbol{r}}_2$$

となるので，今回のP_1，P_2の運動方程式は次のようになる。

$$\begin{cases}\dot{\boldsymbol{p}}_1=m_1\ddot{\boldsymbol{r}}_1=\boldsymbol{f}_1+\boldsymbol{f}_{21}\quad\cdots\cdots①\\ \dot{\boldsymbol{p}}_2=m_2\ddot{\boldsymbol{r}}_2=\boldsymbol{f}_2+\boldsymbol{f}_{12}\quad\cdots\cdots②\end{cases}\quad(\text{ここで，}\boldsymbol{f}_{12}=-\boldsymbol{f}_{21}\quad\cdots\cdots③)$$

2質点系の全角運動量$\boldsymbol{L}$はP_1とP_2の角運動量の総和より，

$$\boldsymbol{L}=\underline{\boldsymbol{r}_1\times\boldsymbol{p}_1}+\underline{\boldsymbol{r}_2\times\boldsymbol{p}_2}\quad\cdots\cdots④$$ だね。

$\dfrac{d}{dt}(\boldsymbol{a}\times\boldsymbol{b})=\dot{\boldsymbol{a}}\times\boldsymbol{b}+\boldsymbol{a}\times\dot{\boldsymbol{b}}$ が成り立つ。

④の両辺をtで微分して，

$$\frac{d\boldsymbol{L}}{dt}=\underbrace{\dot{\boldsymbol{r}}_1\times\boldsymbol{p}_1}_{\boldsymbol{v}_1\times m_1\boldsymbol{v}_1=\boldsymbol{0}}+\boldsymbol{r}_1\times\dot{\boldsymbol{p}}_1+\underbrace{\dot{\boldsymbol{r}}_2\times\boldsymbol{p}_2}_{\boldsymbol{v}_2\times m_2\boldsymbol{v}_2=\boldsymbol{0}}+\boldsymbol{r}_2\times\dot{\boldsymbol{p}}_2$$

$\because\ \boldsymbol{v}_1 /\!/ m_1\boldsymbol{v}_1$，$\boldsymbol{v}_2 /\!/ m_2\boldsymbol{v}_2$ だからね。

$$=\boldsymbol{r}_1\times\underbrace{\dot{\boldsymbol{p}}_1}_{\boldsymbol{f}_1+\boldsymbol{f}_{21}}+\boldsymbol{r}_2\times\underbrace{\dot{\boldsymbol{p}}_2}_{\boldsymbol{f}_2+\boldsymbol{f}_{12}}=\boldsymbol{r}_1\times(\boldsymbol{f}_1+\underbrace{\boldsymbol{f}_{21}}_{-\boldsymbol{f}_{12}})+\boldsymbol{r}_2\times(\boldsymbol{f}_2+\boldsymbol{f}_{12})\quad(①,\ ②より)$$

$$=\underbrace{\boldsymbol{r}_1\times\boldsymbol{f}_1+\boldsymbol{r}_2\times\boldsymbol{f}_2}_{P_1,\,P_2に働く外力のモーメント\boldsymbol{N}}+\underbrace{(\boldsymbol{r}_2-\boldsymbol{r}_1)\times\boldsymbol{f}_{12}}_{\boldsymbol{0}}\quad(③より)$$

$\because\ \boldsymbol{r}=\boldsymbol{r}_2-\boldsymbol{r}_1$，$\boldsymbol{r} /\!/ \boldsymbol{f}_{12}$ だからね。

ここで，$\boldsymbol{r}_1\times\boldsymbol{f}_1+\boldsymbol{r}_2\times\boldsymbol{f}_2=\boldsymbol{N}$（$P_1$，$P_2$ に働く外力のモーメント）とおくと，

公式：$\dfrac{d\boldsymbol{L}}{dt}=\boldsymbol{N}$ ……(*3) が導ける。これは，

「2質点系の全角運動量 $\boldsymbol{L}$ の時間的変化率は，外力のモーメント $\boldsymbol{N}$ に等しい」ことを表しているんだね。

ここでもし，$\boldsymbol{N}=\boldsymbol{0}$ ならば，$\boldsymbol{L}=$（定ベクトル）となって，角運動量 $\boldsymbol{L}$ は保存される。

それではこれから，全角運動量 $\boldsymbol{L}$ も，(i) 重心 G の O のまわりの回転によるもの $\boldsymbol{L}_G$ と，(ii) 重心 G のまわりの相対的な回転によるもの $\boldsymbol{L}'$ とに分解してみることにしよう。

（式変形に，この (*) と (*)′ はとても重要だ。(P187)）

$m_1\boldsymbol{r}_1'+m_2\boldsymbol{r}_2'=\boldsymbol{0}$ ……(*) と $m_1\dot{\boldsymbol{r}}_1'+m_2\dot{\boldsymbol{r}}_2'=\boldsymbol{0}$ ……(*)′ に気を付けて，④に $\boldsymbol{r}_1=\boldsymbol{r}_G+\boldsymbol{r}_1'$，$\boldsymbol{r}_2=\boldsymbol{r}_G+\boldsymbol{r}_2'$ を代入して，変形してみよう。すると，

$$\boldsymbol{L}=\boldsymbol{r}_1\times\underbrace{\boldsymbol{p}_1}_{m_1\dot{\boldsymbol{r}}_1}+\boldsymbol{r}_2\times\underbrace{\boldsymbol{p}_2}_{m_2\dot{\boldsymbol{r}}_2}=m_1\boldsymbol{r}_1\times\dot{\boldsymbol{r}}_1+m_2\boldsymbol{r}_2\times\dot{\boldsymbol{r}}_2$$

$$\boldsymbol{L}=m_1(\boldsymbol{r}_G+\boldsymbol{r}_1')\times(\dot{\boldsymbol{r}}_G+\dot{\boldsymbol{r}}_1')+m_2(\boldsymbol{r}_G+\boldsymbol{r}_2')\times(\dot{\boldsymbol{r}}_G+\dot{\boldsymbol{r}}_2')$$

$$=m_1(\boldsymbol{r}_G\times\dot{\boldsymbol{r}}_G+\boldsymbol{r}_G\times\dot{\boldsymbol{r}}_1'+\boldsymbol{r}_1'\times\dot{\boldsymbol{r}}_G+\boldsymbol{r}_1'\times\dot{\boldsymbol{r}}_1')$$
$$+m_2(\boldsymbol{r}_G\times\dot{\boldsymbol{r}}_G+\boldsymbol{r}_G\times\dot{\boldsymbol{r}}_2'+\boldsymbol{r}_2'\times\dot{\boldsymbol{r}}_G+\boldsymbol{r}_2'\times\dot{\boldsymbol{r}}_2')$$

$$=(\underbrace{m_1+m_2}_{M})\boldsymbol{r}_G\times\dot{\boldsymbol{r}}_G+\boldsymbol{r}_G\times\underbrace{(m_1\dot{\boldsymbol{r}}_1'+m_2\dot{\boldsymbol{r}}_2')}_{\boldsymbol{0}\ ((*)'\text{より})}$$
$$+\underbrace{(m_1\boldsymbol{r}_1'+m_2\boldsymbol{r}_2')}_{\boldsymbol{0}\ ((*)\text{より})}\times\dot{\boldsymbol{r}}_G+(m_1\boldsymbol{r}_1'\times\dot{\boldsymbol{r}}_1'+m_2\boldsymbol{r}_2'\times\dot{\boldsymbol{r}}_2')$$

$$=\underbrace{\boldsymbol{r}_G\times M\dot{\boldsymbol{r}}_G}_{\boldsymbol{r}_G\times\boldsymbol{p}_G=\boldsymbol{L}_G}+\underbrace{(\boldsymbol{r}_1'\times m_1\dot{\boldsymbol{r}}_1'+\boldsymbol{r}_2'\times m_2\dot{\boldsymbol{r}}_2')}_{\boldsymbol{r}_1'\times\boldsymbol{p}_1'+\boldsymbol{r}_2'\times\boldsymbol{p}_2'=\boldsymbol{L}'}$$

ここで，$\boldsymbol{L}_G=\boldsymbol{r}_G\times\boldsymbol{p}_G$，$\boldsymbol{L}'=\boldsymbol{r}_1'\times\boldsymbol{p}_1'+\boldsymbol{r}_2'\times\boldsymbol{p}_2'$ なので，

$\boldsymbol{L}=\boldsymbol{L}_G+\boldsymbol{L}'$ ……(*4) が導けた。つまり，全角運動量 $\boldsymbol{L}$ も，

(i) 重心の回転によるもの $\boldsymbol{L}_G$ と，(ii) 重心のまわりの回転運動によるもの $\boldsymbol{L}'$ とに分解できることが分かったんだね。

ここで，外力のモーメント $\boldsymbol{N}$ も同様に，変形すると，

$$\frac{d\boldsymbol{L}}{dt}=\boldsymbol{N}\cdots\cdots\cdots\cdots(*3)$$
$$\boldsymbol{L}=\boldsymbol{L}_G+\boldsymbol{L}'\cdots\cdots(*4)$$

$$\boldsymbol{N}=\boldsymbol{r}_1\times\boldsymbol{f}_1+\boldsymbol{r}_2\times\boldsymbol{f}_2$$
$$=(\boldsymbol{r}_G+\boldsymbol{r}_1')\times\boldsymbol{f}_1+(\boldsymbol{r}_G+\boldsymbol{r}_2')\times\boldsymbol{f}_2$$
$$=\underbrace{\boldsymbol{r}_G\times(\boldsymbol{f}_1+\boldsymbol{f}_2)}_{\boldsymbol{N}_G}+\underbrace{(\boldsymbol{r}_1'\times\boldsymbol{f}_1+\boldsymbol{r}_2'\times\boldsymbol{f}_2)}_{\boldsymbol{N}'}=\boldsymbol{N}_G+\boldsymbol{N}'$$

$\therefore$ $\boldsymbol{N}=\boldsymbol{N}_G+\boldsymbol{N}'$ ……$(*5)$ が成り立つ。さらに，

$$\frac{d\boldsymbol{L}_G}{dt}=\frac{d}{dt}(\boldsymbol{r}_G\times M\dot{\boldsymbol{r}}_G)=\underbrace{\dot{\boldsymbol{r}}_G\times M\dot{\boldsymbol{r}}_G}_{\boldsymbol{0}\ (\because\ \dot{\boldsymbol{r}}_G/\!/M\dot{\boldsymbol{r}}_G)}+\boldsymbol{r}_G\times\underbrace{M\ddot{\boldsymbol{r}}_G}_{m_1\ddot{\boldsymbol{r}}_1+m_2\ddot{\boldsymbol{r}}_2=\boldsymbol{f}_1+\cancel{\boldsymbol{f}_{21}}+\boldsymbol{f}_2+\cancel{\boldsymbol{f}_{12}}\ (①,\ ②,\ ③より)}$$

$$=\boldsymbol{r}_G\times(\boldsymbol{f}_1+\boldsymbol{f}_2)=\boldsymbol{N}_G$$ となる。

$\therefore$ $\dfrac{d\boldsymbol{L}_G}{dt}=\boldsymbol{N}_G$ ……$(*6)$ が成り立つんだね。これから，

$$\frac{d\boldsymbol{L}'}{dt}=\underbrace{\frac{d(\boldsymbol{L}-\boldsymbol{L}_G)}{dt}}_{(*4)より}=\underbrace{\frac{d\boldsymbol{L}}{dt}}_{\boldsymbol{N}\ ((*3)より)}-\underbrace{\frac{d\boldsymbol{L}_G}{dt}}_{\boldsymbol{N}_G\ ((*6)より)}=\overbrace{\boldsymbol{N}-\boldsymbol{N}_G}^{\boldsymbol{N}'\ ((*5)より)}=\boldsymbol{N}'$$

$\therefore$ $\dfrac{d\boldsymbol{L}'}{dt}=\boldsymbol{N}'$ ……$(*7)$ が成り立つことも分かったんだね。

それでは，2 質点系の角運動量 $\boldsymbol{L}$ と外力のモーメント $\boldsymbol{N}$ の公式をもう 1 度まとめて示すので，シッカリ頭に入れておこう。

$$\frac{d\boldsymbol{L}}{dt}=\boldsymbol{N}\cdots\cdots\cdots\cdots(*3)$$

$$\boldsymbol{L}=\boldsymbol{L}_G+\boldsymbol{L}'\cdots\cdots(*4)\qquad\boldsymbol{N}=\boldsymbol{N}_G+\boldsymbol{N}'\cdots\cdots(*5)$$

$$\frac{d\boldsymbol{L}_G}{dt}=\boldsymbol{N}_G\cdots\cdots\cdots(*6)\qquad\frac{d\boldsymbol{L}'}{dt}=\boldsymbol{N}'\cdots\cdots\cdots\cdots(*7)$$

それでは，次の例題で全角運動量 $\boldsymbol{L}$ を求めてみよう。

> 例題 49　質量 $m_1 = 5$ の質点 P_1 の位置 $\boldsymbol{r}_1$ は $\boldsymbol{r}_1 = [2\cos t,\ 2\sin t,\ 9-t^2]$ であり，質量 $m_2 = 2$ の質点 P_2 の位置 $\boldsymbol{r}_2$ は $\boldsymbol{r}_2 = [-5\cos t,\ -5\sin t,\ 9-t^2]$ である。(t：時刻，$0 \leqq t \leqq 3$)　P_1 と P_2 は，外力 $\boldsymbol{f} = [0,\ 0,\ -2M]$ $(M = m_1 + m_2)$ を受けながら運動する 2 質点系である。原点 O に対する重心 G の角運動量 $\boldsymbol{L}_G$ と，G に対する相対運動の角運動量 $\boldsymbol{L}'$ を求めて，この系の全角運動量 $\boldsymbol{L}$ を求め，この系の外力のモーメント $\boldsymbol{N}$ を求めよう。

この問題の設定条件は，例題 47 (P190) のものと同じなので，ここで必要となるものを前回の計算結果から抜粋しておこう。

$\boldsymbol{r}_G = [0,\ 0,\ 9-t^2]$，$\boldsymbol{v}_G = [0,\ 0,\ -2t]$，$\boldsymbol{r}_1' = [2\cos t,\ 2\sin t,\ 0]$，

$\boldsymbol{v}_1' = [-2\sin t,\ 2\cos t,\ 0]$，$\boldsymbol{r}_2' = [-5\cos t,\ -5\sin t,\ 0]$，

$\boldsymbol{v}_2' = [5\sin t,\ -5\cos t,\ 0]$

それでは，準備も整ったので，まず，$\boldsymbol{L}_G$ と $\boldsymbol{L}'$ を求め，

公式：$\boldsymbol{L} = \boldsymbol{L}_G + \boldsymbol{L}'$ ……(*4) から $\boldsymbol{L}$ を求めてみよう。

$\cdot\ \boldsymbol{L}_G = \boldsymbol{r}_G \times \underbrace{\boldsymbol{p}_G}_{M\boldsymbol{v}_G} = \boldsymbol{r}_G \times \underbrace{M}_{m_1+m_2=7}\boldsymbol{v}_G$

$= 7[0,\ 0,\ 9-t^2] \times [0,\ 0,\ -2t]$

$= 7[0,\ 0,\ 0] = [0,\ 0,\ 0] = \boldsymbol{0}$ ……① となる。

外積 $\boldsymbol{r}_G \times \boldsymbol{v}_G$ の計算

$$\begin{array}{cccc} 0 & 0 & 9-t^2 & 0 \\ 0 & 0 & -2t & 0 \\ 0\,][& 0, & & 0, \end{array}$$

$\cdot\ \boldsymbol{L}' = \boldsymbol{r}_1' \times \underbrace{\boldsymbol{p}_1'}_{m_1\boldsymbol{v}_1' = 5\boldsymbol{v}_1'} + \boldsymbol{r}_2' \times \underbrace{\boldsymbol{p}_2'}_{m_2\boldsymbol{v}_2' = 2\boldsymbol{v}_2'} = 5\boldsymbol{r}_1' \times \boldsymbol{v}_1' + 2\boldsymbol{r}_2' \times \boldsymbol{v}_2'$

$= 5[2\cos t,\ 2\sin t,\ 0] \times [-2\sin t,\ 2\cos t,\ 0]$

$\quad + 2[-5\cos t,\ -5\sin t,\ 0] \times [5\sin t,\ -5\cos t,\ 0]$

$= 5[0,\ 0,\ 4] + 2[0,\ 0,\ 25] = [0,\ 0,\ 70]$ ……② となる。

外積 $\boldsymbol{r}_1' \times \boldsymbol{v}_1'$ の計算

$$\begin{array}{cccc} 2\cos t & 2\sin t & 0 & 2\cos t \\ -2\sin t & 2\cos t & 0 & -2\sin t \\ 4\underbrace{(\cos^2 t + \sin^2 t)}_{1}\,][& 0, & 0, & \end{array}$$

外積 $\boldsymbol{r}_2' \times \boldsymbol{v}_2'$ の計算

$$\begin{array}{cccc} -5\cos t & -5\sin t & 0 & -5\cos t \\ 5\sin t & -5\cos t & 0 & 5\sin t \\ 25\underbrace{(\cos^2 t + \sin^2 t)}_{1}\,][& 0, & 0, & \end{array}$$

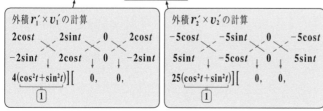

以上①，②より，この系の全角運動量 $\boldsymbol{L}$ は，

$\boldsymbol{L}_G = \boldsymbol{0}$ ……………①
$\boldsymbol{L}' = [0,\ 0,\ 70]$ ……②

公式：$\boldsymbol{L} = \boldsymbol{L}_G + \boldsymbol{L}'$ ……(＊4) より，

$$\boldsymbol{L} = \underbrace{\boldsymbol{L}_G}_{\boldsymbol{0}} + \underbrace{\boldsymbol{L}'}_{[0,\ 0,\ 70]} = [0,\ 0,\ 70] \quad (=(\text{定ベクトル}))$$

となって，答えだ。次に，この系の全外力のモーメント $\boldsymbol{N}$ は，公式：

$\dfrac{d\boldsymbol{L}}{dt} = \boldsymbol{N}$ ……(＊3) を用いればいいんだね。

ここで，全角運動量 $\boldsymbol{L}$ が定ベクトルより，これを時刻 t で微分すると $\boldsymbol{0}$ となる。よって，(＊3) より，

$\boldsymbol{N} = \dfrac{d\boldsymbol{L}}{dt} = \boldsymbol{0} = [0,\ 0,\ 0]$ となって，答えだ！ どう？ 大丈夫だった？

この問題で，全角運動量 $\boldsymbol{L}$ を直接，$\boldsymbol{L} = \boldsymbol{r}_1 \times m_1\boldsymbol{v}_1 + \boldsymbol{r}_2 \times m_2\boldsymbol{v}_2$ で求めようとすると，かなり計算が大変になるので，公式：$\boldsymbol{L} = \boldsymbol{L}_G + \boldsymbol{L}'$ ……(＊4) が役に立ったんだね。

以上で，「**初めから学べる 力学キャンパス・ゼミ**」の講義はすべて終了です。基礎物理と言っても，かなり大変な内容だったと思う。だから，繰り返し自分で納得がいくまで反復練習することだね。これだけの内容をシッカリマスターすれば，大学の講義も安心して楽についていけるようになっているはずだからね。今は疲れているかも知れないから，しばらく休憩をとって，元気が出たら，またよく復習しよう！

大学で学ぶ力学では，この後，“**多質点系の力学**”や“**剛体の力学**”という主要テーマが残っているので，さらにやる気のある方は，マセマの「**力学キャンパス・ゼミ**」で学習されることを勧める。

物理学は，数学と並んでとても面白い学問分野です。是非楽しみながら学んでいって下さい。皆さんの御成長を，マセマ一同心より祈っています。

マセマ代表　馬場敬之（けいし）

講義 7 ● 2 質点系の力学 公式エッセンス

1. 相互作用のみの場合の 2 質点系の運動

運動量 $\boldsymbol{P} = m_1\boldsymbol{v}_1 + m_2\boldsymbol{v}_2$ は定ベクトルになる。

重心 G の位置 $\boldsymbol{r}_G = \dfrac{m_1\boldsymbol{r}_1 + m_2\boldsymbol{r}_2}{M}$ $(M = m_1 + m_2)$

$M\ddot{\boldsymbol{r}}_G = \boldsymbol{0}$ より，$\dot{\boldsymbol{r}}_G = $(定ベクトル) よって，$G$ は等速度運動をする。

2. 外力が働く場合の 2 質点系の運動

$M\ddot{\boldsymbol{r}}_G = \boldsymbol{f}$ ($\boldsymbol{f}$：外力の合力)

3. P_1 に対する P_2 の相対運動

$\boldsymbol{r} = \overrightarrow{\mathrm{P}_1\mathrm{P}_2}$ とおくと，$\mu\ddot{\boldsymbol{r}} = \boldsymbol{f}_{12}$ $\left(\text{換算質量 } \mu = \dfrac{m_1 m_2}{m_1 + m_2}\right)$

4. 重心 G に対する相対運動 (相互作用のみの場合)

$\boldsymbol{r}_1' = \boldsymbol{r}_1 - \boldsymbol{r}_G$，$\boldsymbol{r}_2' = \boldsymbol{r}_2 - \boldsymbol{r}_G$ とおき，$\boldsymbol{f}_{12}$ と $\boldsymbol{f}_{21}$ は 2 点間の距離によらない場合の運動方程式

$m_1\ddot{\boldsymbol{r}}_1' = \boldsymbol{f}_{21}$，$m_2\ddot{\boldsymbol{r}}_2' = \boldsymbol{f}_{12}$ ($\boldsymbol{f}_{21}$，$\boldsymbol{f}_{12}$：相互作用の内力)

5. 2 質点系の全運動量 $\boldsymbol{P}$

$\boldsymbol{P}_G$：G の運動による運動量，$\boldsymbol{P}'$：G に対する相対運動の運動量

このとき，$\boldsymbol{P}' = \boldsymbol{0}$ より，$\boldsymbol{P} = \boldsymbol{P}_G$ となる。

6. 2 質点系の全運動エネルギー K

$\begin{cases} K_G：G \text{ の運動による運動エネルギー} \\ K'：G \text{ に対する相対運動の運動エネルギー} \end{cases}$

このとき，$K = K_G + K'$ が成り立つ。

7. 2 質点系の全角運動量 $\boldsymbol{L}$ と全外力のモーメント $\boldsymbol{N}$

これも，G の運動によるもの $\boldsymbol{L}_G$ や $\boldsymbol{N}_G$ と，G に対する相対運動の $\boldsymbol{L}'$ や $\boldsymbol{N}'$ に分類すると，次の公式が成り立つ。

$$\boldsymbol{L} = \boldsymbol{L}_G + \boldsymbol{L}',\ \boldsymbol{N} = \boldsymbol{N}_G + \boldsymbol{N}',\ \frac{d\boldsymbol{L}}{dt} = \boldsymbol{N},\ \frac{d\boldsymbol{L}_G}{dt} = \boldsymbol{N}_G,\ \frac{d\boldsymbol{L}'}{dt} = \boldsymbol{N}'$$

◆◆◆ Appendix(付録) ◆◆◆

補充問題 1	● 外積の計算 ●

$\boldsymbol{a}=[3,\ -1,\ 1]$，$\boldsymbol{b}=[2,\ 2,\ -3]$ のとき，次の各問いに答えよ。(ただし，外積には分配の法則が使えるものとする。

(1) 外積 $\boldsymbol{a}\times\boldsymbol{b}$ を求めよ。

(2) $(2\boldsymbol{a}-\boldsymbol{b})\times(\boldsymbol{a}+3\boldsymbol{b})$ を求めよ。

ヒント！ (1) は，外積の公式通り求めればいい。(2) の計算では，分配の法則を利用し，また $\boldsymbol{a}\times\boldsymbol{b}=-\boldsymbol{b}\times\boldsymbol{a}$ であることも使って解いていこう。

解答＆解説

(1) $\boldsymbol{a}=[3,\ -1,\ 1]$，$\boldsymbol{b}=[2,\ 2,\ -3]$ より，右のように計算して，外積 $\boldsymbol{a}\times\boldsymbol{b}$ を求めると，

$\boldsymbol{a}\times\boldsymbol{b}=[1,\ 11,\ 8]$ ……①となる。

……(答)

外積 $\boldsymbol{a}\times\boldsymbol{b}$ の計算

$$\begin{array}{cccccccc} 3 & \times & -1 & \times & 1 & \times & 3 \\ 2 & & 2 & & -3 & & 2 \\ & \downarrow & & \downarrow & & \downarrow & \\ & 6+2\,] & & [\,3-2, & & 2+9, & \end{array}$$

(2) 外積には分配の法則が成り立ち，また $\boldsymbol{a}\times\boldsymbol{b}=-\boldsymbol{b}\times\boldsymbol{a}$ であり，さらに $\underline{\boldsymbol{a}\times\boldsymbol{a}=\boldsymbol{b}\times\boldsymbol{b}=\boldsymbol{0}}$ となるので，与式を変形すると，

$\boldsymbol{a}$ と $\boldsymbol{a}$ を 2 辺にもつ平行四辺形の面積は 0 だね。よって $\boldsymbol{a}\times\boldsymbol{a}=\boldsymbol{0}$ となる。同様に $\boldsymbol{b}\times\boldsymbol{b}=\boldsymbol{0}$ となるんだね。

$$(2\boldsymbol{a}-\boldsymbol{b})\times(\boldsymbol{a}+3\boldsymbol{b})=\underbrace{\cancel{2\boldsymbol{a}\times\boldsymbol{a}}}_{\boldsymbol{0}}+6\boldsymbol{a}\times\boldsymbol{b}\underbrace{-\boldsymbol{b}\times\boldsymbol{a}}_{+\boldsymbol{a}\times\boldsymbol{b}}-\underbrace{\cancel{3\boldsymbol{b}\times\boldsymbol{b}}}_{\boldsymbol{0}}$$

$$=6\boldsymbol{a}\times\boldsymbol{b}+\boldsymbol{a}\times\boldsymbol{b}=7\boldsymbol{a}\times\boldsymbol{b}$$

$$=7[1,\ 11,\ 8]\quad(①より)$$

$\therefore\ (2\boldsymbol{a}-\boldsymbol{b})\times(\boldsymbol{a}+3\boldsymbol{b})=[7,\ 77,\ 56]$ である。……………………………(答)

◆ Term・Index ◆

あ行

位置 …… 32, 33, 49
―― エネルギー …… 102
1次変換 …… 24
一般解 …… 136
引力 …… 77
運動エネルギー …… 96, 97
運動の第1法則 …… 64
運動の第3法則 …… 76
運動の第2法則 …… 64, 73
運動方程式 …… 64, 73
――――(回転の) …… 83
運動量 …… 73
――― 保存則 …… 77
遠心力 …… 157
オイラーの公式 …… 26
重み付き平均 …… 172

か行

外積 …… 14
回転座標系 …… 156
外力 …… 76
角運動量 …… 82
角振動数 …… 37
角速度 …… 43
過減衰 …… 145
加速度 …… 33
ガリレイ変換 …… 149
換算質量 …… 179
慣性系 …… 65
慣性の法則 …… 64
慣性力 …… 130, 151, 152
規格化 …… 9
行列 …… 18
――(逆) …… 23
――(正方) …… 30
――(零) …… 22
――(単位) …… 22
―― 式 …… 23
極 …… 11
― 座標 …… 11
― 座標表示 …… 47
曲率半径 …… 53
撃力 …… 80
ケプラーの法則 …… 85
減衰振動 …… 142
向心力 …… 45, 86, 128
コリオリの力 …… 157

さ行

作用・反作用の法則 …… 76
仕事 …… 92, 93, 97
始線 …… 11
質点 …… 32
質量 …… 64
―― 中心 …… 172
周期 …… 37, 43
重心 …… 172
常微分 …… 100
初期条件 …… 36, 138
振動数 …… 37
振幅 …… 37
水平ばね振り子 …… 37, 134
スカラー …… 8

正規化 …… **9**
正則 …… **23**
成分 …… **18**
斥力 …… **77**
接線線積分 …… **93**
全微分 …… **104**
相対運動 …… **178**
速度 …… **33**
——(終端) …… **73**

た行

単振動 …… **37, 134**
中心力 …… **86**
調和振動 …… **37, 134**
直交座標 …… **11**
等加速度運動 …… **35**
動径 …… **11**
等速円運動 …… **43, 128**
等速直線運動 …… **35**
等速度運動 …… **35, 172**
等ポテンシャル線 …… **110**
特殊解 …… **138**
特性方程式 …… **135**

な行

内積 …… **10, 13**
内力 …… **76**
ナブラ …… **109**
2階定数係数線形微分方程式 …… **135**
ネイピア数 …… **26**
ノルム …… **9**

は行

ばねの位置エネルギー …… **140**
ばねの弾性エネルギー …… **140**
速さ …… **43**
万有引力定数 …… **85**
万有引力の法則 …… **85**
フックの法則 …… **135**
ベクトル …… **8**
——(位置) …… **11, 39, 40**
——(角速度) …… **133**
——(加速度) …… **40, 49, 54**
——(行) …… **18**
——(空間) …… **13**
——(勾配) …… **109**
——(自由) …… **56**
——(速度) …… **40, 49, 54**
——(束縛) …… **56**
——(単位) …… **9**
——(単位主法線) …… **53**
——(単位接線) …… **52**
——(平面) …… **8**
——(列) …… **18**
偏角 …… **11**
偏微分 …… **100**
放物運動 …… **122**
保存力 …… **101, 102**
ポテンシャル・エネルギー …… **102**

ま行

面積速度 …… **86**
——一定の法則 …… **85**
モーメント …… **82**
——(運動量の) …… **82**
——(速度の) …… **82**
——(力の) …… **82, 83**

や行

要素 …… **18**

ら行

力学的エネルギー …… **107**
——の保存則 …… **107**
力積 …… **74**
臨界減衰 …… **145**

大学物理入門編
初めから学べる 力学
キャンパス・ゼミ

マセマ

著　者　馬場 敬之
発行者　馬場 敬之
発行所　マセマ出版社
〒 332-0023 埼玉県川口市飯塚 3-7-21-502
TEL 048-253-1734　FAX 048-253-1729
Email：info@mathema.jp
https://www.mathema.jp

編　集　七里 啓之
校閲・校正　高杉 豊　笠 恵介　秋野 麻里子
組版制作　間宮 栄二　町田 朱美
カバーデザイン　馬場 冬之
ロゴデザイン　馬場 利貞
印刷所　中央精版印刷株式会社

令和 5 年 12月 8 日 初版発行

ISBN978-4-86615-321-6 C3042
落丁・乱丁本はお取りかえいたします。
本書の無断転載、複製、複写（コピー）、翻訳を禁じます。
KEISHI BABA 2023 Printed in Japan